"十四五"技工教育规划教材
职业院校化工类专业课程教材

化工安全与环保

杨发财　主编

中国劳动社会保障出版社

图书在版编目（CIP）数据

化工安全与环保 / 杨发财主编．-- 北京 ：中国劳动社会保障出版社，2025. --（职业院校化工类专业课程教材）. -- ISBN 978-7-5167-6841-9

Ⅰ. TQ086；X78

中国国家版本馆 CIP 数据核字第 2025UD5540 号

化工安全与环保

HUAGONG ANQUAN YU HUANBAO

中国劳动社会保障出版社出版发行

（北京市惠新东街 1 号　邮政编码：100029）

*

北京市科星印刷有限责任公司印刷装订　　新华书店经销

787 毫米 ×1092 毫米　16 开本　17.5 印张　375 千字

2025 年 8 月第 1 版　　2026 年 2 月第 2 次印刷

定价：47.00 元

营销中心电话：400-606-6496

出版社网址：https://www.class.com.cn

《化工安全与环保》编审委员会

主　　编　杨发财

副 主 编　李建芹　王远征

编　　者（以姓氏笔画为序）

王远征　李丹莹　李建芹　李娟平

杨发财　秦　卿　崔　波　韩　冬

主　　审（以姓氏笔画为序）

刘亚群　孙焕花

总前言

为了深入贯彻党的二十大精神和习近平总书记关于大力发展技工教育的重要指示精神，落实中共中央办公厅、国务院办公厅印发的《关于推动现代职业教育高质量发展的意见》，推进技工教育高质量发展，全面推进技工院校工学一体化人才培养模式改革，适应技工院校教学模式改革创新，同时为更好地适应技工院校化工类专业的教学要求，全面提升教学质量，我们组织有关学校的一线教师和行业、企业专家，在充分调研企业生产和学校教学情况、广泛听取教师意见的基础上，吸收和借鉴各地技工院校教学改革的成功经验，组织编写了本套职业院校化工类专业课程教材。

总体来看，本套教材具有以下特色：

第一，坚持知识性、准确性、适用性、先进性，体现专业特点。教材编写过程中，努力做到以市场需求为导向，根据化工行业发展现状和趋势，合理选择教材内容，做到“适用、管用、够用”。同时，在严格执行国家有关技术标准的基础上，尽可能多地在教材中介绍化工行业的新知识、新技术、新工艺和新设备，突出教材的先进性。

第二，突出职业教育特色，重视实践能力的培养。以职业能力为本位，根据化工专业毕业生所从事职业的实际需要，适当调整专业知识的深度和难度，合理确定学生应具备的知识结构和能力结构。同时，进一步加强实践性教学的内容，以满足企业对技能型人才的要求。

第三，创新教材编写模式，激发学生学习兴趣。按照教学规律和学生的认知规律，合理安排教材内容，并注重利用图表、实物照片辅助讲解知识点和技能点，为学生营造生动、直观的学习环境。部分教材采用工作手册式、新型活页式，全流程体现产教融合、校企合作，实现理论知识与企业岗位标准、技能要求的高度融合。部分教材在印刷工艺上采用了四色印刷，增强了教材的表现力。

本套教材配有习题册和多媒体电子课件等教学资源，方便教师上课使用，可以通过技工教育网（https://jg.class.com.cn）下载。另外，在部分教材中针对教学重点和难点制作了演示视频、音频等多媒体素材，学生可扫描二维码在线观看或收听相应内容。

本套教材的编写工作得到了北京、河南、山东、云南、江苏、江西、四川、广西、广东等省（自治区）人力资源社会保障厅及有关学校的大力支持，教材编审人员做了大量的工作，在此我们表示诚挚的谢意。同时，恳切希望广大读者对教材提出宝贵的意见和建议。

本书前言

本教材共十一个项目，内容包括化工安全与职业危害、安全生产法律法规、个体防护装备使用、化工安全防护技术、危险化学品基本知识、化工装置安全检修、化工生产污染与环境保护、化工企业清洁生产、化工废气治理、化工废水治理、化工固体废物的处理与利用等。通过对课程的学习，使学生对化工企业生产安全有宏观的概念，对化工生产安全与环保有初步的了解，使学生能牢固树立化工安全与环保的观念。

本教材编写体现项目驱动、任务引领，考虑工学结合教学实施，突出化工生产安全与技能，以一系列的活动为主线，把学生要学习的内容作为相关知识，要了解的内容作为知识链接，期望学生在这些活动中能够主动查阅相关内容，自主学习相关知识。具体内容的组织上尽力体现“体验、认识、学习、思考”的原则，做到理论联系实际，通俗易懂。本教材既可以作为职业院校化工类专业教材，也可以作为职业培训教材。

本教材由杨发财主编，王远征编写了项目一，韩冬编写了项目二，李娟平写了项目三，杨发财编写了项目四和项目八，李建芹编写了项目五，崔波编写了项目六，秦卿编写了项目七，李丹莹编写了项目九、项目十和项目十一。由于编者水平所限，不当之处敬请读者不吝指正。

编者

2025 年 6 月

目　录

项目一

化工安全与职业危害

化学工业发展在现代工业和人民居住生活中越来越重要，人们的“衣、食、住、行”已经离不开化工产品，化学工业成为国民经济的支柱产业。但同时也应该看到，在现代化工生产过程中，使用的原料、中间体甚至产品本身大多是易燃、易爆、强腐蚀、有毒物质，且生产大多在高温、高压、腐蚀等条件下完成，危险性和危害性很大，所以践行化工安全生产的理念势在必行。

任务一　认识安全生产

学习目标

1. 了解安全生产的定义，明确安全生产的意义。
2. 了解安全标准以及规章制度中所包含的内容。
3. 掌握化工企业三级安全教育，熟悉其中的内容。
4. 学习化工企业安全检查的目的和内容。

任务引入

你是一名刚入职化工企业的新员工，公司要求你今天进行入职安全培训教育，你需要做哪些方面的准备工作？对于企业的安全生产需要进行哪些方面的了解？

任务分析

作为一名刚入职的新员工，要对化工企业进行全方位了解，如公司概况、企业文化、安全文化、管理制度、生产情况等，其中最为重要的就是安全生产。了解安全生产需要查阅相关资料，收集化工企业事故案例，找到其中的共同之处，做好上岗前安全培训的准备工作。

相关知识

一、了解安全生产

安全生产是指在生产经营活动中，为了避免造成人员伤害和财产损失的事故而采取相应的事故预防和控制措施，使生产过程在符合规定的条件下进行，以保证工人的人身安全与健康，设备和设施免受损坏，环境免遭破坏，保证生产经营活动得以顺利进行的相关活动。

安全生产是安全与生产的统一，其宗旨是安全促进生产，生产必须安全。搞好安全工作，改善劳动条件，可以调动工人的生产积极性；减少工人伤亡，可降低劳动力的损失；而生产必须安全，则是因为安全是生产的前提条件，没有安全就无法生产。

二、安全生产的意义

1. 安全生产是化工生产的前提

化工生产往往是在高温、高压的情况下连续进行的，不少介质具有易燃、易爆、有毒、强腐蚀的特性。化工生产装置更趋向大型化、复杂化，其布置高度密集，管道纵横交错，生产过程的连续性及自动化程度高，且化工生产的过程中存在着一些不安全或危险的因素，危害着工人的身体健康和生命安全，同时也会造成生产被动或发生各种事故。生产过程中发生事故的可能性增大，造成的危害和损失也更为惨重。在此种形势下，安全在化工生产中的重要性不言而喻。安全生产的重要性在于预防或消除对工人健康的有害影响和各类事故的发生，保障人民生命财产安全，保障正常的生产工作。

2. 安全生产是化工生产的保障

要充分发挥现代化工生产的优势，就必须实现安全生产，确保化工生产装置长期、连续、安全地运行。发生事故就会造成化工生产装置不能正常运行，影响生产能力，造成一定的经济损失。

3. 安全生产是化工生产的关键

化工新产品的开发、试生产必须解决安全生产问题，否则便不能转化为实际生产过程。

三、安全管理制度

1. 安全标准与规章制度

安全标准是一套专门制定的准则，用以规范产品安全、实践方法、机械装置、设备布局、工艺过程与操作环境，由代表共同利益的单位或团体，采用有关标准题目和范围的现代科学和实践知识制定的基准文件。安全标准根据其通用范围可分为国际标准、国家标准、部颁标准、企业标准等。

规章制度通常指的是企业、单位内部或组织内部制定的规则和程序，用于规范内部运作。规章制度必须符合法律、法规条例及规程标准的规定。法律是由全国人民代表大会及其常务委员会制定的具有普遍约束力的规范性文件。如与安全有关的法律有《中华人民共和国劳动法》《中华人民共和国安全生产法》《中华人民共和国环境保护法》等。法规条例分为两类：行政法规和地方性法规。其中，行政法规由国务院制定，地方性法规则由地方人民代表大会及其常务委员会制定。安全规程是根据安全标准制定的工作标准、程序或步骤，是为执行某种制度而作出的具体规定和对生产者进行安全指导的细则。

安全标准与规章制度是企业安全的重要支柱，是安全生产的重要保证。安全标准和规章制度是安全科学理论和生产实际经验的总结，它不仅反映了客观事物的规律，而且更有利于促进生产的顺利进行。各种安全标准和规章制度的制定，在相当广的范围内起到了普遍的指导作用，避免了大量同类事故的发生，保证了生产的正常进行。

2. 安全培训教育

（1）安全培训教育的目的

安全培训教育是化工安全管理工作的一项重要内容，是做好企业安全生产的一个重要环节。安全培训教育的目的有以下三个方面。

1）使企业员工能够较全面地接受国家和政府颁布的一系列有关安全和劳动保护的政策、法规教育，提高贯彻和执行这些政策、法规的自觉性和责任感，增强法治观念。

2）使员工掌握安全技术和工业卫生学，提高安全技术素质，防止误操作（或违章操作）导致的各类事故发生。

3）提高企业安全管理的科学化、规范化、系统化水平。

（2）安全培训教育的内容

1）思想教育。思想教育是安全培训教育的一项基本内容，是加强企业安全管理的一个重要环节。思想教育是帮助广大员工认识化工安全重要性的主要手段。其目的是提高全体领导和员工的安全思想素质，从思想上和理论上认清安全与生产的辩证关系，加强劳动纪律教育，树立“安全第一”“生产服从安全”“安全生产，人人有责”的安全生产管理的基本思想。

2）劳动保护方针政策教育。劳动保护方针政策教育是安全培训教育的一项重要内容，包括对各级领导和广大员工进行国家和政府的安全生产方针、劳动保护政策法规的宣传教育。通过多种形式的宣传教育，使广大员工充分了解国家和政府的安全生产方针、劳动保护政策，提高贯彻执行政策法规的自觉性，使安全管理实现“全员”和“全过程”管理。

3）安全科学技术知识教育。安全科学技术知识教育是安全培训教育的一项主要内容，包括一般技术知识、一般安全技术知识、专业安全技术知识和安全工程科学技术知识等内容。通过对生产原理和生产过程的了解，对保障自己和他人安全、免受工作环境内各种危险因素伤害的基本知识和基本技能的学习掌握，对个体防护装备正确使用和紧急事故报告基本知识的学习，以及对从事的专业与岗位有关安全技术的学习等，全面提高自我防护、预防事故、事故急救、事故处理的基本能力，从而全面提高企业安全管理素质与水平。

3. 安全培训教育的形式

“三级”安全教育是我国化工企业安全培训教育的主要形式，即厂级、车间级、班组级三个层次。

厂级教育通常是对新员工、实习和培训人员没有分配或进入现场之前，由企业安全管理部门组织进行的初步安全培训教育。教育内容包括本企业安全生产形势和一般情况，安全生产有关文件和安全生产的重要意义；本企业的生产特点、危险因素、危险区域及内部交通情况；本企业主要规章制度；厂史中有关安全生产重大事故介绍；一般安全技术知识等。

车间级教育是新员工、实习和培训人员接受厂级教育并进入车间后，由车间安全员（或车间领导）进行的安全培训教育。教育内容包括本车间概况及其在整个企业中的地位；本车间的劳动规则和注意事项；本车间的危险因素、危险区域和危险作业情况；本车间的安全生产情况和问题；本车间的安全管理组织介绍等。

班组级教育是新员工、实习和培训人员进入固定工作岗位开始工作之前，由班组安全员（或工段长、班组长）进行的安全培训教育。教育内容包括本工段、本班组安全生产概况、工作形势及职责范围；岗位工作性质、岗位安全操作规程和安全注意事项；设备安全操作及安全装置，防护设施使用；工作环境卫生事故；危险地点；个体防护装备的使用与保管常识等。

4. 安全检查

安全检查是发现和消除事故隐患，贯彻落实安全措施，预防事故发生的重要手段，是全方位做好安全工作的有效形式。在化工安全管理中，安全检查占有十分重要的地位。

安全检查就是对化工生产过程中影响正常生产的各种因素进行深入细致的调查和研究，从中发现不安全因素，并及时消除。因此，安全检查既是企业内部一项重要的安全工作，也是国家赋予安全监察机构的一项重要任务。

（1）安全检查的目的

安全检查的目的是及时发现和消除事故隐患，做到防患于未然，充分体现了“预防为主”的安全管理原则。通过安全检查，可以促进贯彻和落实国家的有关法律法规、安全条例和规章制度，加大企业安全管理力度和水平，提高广大员工遵守安全制度的自觉性，最终达到安全生产的目的。

（2）安全检查的内容

1）查领导、查思想：这是安全检查的主要内容。一个企业的领导对安全的认识与重视程度，往往决定了这个企业的安全管理力度和水平。

2）查现场、查隐患：深入生产现场是安全检查的关键内容。这直接关系到隐患的及时消除，避免安全事故发生。

3）查管理、查制度、查整改：这是安全检查的基本内容。对于管理中可能出现的各种问题及时发现、及时指出、及时整改、及时落实，保证安全管理正常进行，促进安全管理不断完善。

5. 安全事故

安全事故是指生产经营单位在生产经营活动（包括与生产经营有关的活动）中突然发生的，伤害人身安全和健康，或者损坏设备设施，或者造成经济损失的，导致原生产经营活动（包括与生产经营有关的活动）暂时中止或永远中止的意外事件。

（1）安全事故的等级划分

依据《生产安全事故报告和调查处理条例》第三条，根据生产安全事故（以下简称事故）造成的人员伤亡或者直接经济损失，事故一般分为以下等级：

1）特别重大事故，是指造成30人以上死亡，或者100人以上重伤（包括急性工业中毒，下同），或者1亿元以上直接经济损失的事故；

2）重大事故，是指造成10人以上30人以下死亡，或者50人以上100人以下重伤，或者5 000万元以上1亿元以下直接经济损失的事故；

3）较大事故，是指造成3人以上10人以下死亡，或者10人以上50人以下重伤，或者1 000万元以上5 000万元以下直接经济损失的事故；

4）一般事故，是指造成3人以下死亡，或者10人以下重伤，或者1 000万元以下直接经济损失的事故。

上述所称的“以上”包括本数，所称的“以下”不包括本数。

（2）安全事故分类

1）按事故性质分类。化工企业安全事故根据其发生的原因和性质，一般可以分为设备事故、交通事故、火灾事故、爆炸事故、工伤事故、质量事故、生产事故、自然事故和破坏事故九类。

2）按事故后果分类。根据经济损失大小、停产时间长短、人身伤害程度，可将事故分为微小、一般和重大事故三种。工伤事故分为轻伤、重伤、死亡和多人事故四种。

（3）事故调查与原因分析

1）事故调查。细致谨慎地做好事故调查分析工作，首先可以发现事故发生的规律，弄清事故隐患，查明事故责任，然后吸取经验教训，采取恰当措施，改进安全技术管理措施，消除事故隐患。对各类事故的调查分析应本着“四不放过”的原则，即事故原因未查清不放过、责任人员未处理不放过、整改措施未落实不放过、有关人员未受到教育不放过。事故的调查分析必须依据大量且全面的资料和证据，实事求是地进行科学分析。

事故调查的程序是：现场处理，收集证物，摄影，调查与事故有关的事实材料，收集证人材料，绘制事故现场图等。

2）事故原因分析。事故原因分析是在事故调查的基础上进行的。由于化工生产过程十分复杂，造成事故的原因也很复杂，一般可以从以下几个方面分析：组织管理方面（如劳动组织不当、环境不良、培训不够、工艺操作规程不合理、个体防护装备缺陷、标志不清）、技术方面（如工艺过程不完善、设备缺陷、作业工具不当）、卫生方面（如空间不够、气象条件不符合规定、照明不当、噪声和振动、卫生设施不够）等。

事故分析的程序是：整理和阅读调查材料，明确事故主要情况，找出事故直接原因，深入查找事故间接原因，分析造成事故的直接原因背后所反映出的管理上的缺陷。

【知识拓展】

生产厂区十四个不准

1. 加强明火管理，厂区内不准吸烟。

2. 生产区内，不准未成年人进入。

3. 上班时间，不准睡觉、干私活、离岗和干与工作无关的事。

4. 在班前、上班时不准喝酒。

5. 不准使用汽油等易燃液体擦洗设备、用具和衣物。

6. 不按规定穿戴个体防护装备，不准进入生产岗位。

7. 安全装置不齐全的设备不准使用。

8. 不是自己分管的设备、工具不准动用。

9. 检修设备时安全措施不落实，不准开始检修。

10. 停机检修后的设备，未经彻底检查，不准启动。

11. 未办高处作业证，不戴安全帽，脚手架、跳板不牢，不准高处作业。

12. 石棉瓦上不固定好跳板，不准作业。

13. 未安装漏电保护器的移动式电动工具，不准使用。

14. 未取得安全作业证的从业人员，不准独立作业；特殊工种从业人员，未经取证，不准作业。

思考与练习

一、选择题

1. 我国主要的安全培训教育形式不包含以下哪一种？（　　）（单选）

A. 车间级　　B. 厂级　　C. 班组级　　D. 企业级

2. 下列哪些事故属于化工生产安全事故？（　　）（多选）

A. 火灾事故　　B. 爆炸事故　　C. 工伤事故　　D. 自然事故

二、判断题

较大事故是指造成 10 人以下死亡，或者 50 人以上 100 人以下重伤，或者 5 000 万元以上 1 亿元以下直接经济损失的事故。（　　）

三、简答题

1. 简述安全生产的定义。

2. 安全生产对于化工生产的意义有哪些？
3. 化工企业安全培训教育分为几个层次？每个层次分别培训哪些内容？
4. 安全事故总共分为几类？它们是如何进行划分的？

任务二　职业危害与职业病简介

学习目标

1. 了解职业危害的来源，对化工生产的危害因素进行合理归纳。
2. 了解毒物进入人体的途径和造成的危害。
3. 了解常见职业病的种类，明确各种职业病对人体造成的危害。
4. 通过职业危害的学习，了解职业病的危害，从内心深处明确做好个人防护的重要性。
5. 重视化工生产中各种毒物的危害，并学会对各种毒物进行识别。

任务引入

作为新员工的你已经被分配进入班组，班长要求你在进入现场装置前需要对该装置进行职业危害分析，并对可能造成的职业病进行整理分类。作为新员工的你应该如何进行准备工作？

任务分析

作为一名进入班组的新员工，对现场装置情况并不了解，如果贸然进入现场装置，可能会存在职业危害以及其他方面的风险。新员工在进入现场前应先查阅相关资料，明确本岗位的一些危险因素，做到心中有数，确保个人安全。

相关知识

我国职业病危害形势较为严峻，截至 2018 年底，全国累计报告职业病 97.5 万例，其中，职业性尘肺 87.3 万例。抽样调查的结果显示，有 1 200 万家企业存在职业病危害，超过 2 亿劳动者接触各类职业病危害。截至2023 年底，全国纳入专项治理企业 18.5 万家，已完成了 7.5 万家。

一、职业病危害因素的来源

职业病危害因素的来源通常分为三类，即生产工艺过程中产生的有害因素、劳动过程中的有害因素和生产环境中的有害因素。

1. 生产工艺过程中产生的有害因素

（1）粉尘类

粉尘是最常见的职业病危害因素，如作业人员长期接触超过一定浓度含量的矽尘（游离二氧化硅含量≥10%）、煤尘等粉尘即会罹患尘肺病。这类有害粉尘共有 52 种，具体见《职业病危害因素分类目录》（以下简称《目录》）。

（2）化学因素

作业人员长期接触超过一定浓度含量的铅及其化合物、汞及其化合物，会有罹患职业中毒的风险。这类化学因素共有 375 种，具体见《目录》。

（3）物理因素

作业人员长期接触超过 85 分贝（dB）的噪声，会有罹患噪声聋的风险。这类物理因素共有 15 种，具体见《目录》。

噪声、异常的天气条件和电辐射、电离辐射、紫外线、激光等都是物理因素，如经常处在噪声环境中的人会出现听力问题，经常在严寒潮湿中工作的人会出现风湿性关节炎。

（4）放射性因素

在工业和科研领域广泛应用的密封放射源，会产生的电离辐射。经常接触放射性的人很容易出现放射性皮肤病、放射线白内障以及放射线肿瘤。这类放射性因素共有 8 种，具体见《目录》。

（5）生物因素

某些职业人群因接触细菌、病毒，如不注意防范，有可能会罹患生物因素导致的职业病。这类生物因素共有 6 种，具体见《目录》。

（6）其他因素

这类因素包括金属烟、井下不良作业条件、刮研作业。

2. 劳动过程中的有害因素

很多单位都不能合理地安排作业人员的休息和工作时间，工作时间过长，这样很容易导致作业人员猝死。同时，工作强度过大、精神紧张以及个别器官过度紧张、不良的姿势都属于劳动过程中的有害因素。

3. 生产环境中的有害因素

生产环境中也有很多职业病的有害因素，如自然环境因素，长期待在高温、有辐射以及空气质量不好的地方；不合理的生产过程也会使环境受到污染，引起一些职业病危害因素出现。

二、职业病危害因素存在的状态

一般情况下，职业病危害因素常以以下五种状态存在。

1. 粉尘

粉尘是飘浮于空气中的固体微粒，直径大于 0.1 mm，主要由机械粉碎、碾磨、开挖等作业时产生的固体物形成。

2. 烟尘

烟尘又称烟雾或烟气，是悬浮在空气中的细小微粒，直径小于 0.1 mm，多由某些金属熔化时产生的蒸气在空气中氧化凝聚形成。

3. 雾

雾是悬浮在空气中的液体微滴，多由蒸汽冷凝或液体喷散而形成。烟尘和雾又称为气溶胶。

4. 蒸气

蒸气是液体蒸发或固体物质升华而形成的，如苯蒸气、磷蒸气等。

5. 气体

气体是在生产场所的温度、气压条件下散发在空气中的气态物质，如二氧化硫、氮氧化物、一氧化碳、氨气、氯气等。

三、毒物进入人体的途径

1. 呼吸道

凡是以气体、蒸气、雾、烟尘、粉尘形式存在的毒物，均可经过呼吸道进入人体内。毒物一旦进入肺脏，很快就会通过肺泡壁进入血液循环而被运送到全身。较大的粉尘大部分可以被鼻毛滤掉，气管上的纤毛可以将沉积在气管壁上的粉尘通过黏液运送到咽部排出，只有较小的粉尘才能到达肺部。粉尘微粒越小，对人体危害越大。

2. 消化道

毒物经消化道进入人体的原因：一是个人卫生习惯不良，手沾染毒物后没有及时用流动的水清洗或清洗不彻底，就进食、饮水或吸烟等进入消化道；二是由于饮食、水等被毒物污染。

3. 皮肤

脂溶性毒物经皮肤吸收后，还需要有水溶性，才能进一步扩散和吸收，所以具有水、脂溶性的物质（如苯胺）易被皮肤吸收。裸露的皮肤出汗时更容易被毒物侵害。

四、毒物对人体的危害

按照毒物作用的性质，对人体的危害可分为刺激性、过敏性、窒息性、麻醉性、致癌性、致畸性等。

1. 刺激性

毒物对人体的刺激性分为对皮肤的刺激、对眼睛的刺激和对呼吸道的刺激三种。对皮肤的刺激：许多化学品能引起皮肤干燥、粗糙、疼痛，这种情况称为皮炎；对眼睛的刺激：眼睛接触化学品会产生流泪、酸痛等感觉，伤害程度取决于毒性的大小和采取急救措施的快慢；对呼吸道的刺激：呼吸系统接触化学品后会引起气管炎、肺炎、肺水肿。

2. 过敏性

化学品过敏通常是过敏原进入机体所引发的异常免疫反应，一般会导致皮肤出现红斑、丘疹及瘙痒等情况，还有可能会引起渗出现象。皮肤接触环氧树脂等化学品会产生过敏性皮炎（皮疹或水泡）。呼吸系统接触甲苯、福尔马林等化学品会引起职业性哮喘（咳嗽、呼吸困难）。

3. 窒息性

窒息分为单纯窒息和化学窒息两种情况。单纯窒息：环境中的氧气被惰性气体（如 N_2、CO_2 等）所冲淡，当氧的含量降到 17%（体积分数）以下时，机体会出现缺氧，引起头晕、恶心，严重者会死亡。化学窒息：化学品能与血红蛋白结合造成机体缺氧。一氧化碳与血红蛋白的结合力要大于氧与血红蛋白的结合力 300 倍以上，一氧化碳含量达 0.1%（体积分数）时就会造成严重缺氧。还有氰化氢、硫化氢等毒物都会引起化学窒息。

4. 麻醉性

接触某些高浓度的化学品，如乙醇、丙醇、丙酮、丁酮、乙炔、烃类、乙醚、异丙醚等，会导致中枢神经抑制。这些化学品有类似醉酒的作用，一次大量接触可导致昏迷甚至死亡，但也会导致一些人沉醉于这类化学品。

5. 致癌性

长期接触一定的化学品可能引起人体细胞的无节制生长，形成癌性肿瘤。这些肿瘤可能在第一次接触这些化学品以后许多年才表现出来，这一时期被称为潜伏期，一般为 4～40 年。造成职业肿瘤的部位是多样的，未必局限于接触区域，如砷、石棉、铬、镍等物质可能导致肺癌；鼻腔癌和鼻窦癌是由铬、镍、木材、皮革粉尘等引起的；膀胱癌与接触联苯胺、萘胺、皮革粉尘等有关；皮肤癌与接触砷、煤焦油和石油产品等有关；接触氯乙烯单体可引起肝癌；接触苯可引起再生障碍性贫血。

6. 致畸性

长期接触某些化学品可能对未出生胎儿造成危害，干扰胎儿的正常发育。在怀孕的前三个月，脑、心脏、胳膊和腿等重要器官正在发育，一些研究表明，某些化学品可能干扰正常的细胞分裂过程，如麻醉性气体、水银和有机溶剂，从而导致胎儿畸形。某些化学品对遗传基因的影响可能导致后代发生异常，实验结果表明，80%～85% 的致癌性化学品对后代有影响。

五、职业病简介

职业病是指企业、事业单位和个体经济组织的劳动者在职业活动中，因接触粉尘、放射性物质和其他有毒、有害物质、物理因素等而引起的疾病。

国家卫生健康委、人力资源社会保障部、国家疾控局、全国总工会于 2024 年 12 月 11 日发布、2025 年 8 月 1 日起实施的《职业病分类和目录》规定，职业病分为职业性尘肺病及其他呼吸系统疾病、职业性皮肤病、职业性眼病、职业性耳鼻喉口腔疾病、职业性化学中毒、物理因素所致职业病、职业性放射性疾病、职业性传染病、职业性肿瘤、职业性肌肉骨骼疾病、职业性精神和行为障碍以及其他职业病共十二类 135 种疾病。

《中华人民共和国职业病防治法》中所规定的职业病，必须具备以下四个条件：

1. 患病主体是企业、事业单位和个体经济组织中的劳动者；

2. 必须是在从事职业活动的过程中产生的；

3. 必须是因接触粉尘、放射性物质和其他有毒、有害物质等职业病危害因素引起的；

4. 必须是国家公布的职业病分类和目录所列的职业病。

六、常见职业病

1. 尘肺病

尘肺病仍是目前不少国家最严重的一种职业病之一，特别是在发展中国家更是如此。在化工生产过程中，可能引发尘肺病的作业主要包括切割焊接管道、钻孔作业、喷砂除锈以及其他长期接触可吸入性粉尘的作业环节。

（1）尘肺病的分类

按尘肺发病时间可分为速发型、慢型、晚发型；按病理改变可分为胶原纤维化型、间质纤维化型、结节型、不规则型、弥散型、团块型；按粉尘来源可分为矿物性与非矿物性等。在我国，按病因将尘肺分为以下五类。

1）硅肺：长期吸入含有游离二氧化硅粉尘（游离二氧化硅含量≥10%）引起。

2）硅酸盐肺：长期吸入含有结合二氧化硅粉尘（如石棉、滑石、云母等）引起。

3）碳黑尘肺：长期吸入煤、石墨、炭墨、活性炭等粉尘引起。

4）混合尘肺：长期吸入含游离二氧化硅和其他粉尘（如煤矽尘、铁矽尘、电焊烟尘）引起。

5）金属尘肺：长期吸入某些金属粉尘（如铁、锰、铝尘等）引起。

（2）尘肺病的发病机理

粒径在 10 μm 以上的粉尘，可以被上呼吸道阻挡，阻止进入下呼吸道；粒径在 5～10 μm 的粉尘，可直接进入肺脏的深部，到达终末细支气管、肺泡道和肺泡，导致肺脏炎症反应；粒径小于 5 μm 的粉尘，可穿过气血屏障，进入血液循环。

化工生产过程中，许多作业都可以产生粉尘，工人长期吸入一定量的粒径 10 μm 及小于 10 μm 的粉尘后，会得尘肺病。空气中的粉尘可以随呼吸进入呼吸道，当粉尘浓度很高时，由于长期的慢性伤害，对人体的危害就明显。粉尘进入呼吸道后，绝大多数颗粒较大的粉尘被阻挡在上呼吸道，刺激这些部位的黏膜，使细小血管扩张，黏膜红肿、肥大、分泌物增多，引起鼻炎、气管炎等病变。

由于在肺的换气区域仅发生了微小尘粒的沉积以及肺组织对这些沉积物的反应，所以很难在早期发现肺的变化，当 X 射线检查发现这些变化的时候病情已经较重了。尘肺病患者肺的换气功能下降，在紧张活动时将发生呼吸短促症状，这种作用是不可逆的，能引起尘肺病的物质有石英晶体、石棉、滑石粉、煤粉和铍等。

（3）尘肺病的治疗

尘肺病确诊后应及时调离粉尘接触岗位，采取积极的对症治疗及恢复功能的综合治疗，目的是恢复功能、减轻痛苦、延缓病情进展、延长健康生存年限。目前尚无根治办法，我国职业病防治工作者多年来研究了一些治疗药物，如克矽平、柠檬酸、粉防己碱等。这些药物可以减轻症状、延缓病情进展。在用上述药物治疗的同时应积极对症治疗，预防并发症，增强营养，生活规律化和适当的体育锻炼。

2. 职业中毒

任何化学品都是有毒的，所不同的是引起生物体损害的剂量不同。通常把较小剂量就能引起生物体损害的化学品叫作毒物。毒物的毒性常用半数致死量（致死中量）LD_{50}（mg/kg）或 LC_{50}（mg/L）来表示，即表示能使一组被试验的动物（小白鼠）死亡 50% 所需的剂量。毒物的半数致死量越小，说明毒性越大。毒性物质分级见表 1－1。

表 1－1　毒性物质分级

分级	经口半数致死量 LD_{50}(mg/kg)	经皮肤 24 h 半数致死量 LD_{50}(mg/kg)	吸入 1 h 半数致死浓度 LC_{50}(mg/L)
剧毒品	$LD_{50}\leqslant 5$	$LD_{50}\leqslant 40$	$LC_{50}\leqslant 0.5$
有毒品	$5<LD_{50}\leqslant 50$	$40<LD_{50}\leqslant 200$	$0.5<LC_{50}\leqslant 2$
有害品	固体：$50<LD_{50}\leqslant 500$ 液体：$50<LD_{50}\leqslant 2\,000$	$200<LD_{50}\leqslant 1\,000$	$2<LC_{50}\leqslant 10$

化工企业常见的职业中毒有以下几种。

（1）苯中毒

苯是一种无色、有芳香味的碳氢化合物，透明、易挥发、易燃、易爆。在油漆、喷漆等作业中常用苯作溶剂，从事以苯作为化工原料或产品及中间产品为苯的生产车间易发生苯中毒，常有慢性中毒病例发生。

苯由呼吸道吸入高浓度的苯蒸气或大量苯液污染皮肤或误服均可引起急性中毒，口服致死量约为 10 mL。其毒性作用是抑制中枢神经系统，另外对造血、呼吸系统也有损害。

苯中毒分为急性苯中毒和慢性苯中毒。急性苯中毒主要对中枢神经系统产生麻醉作用，出现昏迷和肌肉抽搐；慢性苯中毒可导致造血功能障碍，早期常见白细胞减少，继而出现血小板减少及再生障碍性贫血，患者可有鼻出血、牙龈出血、皮下出血、月经过多等临床表现。

（2）氨中毒

氨是一种无色、有强烈刺激味、易溶于水的气体，在常温下加压可以液化成液态氨。氨在化工生产中应用非常广泛，大量用于制造尿素、纯碱以及化肥等产品，也可以作为冷冻剂使用。氨的危害：一是容易造成火灾爆炸事故，二是容易发生中毒事故。

接触氨后会嗅到强烈刺激气味，眼流泪、刺痛。过浓的氨水溅入眼内可损伤角膜，引起角膜溃疡，严重者可引起角膜穿孔、晶体混浊、虹膜炎症等，甚至导致失明。吸入氨气可引起咽、喉痛，发音嘶哑。吸入气体中氨浓度较高时可引起喉头痉挛、声带水肿，甚至发生窒息，个别人吸入极浓的氨气可发生呼吸停止，心搏骤停而死亡。

（3）一氧化碳中毒

一氧化碳中毒是日常生活中较为常见的中毒现象。含碳物质燃烧不完全时的产物经呼吸道吸入引起中毒，俗称煤气中毒。中毒机理是一氧化碳与血红蛋白的亲合力比氧与血红蛋白

的亲合力高300倍，所以一氧化碳极易与血红蛋白结合，形成碳氧血红蛋白，使血红蛋白丧失携氧的能力和作用，造成组织细胞窒息。对全身的组织细胞均有毒性作用，尤其对大脑皮质的影响最为严重。大脑是最需要氧气的器官之一，一旦断绝氧气供应，由于体内的氧气只够消耗10 min，很快造成人的昏迷并危及生命。

当人们意识到已经发生一氧化碳中毒时，往往为时已晚。因为支配人体运动的大脑皮质最先受到麻痹损害，使中毒者无法实现有目的的自主运动。此时，中毒者头脑中虽有清醒的意识，但手脚已不听使唤，无法进行有效的自救。

（4）硫化氢中毒

硫化氢为无色、带有臭鸡蛋气味的气体，吸入后对人体有剧毒，主要作用于中枢神经系统。当接触硫化氢的浓度较高时，由于迷走神经反射，会立即发生昏迷和呼吸麻痹而呈“闪电式”的死亡，严重的会使人立即产生喉头痉挛、咽喉水肿而窒息。

思考与练习

一、选择题

1. 职业病危害因素通常以哪几种状态存在？（　　）（多选）

A. 粉尘　　B. 烟尘　　C. 雾　　D. 气体

2. 毒物对人体的危害不包括（　　）。（单选）

A. 麻醉性　　B. 窒息性　　C. 氧化性　　D. 致畸性

二、填空题

1. 毒物进入人体的途径主要包括________、________、________三种。

2. 化工企业常见的中毒一般有________、________、________、________四种，其中_____会使人出现“闪电式”死亡。

三、简答题

1. 简述职业病危害因素的来源分类。

2. 毒物对人体的危害一般有几种？分别是什么？

3. 简述尘肺病的发病机理。

4. 一氧化碳中毒为什么很难自救？

任务三　职业病防治

学习目标

1. 了解职业病防治的原因和基本原则。
2. 学习化工企业几种常见毒物的最高容许浓度。
3. 能够基本掌握化工企业防尘的主要措施。
4. 能够理解职业病危害因素监测的必要性。

任务引入

车间主任安排你对本车间可能对员工造成的职业病危害进行辨识，并根据辨识结果编写职业病预防措施。作为一名有经验的员工，你准备从哪些方面入手准备？

任务分析

作为一名经验丰富的员工，对车间的基本情况已经较为了解。对于编制职业病预防措施，首先应该确认哪些因素可能导致职业病，然后查阅资料，明确对相关危害应如何进行处理。

相关知识

近年来，中国经济迅猛发展，人民生活水平不断提高，员工工作环境不断改善。然而由于经济发展的需要，一些地方仍然存在着一些重污染企业，职业病危害事件层出不穷。因此，职业病防治已成为公共卫生与安全领域的重要课题，也是我国工业发展的必然任务。

一、职业病预防原则

职业病的防治工作应遵守职业卫生（预防医学）“三级预防”的原则，开展综合治理。

1. 一级预防：从根本上使员工不接触职业病危害因素。主要指对新建项目职业危害的控制；对现在存在职业病危害因素的要进行改善，减少危害和污染，达到国家职业卫生标准。

2. 二级预防：早期发现职业危害特点和职业病症。对职业病危害因素的工作场所实行健康监护，早期发现、早期鉴别、早期诊断；对存在职业病危害因素的场所经常进行检查、检测，使工作场所的危害因素符合国家标准。

3. 三级预防：对已经患职业病的员工，应尽快作出正确诊断。对确诊者，要保障病人享受职业病有关待遇，及时进行治疗、康复和定期检查；对不能继续从事原工作的病人，应调离原工作岗位，并妥善处理。

二、职业病危害因素的管理

1. 国家职业卫生标准

我国现行的职业病类国家职业卫生标准有《工作场所有害因素职业接触限值　第 1 部分：化学有害因素》（GBZ 2.1—2019）和《工作场所有害因素职业接触限值　第 2 部分：物理因素》（GBZ 2.2—2007）。

2. 职业病危害因素监测

《中华人民共和国职业病防治法》规定，用人单位应建立、健全工作场所职业病危害因素监测及评价制度。具体可按以下规定执行。

（1）产生粉尘、噪声、毒物、辐射、高温等职业病危害因素的作业场所，应实行评价监测和定期监测制度，对超标的作业环境及时治理。

（2）评价监测应由取得职业卫生技术服务资格的机构承担，并按照规定定期评价监测。

（3）定期监测可由施工单位自行监测，也可委托职业卫生服务机构监测，其监测周期为：

1）粉尘。各粉尘作业区至少每季度测定一次粉尘浓度，作业区浓度严重超标的，应及时监测。按粉尘种类每年测定一次游离二氧化硅含量和分散度，特殊情况应及时采样分析。

2）噪声。各噪声作业点至少每半年测定一次 A 声级，每年进行一次频谱分析。

3）毒物。各毒物作业点至少每半年测定一次，浓度超过最高允许浓度的范围，应及时测定，直至浓度降至最高允许浓度以下。

4）辐射。至少每年监测一次，特殊情况及时监测。

5）高温。每年在高温季节至少监测一次。

3. 职业病防治管理

《中华人民共和国职业病防治法》对职业病的预防管理工作，主要对劳动过程中的防护、职业健康体检、职业健康监护档案、职业病康复治疗等方面做了明确规定，总结起来，可归纳为应做好以下几个方面的工作。

（1）健全职业卫生管理机构，明确专人负责职业卫生管理工作。

（2）完善职业卫生管理规章制度和操作规程，制定应急救援预案。

（3）应配合相关部门对施工单位遵守安全生产和劳动保障法律法规、开展员工职业健康监护、落实劳动保障条件和防护措施等情况的监督检查，并落实查处意见。

（4）应为职业危害场所中从事施工生产的员工配备相应个体防护装备。

（5）对从事具有职业危害的员工应在岗前、岗中、离岗时进行职业健康体检，岗中体检宜每年一次，离岗体检应覆盖协作队伍人员。

（6）应建立职业接触危害因素员工的职业健康监护档案。

（7）发现员工患有职业病和职业禁忌证，应及时调离原工作岗位，积极采取治疗措施，确保员工的健康与安全。

（8）应落实女员工“四期”保护措施，办理女员工特殊疾病保险，不得安排女员工从事相应禁忌劳动岗位上的工作。

（9）患有职业病的员工，应按国家有关规定享有治疗、休养、工作、调整、病假、生活补助、抚恤等待遇。

三、职业病危害的防治

1. 防尘措施

工艺上的防尘措施包括工艺方法和工艺布置。

（1）工艺方法上的防尘措施

广泛采用新工艺、新技术，既能推动生产的发展、成倍地提高劳动生产率，又能从根本上改善生产的劳动条件，降低车间的粉尘浓度，减少粉尘对作业人员的危害，并为改善环境提供有利条件。如采用工艺过程密闭化、机械化和自动化的方式等。

（2）工艺布置上的防尘措施

工艺布置与防尘工作有很大关系，在工艺布置时考虑防尘措施，有利于减少粉尘对人体危害和环境污染。

1）从通风角度考虑。工艺设备和生产流程的布局应使主要工作地点和作业人员多的工段位于车间内通风良好和空气较为清洁的地方，减少受粉尘危害的人数。

2）从隔离角度考虑。有严重粉尘污染源的工段散发粉尘和有害物质较多，尽可能用实体墙和其他部分隔离，最好布置在单独的厂房内。

3）从工艺流程角度考虑。在布置工艺设备和安排生产流程时应该设置除尘系统，包括风管敷设、平台位置、粉尘收集或污泥法除尘等，为合理布置提供必要的条件。

（3）湿式作业

在生产过程中，对工件或原料加入适量的水分使之湿润后进行操作，以防止粉尘的飞扬，称为湿式作业。湿式作业是利用含硅原料都有较好的亲水性这一特性来达到防尘目的。当石英砂中水分超过 6%（质量分数）时，石英砂中就开始有黏结现象，从而能防止粉尘的飞扬。

（4）通风防尘

通风防尘是一项积极有效的技术措施，一般分为局部机械通风和全面通风两种方式。

局部机械通风需要的风量最小，防尘效果最好。如果受生产条件的限制，不能采用局部机械通风，或采用局部机械通风后，室内粉尘浓度仍超过国家规定标准，则应采用全面通风。

全面通风是对整个车间进行通风换气，用新鲜空气把整个车间的有害物质浓度冲淡到国家规定标准以下。

（5）安装除尘设备

除尘设备主要包括布袋除尘器、静电除尘器、旋风除尘器等。

2. 毒物的控制措施

（1）操作控制

操作控制主要是消除或降低工作场所的危害，防止作业人员在正常作业时受到有害物质的侵害。采取的主要措施包括替代、变更工艺、隔离、通风除尘等。

1）替代：选用无毒或低毒化学品替代有毒、有害的化学品，如选用无毒或低毒脂肪烃替代黏合剂中的苯，用甲苯替代喷漆中的苯。

2）变更工艺：使用新技术、新工艺，如温度、压力、物料比、原料的选择等。

3）隔离：通过封闭、设置屏障等措施，避免作业人员直接暴露在有害环境中，即把生产设备与操作控制室隔开。

4）通风除尘：有效的通风，使作业场所的有害气体、蒸气或粉尘的浓度低于安全浓度，保证作业人员的健康，防止火灾、爆炸事故的发生。

（2）个体防护

个体防护装备是阻止有害物质进入人体的屏障。用人单位必须提供符合国家标准的个体防护装备，个体防护装备主要包括头部防护用品、呼吸防护用品、眼面部防护用品、躯体防护用品、手足防护用品等。

国家对个体防护装备的生产、销售实行许可制度。个体防护装备必须具备生产许可证、安全鉴定证、产品合格证。对于生产特种劳动防护用品的，还必须取得特种劳动防护用品的安全标志。员工使用中要做到“三会”，即会检查个体防护装备的可靠性、会正确使用个体防护装备、会正确维护个体防护装备。

3. 噪声的控制措施

噪声性耳聋是指如果长时间在强噪声下工作，持续不断地接受噪声的刺激，日积月累，听觉疲劳不能消除，直至人耳内听觉器官发生器质性病变成为永久性听力损失。在国家标准中，工业企业的生产车间和作业场所的工作地点的噪声标准为 85 分贝（dB）。

控制噪声的基本措施有以下几种。

（1）降低声源噪声

降低声源噪声是控制噪声的最有效、最直接的措施。通过研制或选择低噪声设备，改进生产加工工艺，提高机器设备的加工精度和装配质量，使发声体不发声，或者大大降低发声体的辐射功率，是控制噪声的根本途径。

（2）在传播途径上降低噪声

由于客观原因而无法降低声源噪声时，就必须在噪声的传播途径上采取适当的措施。如采用“闹静分开”和吸声、隔声、消声、隔震等控制噪声技术。

（3）卫生保健措施

防止噪声进入人耳，在上述方法无法实现，噪声仍然很强的情况下，可以对遭受噪声的个人进行防护，最简单的是佩戴个体防护装备，常用的有耳塞、耳罩、防声头盔等。采取定期健康检查、合理安排劳动和休息、经常检查噪声的发生情况和预防措施落实情况等。

4. 振动的危害及预防

（1）振动的危害

物体在力的作用下，沿直线或弧线经过某一中心位置或平衡位置的来回往复运动称为振动。按振动作用于人体的方式，可分局部振动和全身振动两种，有的以一种振动为主，有的则受两种振动的共同作用，常见的和危害性较大的是局部振动。

振动以振动波形式对组织交替压缩与拉伸，并向四周传播开去。机体组织对振动波的传导性优劣顺序是：骨结缔组织、软骨、肌肉、腺组织和脑。

（2）振动的预防

伴有生产性振动的作业很多，其危害相当明显，振动病的发病率比较高，目前又无良好的治疗方法，一旦发病，即使立即脱离振动作业岗位，恢复也相当缓慢，甚至仍会继续发展。因此控制生产性振动危害，预防振动病的发生非常重要。振动的防护措施主要包括消除或减少振动源、切断或控制振动的转换途径，以及加强个人防护措施等。

1）从建筑物上防振动。厂房的结构与形式对防止振动有很大作用。为了预防全身振动，建筑厂房地基时，就应注意预防振动。

2）从机械设备上预防振动。从工艺和技术上消除或减少振动源，是预防振动危害最根本的措施。改革生产工艺，不但能消除振动危害，同时也能提高生产效率和工艺质量。如机器、设备应安装在单独隔离的基座上，设备地基与建筑物地基之间应利用空间层、橡胶、石棉、毛毡、软木或其他弹性材料隔开，以隔离振动源。

3）减少振动的接触时间。尽可能减少作业人员在振动中的停留时间，应有适当的时间和空间休息。技术性不强的振动作业工种，可以考虑作业人员的轮换制度并尽可能减少女员工参加振动作业。

4）个人防护。使用防护手套，多层布手套和棉手套均可阻止振动。长期从事振动作业的作业人员应定期进行体检。如发现患病，应及时调离原作业环境。

思考与练习

一、单项选择题

1. 化工企业粉尘作业区至少（　　）进行一次粉尘浓度检测。

A. 每年　　B. 每月　　C. 每季度　　D. 每天

2. 职业病的防治工作应遵守职业卫生（　　）的原则，开展综合治理。

A. 一级预防　　B. 二级预防　　C. 三级预防　　D. 四级预防

二、填空题

化工生产中控制噪声的基本措施一般有三种，分别是________、________、________。

三、简答题

1. 职业病的预防原则分为几级？分别是什么？

2. 针对毒物的控制措施有哪些？

3. 控制噪声的基本措施有哪几种？最有效的是哪一种？

项目二

安全生产法律法规

安全生产是国家的一项长期基本国策，是有效保护劳动者安全及其健康和国家财产安全以及促进社会生产力发展、促进经济发展、促进社会和谐稳定的基本保证。

作为化工企业的准员工，将来既是安全生产保护的对象，又是实现安全生产的基本要素，必须清楚依法享有安全保障的权利，同时也必须履行安全生产方面的义务。

任务一　安全生产法律法规体系

学习目标

1. 了解安全生产法律法规的基本概念。
2. 了解安全生产法律法规体系基本构架。
3. 能够辨识安全生产法律法规的基本概念。
4. 能够梳理安全生产法律体系的基本框架。

任务引入

你是某化工企业的安全员，某天接到车间下发的任务，需要对车间新分入的化工操作人员进行车间级的安全培训，对安全生产法律法规进行前期了解，了解基本概念和体系框架。

任务分析

学习基本的法律法规知识对化工操作人员至关重要，为了避免化工操作人员因不遵守法律法规导致事故的发生，需要其了解基本的安全生产法律法规基础知识及梳理安全生产法律法规体系框架，为下一步学习主要安全生产法律法规奠定良好的理论基础。

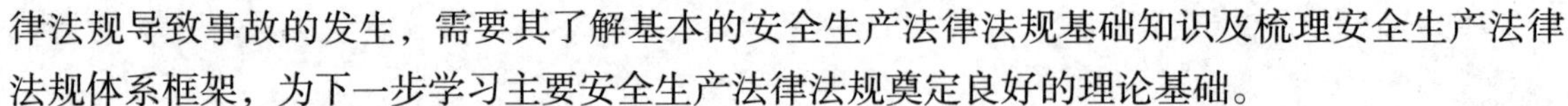

相关知识

一、基本概念

1. 安全生产是为了使生产过程在符合物质条件和工作秩序下进行的，防止发生人身伤亡和财产损失等生产事故，消除或控制危险、有害因素，保障人身安全与健康、设备和实施免受损坏、环境免遭破坏的总称。简单地说，不发生工伤事故、职业病、设备或财产损失。

2. 职业病是指企业、事业单位和个体经济组织的劳动者在职业活动中，因接触粉尘、放射性物质和其他有毒、有害物质、物理因素等而引起的疾病。

3. 职业病危害是指对从事职业活动的劳动者可能导致职业病的各种危害。职业病危害因素包括职业活动中存在的各种有害的化学、物理、生物因素以及在作业过程中产生的其他职业有害因素。

4. 工伤也称职业伤害，是指劳动者在工作中所发生的或与之有关的人身伤害，包括事故伤害和职业病以及因这种情况造成的死亡。

二、安全生产法律法规体系

安全生产法律法规体系，是指我国全部现行的、不同的安全生产法律规范形成的有机联系的统一整体。

1. 从法的不同层级上，可以分为上位法与下位法

上位法：法律地位、法律效力高于其他相关法的立法。

下位法：法律地位、法律效力低于相关上位法的立法。

不同的安全生产立法对同一类或者同一个安全生产行为作出不同法律规定的，以上位法的规定为准，适用上位法的规定。上位法没有规定的，可以适用下位法。下位法的数量一般多于上位法。

（1）法律

法律是安全生产法律体系中的上位法，居于整个体系的最高层级，其法律地位和效力高于行政法规、地方性法规、部门规章、地方政府规章等下位法。国家现行的有关安全生产的专门法律有《中华人民共和国安全生产法》《中华人民共和国消防法》《中华人民共和国道路交通安全法》《中华人民共和国海上交通安全法》《中华人民共和国矿山安全法》；与安全生产相关的法律主要有《中华人民共和国刑法》《中华人民共和国劳动法》《中华人民共和国工会法》《中华人民共和国矿产资源法》《中华人民共和国铁路法》《中华人民共和国公路法》《中华人民共和国民用航空法》《中华人民共和国港口法》《中华人民共和国建筑法》等。

（2）法规

安全生产法规分为行政法规和地方性法规。

1）行政法规。安全生产行政法规的法律地位和法律效力低于有关安全生产的法律，高于地方性安全生产法规、地方政府安全生产规章等下位法。

2）地方性法规。地方性安全生产法规的法律地位和法律效力低于有关安全生产的法律、行政法规，高于地方政府安全生产规章。经济特区安全生产法规和民族自治地方安全生产法规的法律地位和法律效力与地方性安全生产法规相同。

（3）规章

安全生产行政规章分为部门规章和地方政府规章。

1）部门规章。国务院有关部门依照安全生产法律、行政法规的授权制定发布的安全生产规章，其法律地位和法律效力低于法律、行政法规，高于地方政府规章。

2）地方政府规章。地方政府安全生产规章是最低层级的安全生产立法，其法律地位和法律效力低于其他上位法，不得与上位法相抵触。

（4）标准

安全生产标准法律化是我国安全生产立法的重要趋势。安全生产标准一旦成为法律规定必须执行的技术规范，它就具有了法律上的地位和效力。法定安全生产标准分为国家标准和行业标准，两者对生产经营单位的安全生产具有同样的约束力。法定安全生产标准主要是指强制性安全生产标准。

1）国家标准。安全生产国家标准是指国家标准化行政主管部门依照《中华人民共和国标准化法》制定的在全国范围内适用的安全生产技术规范。

2）行业标准。安全生产行业标准是指国务院有关部门和直属机构依照《中华人民共和国标准化法》制定的在安全生产领域内适用的安全生产技术规范。行业安全生产标准对同一安全生产事项的技术要求，可以高于国家安全生产标准但不得与其相抵触。

2. 从法的同一层级上，可以分为普通法与特殊法

在安全生产法律体系同一层级的安全生产立法中，安全生产法律规范有普通法与特殊法之分，两者相辅相成、缺一不可。

（1）普通法适用于安全生产领域中普遍存在的基本问题、共性问题的法律规范，它们不解决某一领域存在的特殊性、专业性的法律问题。

（2）特殊法适用于某些安全生产领域独立存在的特殊性、专业性问题的法律规范，它们往往比普通法更专业、更具体、更有可操作性。

例如，《中华人民共和国安全生产法》是安全生产领域的普通法，普遍适用于生产经营活动的各个领域。但对于消防安全、道路交通安全、铁路交通安全、水上交通安全和民用航空安全等领域存在的特殊问题，其他有关专门法律另有规定的，则应适用《中华人民共和国消防法》《中华人民共和国道路交通安全法》等特殊法。因此，在同一层级的安全生产立法对同一类问题的法律适用上，应当适用特殊法优于普通法的原则。

3. 从法的内容上，可以分为综合性法与单行法

从安全生产立法所确定的适用范围和具体法律规范看，可以将我国安全生产立法分为综合性法与单行法。综合性法不受法律规范层级的限制，而是将各个层级的综合性法律规范作

为整体来看待，适用于安全生产的主要领域或者某一领域的主要方面。单行法的内容只涉及某一领域或者某一方面的安全生产问题。

思考与练习

一、填空题

1. 法规的分为________和________。
2. 规章的分为________和________。

二、简答题

上位法和下位法的区别是什么？

任务二　主要安全生产法律法规简介

学习目标

1. 了解《中华人民共和国安全生产法》的地位和意义。
2. 了解其他安全生产法律法规的内容和意义。
3. 能简要概述我国安全生产方针，明确《中华人民共和国安全生产法》的立法意义。
4. 能运用法律法规的基本知识解决安全生产管理中的实际问题。
5. 通过学习安全生产法律法规，强化安全生产责任意识，培养学生敬业爱岗、严格遵守法律法规的职业道德，树立学生遵守规矩的意识。

任务引入

你是某化工企业的安全员，某天接到车间下发的任务，需要对车间新分入的化工操作人员进行车间级的安全培训，前期已了解安全生产法律法规的基本概念和体系框架，下一步想学习安全生产法和其他法律法规的具体内容和意义。

任务分析

基本的法律法规知识对化工操作人员至关重要，为了避免化工操作人员因不遵守法律法规导致事故的发生，在其了解安全生产法律法规的基本概念和体系框架上，需要进一步学习

《中华人民共和国安全生产法》的地位和意义，以及其他相关法律法规。

相关知识

一、《中华人民共和国安全生产法》

《中华人民共和国安全生产法》是我国第一部全面规范安全生产的专门法律，在安全生产法律法规体系中占有极其重要的地位。包括总则、生产经营单位的安全生产保障、从业人员的安全生产权利义务、安全生产的监督管理、生产安全事故的应急救援与调查处理、法律责任、附则共七章一百一十九条。

《中华人民共和国安全生产法》是我国安全生产法律体系的主体法，是各类生产经营单位及其从业人员实现安全生产所必须遵循的行为准则，确立了对各行业和各类生产经营单位普遍适用的七项基本法律制度。包括安全生产监督管理制度、生产经营单位安全保障制度、生产经营单位负责人安全责任制度、从业人员安全生产权利义务制度、安全中介服务制度、安全生产责任追究制度、事故应急救援和处理制度。

安全生产管理方针为安全第一、预防为主、综合治理。

二、《中华人民共和国职业病防治法》

《中华人民共和国职业病防治法》包括总则、前期预防、劳动过程中的防护与管理、职业病诊断与职业病病人保障、监督检查、法律责任、附则七章八十八条。我国将每年4月的最后一周至5月1日国际劳动节定为职业病防治法宣传周。

立法的宗旨是为了预防、控制和消除职业病危害，防治职业病，保护劳动者健康及其相关权益，促进经济社会发展。

职业病防治工作坚持预防为主、防治结合的方针，实行分类管理、综合治理。

三、《中华人民共和国消防法》

《中华人民共和国消防法》包括总则、火灾预防、消防组织、灭火救援、监督检查、法律责任、附则七章七十四条。

立法目的是预防火灾和减少火灾危害，加强应急救援工作，保护人身、财产安全，维护公共安全。

消防工作贯彻预防为主、防消结合的方针，按照政府统一领导、部门依法监管、单位全面负责、公民积极参与的原则，实行消防安全责任制，建立健全社会化的消防工作网络。

四、《危险化学品安全管理条例》

制定该条例的目的是加强危险化学品的安全管理，预防和减少危险化学品事故，保障人民群众生命财产安全，保护环境。该条例适用于危险化学品生产、储存、使用、经营和运输的安全管理。

该条例共八章一百零二条，规定国家实行危险化学品登记制度，为危险化学品安全管理以及危险化学品事故预防和应急救援提供技术、信息支持。危险化学品安全管理，应当坚持安全第一、预防为主、综合治理的方针，强化和落实企业的主体责任。任何单位和个人不得生产、经营、使用国家禁止生产、经营、使用的危险化学品。国家对危险化学品的生产、储存实行统筹规划、合理布局。国家对危险化学品经营（包括仓储经营）实行许可制度。

五、《工伤保险条例》

《工伤保险条例》包括总则、工伤保险基金、工伤认定、劳动能力鉴定、工伤保险待遇、监督管理、法律责任、附则共八章六十七条。

该条例是为了保障因工作遭受事故伤害或者患职业病的职工获得医疗救治和经济补偿，促进工伤预防和职业康复，分散用人单位的工作风险。

工伤保险的基本原则：一是无责任补偿原则；二是补偿直接经济损失的原则；三是保障和补偿相结合的原则；四是预防、补偿和康复相结合的原则。

六、《生产安全事故报告和调查处理条例》

该条例是为了规范生产安全事故的报告和调查处理，落实生产安全事故责任追究制度，防止和减少生产安全事故，根据《中华人民共和国安全生产法》和有关法律而制定的。该条例共六章四十六条。

七、《安全生产违法行为行政处罚办法》

该办法是为了制裁安全生产违法行为，规范安全生产行政处罚工作而制定的。包括总则，行政处罚的种类、管辖，行政处罚的程序，行政处罚的适用，行政处罚的执行和备案，附则六章六十九条。

思考与练习

一、填空题

1. 安全生产管理方针是________、________、________。

2. 工伤保险的基本原则是________、________、________、________。

二、简答题

1.《中华人民共和国职业病防治法》立法的宗旨是什么？

2. 危险化学品安全管理的方针是什么？

3.《中华人民共和国消防法》的立法目的是什么?

任务三 安全法律法规知识要点

学习目标

1. 根据安全法律法规重要知识要点，掌握安全生产八大原则。

2. 根据安全法律法规重要知识要点，掌握化工操作人员的权利和义务。

3. 根据安全生产八大原则，能辨识生产过程中的安全隐患。

4. 根据化工操作人员的权利和义务，能明确生产过程中的个人责任。

5. 培养学生根据法律法规处理各种突发事件的应急处置能力，养成遇事果断处理，考虑问题全面的个人能力。

6. 强化安全生产责任意识，提高学生对安全生产专业知识学习的热情。

任务引入

你是某化工企业的安全员，某天接到车间下发的任务，需要对车间新分入的化工操作人员进行车间级的安全培训，前期已了解《中华人民共和国安全生产法》和其他法律法规的具体内容和意义，下一步如何明确化工操作人员的权利和义务?

任务分析

基本的法律法规知识对化工操作人员至关重要，为了避免化工操作人员因不遵守法律法规导致事故的发生，需要进一步确定化工操作人员的权利和义务，明确个人责任具有重要的意义。

相关知识

一、安全生产八大原则

1. 安全生产基本原则：加强劳动保护，改善劳动条件。

2. “管生产必须管安全”的原则：企业的主要负责人在抓经营管理的同时必须抓安全生产。

3. 全员安全生产教育和培训的原则：对企业全体员工（包括临时工）进行安全生产法律法规和安全专业知识，以及安全生产技能等方面的教育和培训。

4. “三同时”原则：生产性基本建设项目中的劳动安全卫生设施必须符合国家规定的标

准，必须与主体工程同时设计、同时施工、同时投入生产和使用，保障劳动者在生产过程中的安全与健康。

5.“三同步”原则：企业在考虑经济发展，进行机构改革、技术改造时，安全生产要与之同步规划、同步组织实施、同步运作投产。

6.“四不伤害”原则：教育员工做到不伤害自己、不伤害他人、不被他人伤害、保护他人不受伤害。

7.“四不放过”原则：事故原因未查清不放过、责任人员未处理不放过、有关人员未受到教育不放过、整改措施未落实不放过。

8.“五同时”原则：企业生产组织及领导者在计划、布置、检查、总结、评比经营工作的时候，要同时计划、布置、检查、总结、评比安全工作。

二、法律赋予从业人员的权利

1. 知情权

有权了解其作业场所和工作岗位存在的危险因素、防范措施及事故应急措施。

2. 建议权

有权对本单位的安全生产工作提出建议。

3. 批评、检举、控告权

有权对本单位安全生产工作中存在的问题提出批评、检举、控告。

4. 拒绝权

有权拒绝违章指挥和强令冒险作业。

5. 避险权

发现直接危及人身安全的紧急情况时，有权停止作业或者在采取可能的应急措施后撤离作业场所。

6. 求偿权

因生产安全事故受到损害的从业人员，除依法享有工伤社会保险外，依照有关民事法律尚有获得赔偿的权利的有权向本单位提出赔偿要求。

7. 培训权

获得安全生产教育和培训。

8. 获得劳动安全保护的权利

获得符合国家标准或者行业标准的个体防护装备。

三、法律规定的从业人员的责任和义务

1. 从业人员的法律责任

从业人员直接从事生产经营活动，往往是各种事故隐患和不安全的因素的第一知情者和直接受害者。从业人员的安全素质高低，对安全生产至关重要。如果在从业中违反安全生产义务造成事故，那么必须承担相应的法律责任。安全生产违法行为的具体法律责任方式有三

种，即行政责任、民事责任和刑事责任。《中华人民共和国安全生产法》对从业人员规定，不服从管理，违反安全生产规章制度或者操作规程的，由生产经营单位给予批评教育，依照有关规章制度给予处分；构成犯罪的，依照刑法有关规定追究刑事责任。

2. 从业人员的法律义务

（1）遵章守纪的义务。从业人员在作业过程中，应当严格遵守本单位的安全生产规章制度和操作规程，服从管理。

（2）接受教育的义务。从业人员应当接受安全生产教育和培训，掌握本职工作所需的安全生产知识，提高安全生产技能，增强事故预防和应急处理能力。

（3）报告危害的义务。从业人员发现事故隐患或者其他不安全因素，应当立即向现场安全生产管理人员或者本单位负责人报告；接到报告的人员应当及时予以处理。

（4）正确佩戴和使用个体防护装备的义务。

四、在职业病防治方面，员工可以行使以下权利

1. 在与企业订立劳动合同时，要求将工作过程中可能产生的职业病危害及其后果、职业病防护措施和待遇等写入劳动合同。

2. 正确使用、维护职业病防护设备和个体防护装备，发现职业病危害事故隐患应当及时报告。

3. 要求企业在上岗前、在岗期间和离岗时进行职业健康检查，费用由企业承担并有权知道检查结果。

4. 要求企业建立职业健康监护档案，离开企业时，有权索取本人职业健康监护档案复印件，企业应当如实、无偿提供，并在所提供的复印件上盖章。

思考与练习

一、填空题

1. “四不放过”原则是________、________、________、________。

2. 生产性基本建设项目中的劳动安全卫生设施必须符合国家规定的标准，必须与主体工程________、________、________，保障劳动者在生产过程中的安全与健康。

二、简答题

安全生产八大原则是什么？

项目三

个体防护装备使用

为了保证劳动者在劳动中的安全和健康，应当采用各种技术措施来改善劳动条件，消除各种不安全、不卫生的因素。用好个体防护装备是保证安全生产的基本前提。个体防护装备是指从业人员为防御物理、化学、生物等外界因素伤害所穿戴、配备和使用的各种护品的总称，包括头部防护用品、呼吸防护用品、眼面部防护用品、听力防护用品、手部防护用品、足部防护用品、躯体防护用品等。

任务一　头部防护用品的使用

学习目标

1. 熟悉安全帽的基本结构和防护作用。
2. 掌握安全帽的安全性能要求。
3. 能正确检验、佩戴和保存安全帽。
4. 通过查阅资料、动手操作等活动，培养学生追求知识、独立思考、勇于创新的学习态度。
5. 通过分组、分岗位操作，培养学生团结合作、积极进取的团队合作精神。

任务引入

你是某化工企业的安检员。某天，你接到企业安监部下发的任务，需要对新员工进行头部防护用品的安全培训，工作场地是现场培训室，工作对象是新员工。在培训之前，新员工需要对头部防护用品进行前期学习，了解相关的知识。

任务分析

据有关部门统计，在工伤事故中，因头部受伤致死的比例最高，大约占死亡总数的35.5%，为了避免此类事故的发生，需要对头部进行保护，熟悉头部防护用品的作用，会检验并正确佩戴头部防护用品是预防头部受伤的主要措施。

相关知识

一、安全帽的作用

安全帽是对人体头部受外力伤害起防护作用的帽子，如图 3－1 所示。

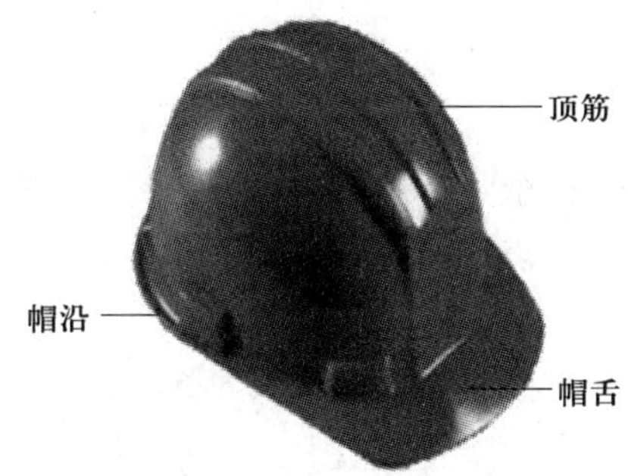

图 3－1　安全帽

化工生产中，安全帽的防护作用主要体现在以下几个方面。

1. 缓冲减震作用

安全帽的帽壳与帽衬之间有 25～50 mm 的间隙，当物体打击安全帽时，不会因为帽壳受力变形而直接影响到头顶部。

2. 分散应力作用

帽壳为椭圆形或半球形，表面光滑，当物体坠落在帽壳上时，不会停留而会立即滑落。并且帽壳受打击点所承受的力会向周围传递，经帽衬缓冲后，可减少 2/3 以上，其余的力经帽衬的整个面积传递给人的头盖骨。这样就把着力点变成了着力面，从而避免了冲击力在帽壳上某点产生应力集中，减小了单位面积的受力。

3. 生物力学作用

《安全帽测试方法》（GB/T 2812—2006）规定，安全帽必须能吸收冲击力，使其降到 4 900 N 以下，这是生物学试验测得的人体颈椎受力时的最大限值，超过此限值颈椎就会受到伤害，轻者引起瘫痪，重者危及生命。

二、安全帽的质量要求

安全帽的质量要符合国家现行的标准《头部防护　安全帽》（GB 2811—2019）中的技术

性能要求。

1. 基本性能要求

（1）冲击吸收性能

为了达到充分保护头部的目的，安全帽不但要有足够的强度，还要有足够的弹性缓冲落体的冲击作用，而安全帽的冲击吸收性能就是指这种缓冲作用的大小。

安全帽冲击吸收性能试验的方法是将经 4 h 浸水处理的安全帽套在头模上，用 5 kg 的钢锤从 1 m 高的地方落下进行冲击试验，头模所受冲击力的大小，最大值不超过 4 900 N，即为冲击吸收性能合格的安全帽。

（2）耐穿刺性能

当安全帽经过冲击吸收性能试验后，把安全帽用自 1 m 高处落下的 3 kg 的钢锥进行穿刺测试，钢锥不得接触头模表面，帽壳不得有碎片脱落。

2. 特殊技术性能要求

（1）电绝缘性能

交流电压 1 200 V 耐压测试 1 min，泄漏电流不超过 1.2 mA，即为电绝缘性能合格的安全帽。

（2）阻燃性能

用 2 kg 汽油喷灯火焰燃烧帽壳较薄处（以帽顶为圆心，直径 100 mm 以外部分）10 s，当喷灯火焰移开后，帽壳火焰应在 5 s 内自灭（熄灭）。

（3）侧向刚性

在安全帽的两侧加 430 N 压力，安全帽帽壳的横向最大变形应不超过 40 mm，卸压后变形不超过 15 mm。

（4）耐低温性能

在低于 −20 ℃温度下，进行冲击吸收和穿刺测试，保持其原有性能不变的为耐低温性能合格的安全帽。

三、安全帽的结构和材料

1. 安全帽结构

安全帽一般由帽壳、帽衬、下颏带及其他附件组成，其结构如图 3－2 所示。

（1）帽壳：一般采用椭圆形或半球形薄壳结构，表面连续光滑，由帽舌、帽沿和顶筋组成。帽舌是指帽壳前面伸出的部分，位于眼睛上部；帽沿是指在帽壳上除帽舌以外的其他伸出的部分，可以是卷边或直边，帽舌和帽沿有防止碎渣、淋水流入颈部和防止阳光直射眼部的功能；顶筋是用来增强帽壳顶部强度的结构。帽壳上可开有通气孔。

（2）帽衬：是帽壳内直接与佩戴者头部接触部件的总称，包括帽箍、衬带、托带、吸汗带、衬垫及拴绳（带）等。帽衬的材料可用棉织带、合成纤维带和塑料衬带制成，如图 3－3 所示。

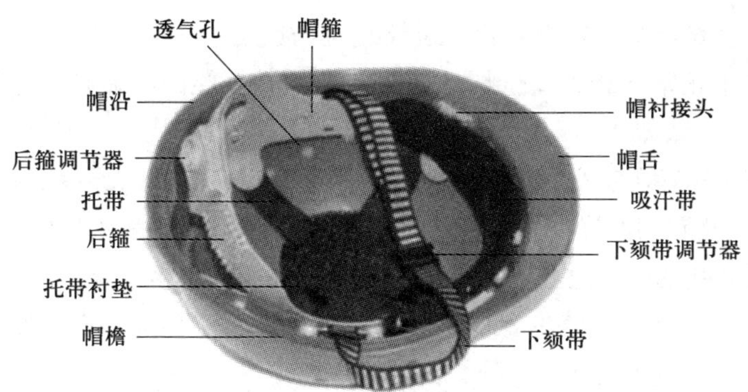

图 3－2　安全帽结构

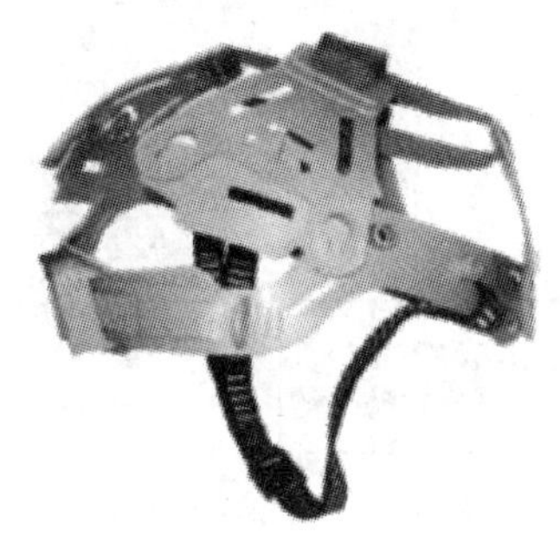

图 3－3　安全帽的帽衬

帽箍：绕头围部分起固定作用的带圈。

托带：与头顶部直接接触的带子。

衬带：拖带上面另加的一层不接触头顶的带子，起缓冲作用。

吸汗带：包裹在帽箍外面的带状吸汗材料。

衬垫：帽箍和帽壳之间起缓冲作用的垫。

拴绳（带）：连接托带和护带、帽衬和帽壳的绳（带）。

帽衬材料应具有较好的强度和抗冲击性，应对皮肤无毒害和过敏影响。选择帽衬材料时，应考虑与帽壳效能的协调和配合。

（3）下颏带：系在下颏上的带子，起到固定安全帽的作用，由系带、锁紧卡组成，一般材质为棉织带或化纤带。

2. 安全帽使用注意事项

（1）新领的安全帽，要检查是否有相关部门允许生产的证明及产品合格证，不符合规定要求的立即更换。

每顶安全帽应有以下四项永久性标志：

1）制造厂名称、商标、型号；

2）制造年、月；

3）生产合格证和检验证；

4）生产许可证编号。

（2）应定期检查安全帽的外观是否有裂纹、碰伤痕迹、凸凹不平、磨损、帽衬是否完整，帽衬的结构是否处于正常状态，安全帽上如存在影响其性能的明显缺陷应该及时报废，以免影响防护作用。

（3）佩戴者不能随意在安全帽上拆卸或添加附件，以免影响其原有的防护性能。

（4）佩戴者不能随意调节帽衬的尺寸，这会直接影响安全帽的防护性能，落物冲击一旦发生，安全帽会因佩戴不牢脱出或因冲击后触顶直接伤害佩戴者。

（5）佩戴者在使用时一定要将安全帽戴正、戴牢，不能晃动，要系紧下颏带，调节好后箍以防安全帽脱落，如图 3-4 所示。

图 3-4　安全帽的佩戴

（6）不能私自在安全帽上打孔，不要随意碰撞安全帽，不要将安全帽当板凳坐，以免影响其强度。

（7）安全帽不能在有酸、碱或化学试剂污染的环境中存放，不能放置在高温、日晒或潮湿的场所中，以免其老化变质。

（8）应注意在有效期内使用安全帽，植物枝条编织的安全帽有效期为两年，塑料安全帽的有效期限为两年半，玻璃钢（包括维纶钢）和橡胶安全帽的有效期限为三年半，超过有效期的安全帽应报废。

【知识拓展】

安全帽的分类

安全帽的品种类型较多，结构形式多种多样。

1. 根据用途，安全帽可分为单纯式和组合式两类。

（1）单纯式包括机械、化工等工厂用于防污染用的以棉布或合成纤维制成的带舌帽。

（2）组合式包括以下两种。

1）电焊工安全防护帽：该防护帽和电焊工面罩连为一体，起到保护头部和眼睛的作用。

2）防尘防噪声安全帽：为安全帽上加上防噪声耳罩。

2. 根据帽壳材质，安全帽可分为塑料安全帽、玻璃钢安全帽、橡胶安全帽、竹编安全帽、金属安全帽和纸胶安全帽。前四种材质被广泛应用，后两种使用较少。

塑料安全帽具有较好的抗冲击性能，而且重量较轻；玻璃钢安全帽具有强度高，绝缘性能好，耐高温，耐酸、碱、油及化学腐蚀等特点，适用于矿山、石油化工、冶炼、高温等多种行业；橡胶安全帽具有良好的抗冲击性，具有刚性、耐高温性、耐腐蚀性和抗静电性；竹编安全帽是使用我国特有的一种材料编制的安全帽，具有较好的韧性和抗冲击性，透气性能最好。

3. 根据外形，安全帽可分为无沿安全帽、小沿安全帽、卷边安全帽、中沿安全帽、大沿安全帽等。

大沿安全帽适用于露天作业，有防日晒和雨淋的作用；小沿、无沿安全帽适用于室内、脚手架等活动范围小、易发生帽沿碰撞的狭窄场所。

4. 根据作业场所，安全帽可分为一般作业安全帽和特殊作业安全帽。

（1）一般作业安全帽（Y）：具有一般冲击防护性能，用于存在冲击伤害的作业场所。

（2）特殊作业的安全帽（T）：除具有一般冲击防护性能外，还具有特殊的防护性能，用于具有特殊防护需要的作业场所，如静电防护、侧向刚性防护、阻燃防护、低温防护等。

思考与练习

一、多项选择题

1. 安全帽的作用有（　　）。

A. 缓冲减震作用　　B. 分散应力作用　　C. 生物力学作用

2. 帽壳一般由（　　）组成。

A. 帽舌　　B. 帽沿　　C. 帽衬

二、填空题

1. 为了防止因帽壳受力变形而直接影响到头顶部，安全帽的帽壳与帽衬之间有________的间隙。

2. 安全帽一般由________、________、________及其他附件组成。

三、简答题

1. 安全帽的基本性能要求有哪些？

2. 安全帽的特殊技术性能要求有哪些？

3. 简述安全帽使用注意事项。

任务二　呼吸防护用品的使用

学习目标

1. 掌握过滤式呼吸防护器、隔绝式呼吸防护器的防护原理、防护范围。
2. 熟悉防尘、防毒口罩、自吸过滤式防毒面具、空气呼吸器的佩戴方法。
3. 能够正确佩戴自吸过滤式防毒面具及空气呼吸器。
4. 通过学习呼吸防护用品的佩戴方法，培养学生理论联系实际的思维方式。
5. 通过对呼吸防护用品的使用注意事项的学习，培养学生的安全防护意识。

任务引入

你是某化工企业的安检员。某天，你接到企业安监部下发的任务，需要对新员工进行呼吸防护用品的安全培训，工作场地是现场培训室，工作对象是新员工，在培训之前，新员工需要对呼吸防护用品进行前期学习，了解相关的知识。

任务分析

呼吸道是工业生产中毒物进入体内的主要途径。凡是以气体、蒸气、雾、烟、粉尘形式存在的有害因素和毒物，均可经呼吸道侵入体内。根据我国《职业病分类和目录》，80% 以上的职业病都是由呼吸危害导致的，呼吸防护用品是用来防御缺氧环境或空气有毒、有害物质进入人体呼吸道的防护用品，是防止职业危害的最后一道屏障，正确地选择与使用呼吸防护用品是防止职业病和恶性安全事故的重要保障。

相关知识

一、常见的呼吸防护用品

呼吸防护用品是预防呼吸疾病的重要防护用品，按防护用途可以分为防尘、防毒及供氧三类，按防护原理可以分为过滤式和隔绝式两类。常见的呼吸防护用品有防尘口罩、防毒口罩、过滤式防毒面具、隔绝式呼吸防护器等，其分类如图 3－5 所示。

1. 过滤式呼吸防护器

过滤式呼吸防护器是利用过滤材料滤除空气中的有毒、有害物质，将受污染空气转变为清洁空气供人员呼吸的一类呼吸防护用品，如防尘口罩、防毒口罩和过滤式防毒面具等。

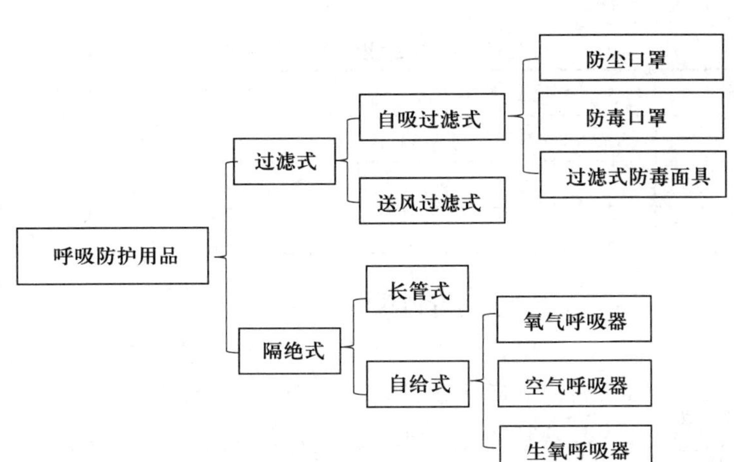

图 3－5　呼吸防护用品分类

（1）防尘口罩

防尘口罩是以纱布、无纺布、超细纤维等为核心过滤材料的过滤式呼吸防护器。

防尘口罩用于滤除空气中的颗粒状有毒、有害物质，但对于有毒、有害气体和蒸气无防护作用。其中不含超细纤维材料的普通防尘口罩，只能滤除较大颗粒灰尘，一般经清洗消毒后可重复使用。含超细纤维材料的防尘口罩除可以滤除较大颗粒灰尘外，还可以滤除粒径更小的各种有毒、有害气溶胶，防护能力和防护效果均优于普通防尘口罩。基于超细纤维材料本身的性质，该类口罩一般不可重复使用，多为一次性产品或需定期更换滤棉。

防尘口罩的形式很多，包括平面式（如普通纱布口罩）、半立体式（如鸭嘴形式折叠式、埠形式折叠式）、立体式（如模压式、半面罩式）。无论哪种形式，其保护部位均为口部。其示例图如图 3－6 所示。从气密效果和安全性考虑，立体式、半立体式气密效果更好，安全性更高，平面式稍次之。

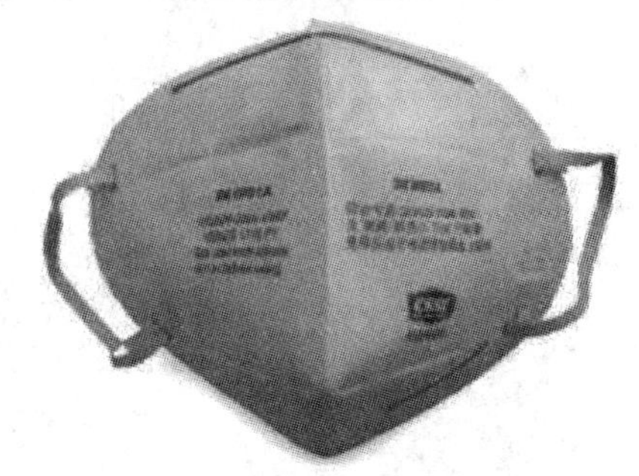

图 3－6　防尘口罩示例图

防尘口罩适用的环境特点是工作或作业场所含有较低浓度的有害气体和蒸气，同时可能含有气溶胶。随弃式口罩和可更换式半面罩滤尘芯片的适用时间分别见表 3－1 和表 3－2。

表 3－1　　随弃式口罩适用时间

粉尘浓度（mg/m^3）	环境温度 /℃	相对湿度 /%	适用时间 /h
5～10	≤26	≤80	5～8
10～30	≤26	≤80	2～5
30～50	≤26	≤80	≤2

表 3-2　　可更换式半面罩滤尘芯片适用时间

粉尘浓度（mg/m³）	环境温度 /℃	相对湿度 /%	适用时间 /h
5～10	≤26	≤80	4～6
10～30	≤26	≤80	2～4
30～50	≤26	≤80	≤2

（2）防毒口罩

图 3-7　防毒口罩

防毒口罩是以超细纤维材料和活性纤维等为核心过滤材料的过滤式呼吸防护器。其中超细纤维防毒口罩用于滤除空气中的颗粒状物质，包括有毒、有害气溶胶、活性炭、活性纤维等。与防尘口罩相比，防毒口罩既防止空气中的大颗粒灰尘、气溶胶，同时对有害气体和蒸气也具有一定的过滤作用。防毒口罩如图 3-7 所示。

防毒口罩按照吸收剂的不同，可分为 1、2、3、4、5 等型号，防毒口罩种类及性能见表 3-3。

表 3-3　　防毒口罩种类及性能

型号	代表性毒物	实验浓度 /（mg/L）	有效时间 /min	防护范围
1	氯	0.31	156	多种酸性气体、氯化氢
2	苯	1.0	155	多种有机蒸气、卤化物、苯、胺
3	氨	0.76	29	氨、硫化氢
4	汞	0.013	3 160	汞蒸气
5	氢氰酸	0.25	240	氢氰酸、光气、乙烷

（3）过滤式防毒面具

图 3-8　过滤式防毒面具

过滤式防毒面具是以超细纤维材料和活性炭、活性炭纤维材料为核心过滤材料的过滤式呼吸防护器。一般由面罩、滤毒罐（盒）和导气管（直接式无导气管）三部分构成，如图 3-8 所示。

过滤式防毒面具与防毒口罩具有相近的防护功能，既能防护大颗粒灰尘、气溶胶，又能防护有害气体和蒸气。它们的差别在于过滤式防毒面具滤除有害气体和蒸气浓度范围更宽，防护时间更长，所以更安全可靠。另外，从保护部位考虑，过滤式防毒面具除可以保护呼吸器官（口、鼻）外，同时还可以保护眼睛及面部皮肤免受伤害，且通常密合效果更好，具有更高、更安全的防护效能。

过滤式防毒面具使用的主要领域和场合包括化学工业、石油工业、军事、矿山、仓库、海港、科学研究机构等。

不同型号过滤式防毒面具滤毒罐的颜色及防护范围见表 3-4。

表 3-4　　不同型号滤毒罐的颜色及防护范围

型号	滤毒罐（盒）标色	防护范围	防毒类型
1 型	绿色	防护无机气体或蒸气，如氯化氰、氢氰酸、氯气	综合防毒
3 型	褐色	防护有机气体或蒸气，如苯、苯胺类、硝基苯	综合防毒
4 型	灰色	防护氨及氨有机衍生物	单一防毒
5 型	白色	防护一氧化碳气体	单一防毒
6 型	黑色	防护汞蒸气	单一防毒
7 型	黄色	防护二氧化硫气体及其他酸性气体及蒸气	综合防毒
8 型	蓝色	防护硫化氢气体	单一防毒

2. 隔绝式呼吸防护器

隔绝式呼吸防护器是使从业人员的呼吸器官、眼睛和面部与外界受污染空气隔绝，依靠自身携带气源或靠导气管引入受污染环境以外的洁净空气为气源，保障从业人员正常呼吸的一类呼吸防护用品。根据气源供给形式不同，分为自给式呼吸器和长管呼吸器两类。常见的有氧气呼吸器、空气呼吸器、生氧呼吸器、长管呼吸器等。

（1）氧气呼吸器

氧气呼吸器又称储氧式防毒面具，以压缩气体钢瓶为气源，钢瓶中盛装压缩氧气。根据呼出气体是否排放到外界，可分为开路式和闭路式氧气呼吸器两大类。前者的呼出气体直接经呼气阀门排放到外界。由于氧气是助燃气体，考虑到安全性的原因，目前很少使用。

对于常见的闭路式氧气呼吸器，使用时先打开气瓶开关，氧气经减压器、供气阀进入呼吸舱，再通过呼吸器软管、供气阀进入面罩供人员呼吸，呼出的废气经呼气阀、呼吸软管进入清净罐，去除二氧化碳后也进入呼吸舱，与钢瓶所提供的新鲜氧气混合供循环呼吸。由于在二氧化碳的滤除过程中，发生的化学反应会放出较高的热量，为保证呼吸的舒适度，有些呼吸器在气路中设置有冷却罐、降温盒等气体降温装置。

氧气呼吸器是从业人员在严重污染、存在窒息性气体、毒气类型不明确或缺氧等恶劣工作环境时常用的呼吸防护用品。AHG-2 型氧气呼吸器结构如图 3-9 所示。

（2）空气呼吸器

空气呼吸器又称储气式防毒面具，有时也称消防面具。以压缩气体钢瓶为气源，钢瓶中盛装压缩空气。根据呼吸过程中面罩内的压力与外界环境压力间的高低，可分为正压式和负压式两种。正压式在使用过程中，面罩内始终保持正压，使用更安全，目前已基本取代了后者，应用广泛。

对于常见的正压式空气呼吸器，使用时打开气瓶阀门，空气经减压器、供气阀、导气管进入面罩供人员呼吸，呼出的废气直接经呼气阀门排出，其结构如图 3-10 所示。由于其不需要对呼出废气进行处理和循环使用，所以结构相对氧气呼吸器简单。

空气呼吸器的工作时间一般为 30～360 min，根据呼吸器的型号不同，防护时间有所不同。一般情况下，空气呼吸器的防护时间比氧气呼吸器稍短。

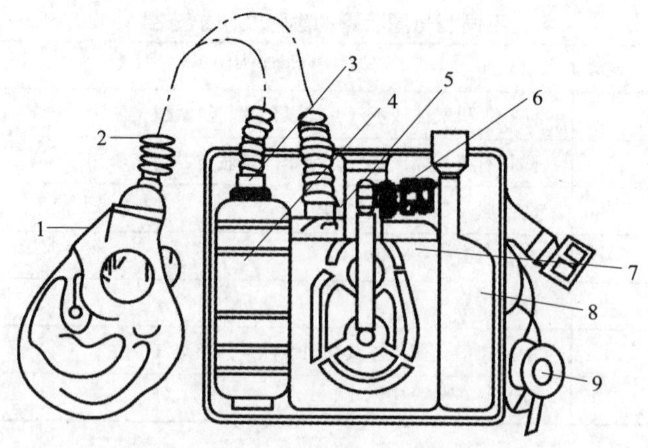

图 3-9　AHG-2 型氧气呼吸器结构

1—面罩；2—呼吸软管；3—呼吸阀；4—清净罐；5—吸气阀
6—手动补给按钮；7—气囊；8—氧气瓶；9—哨子

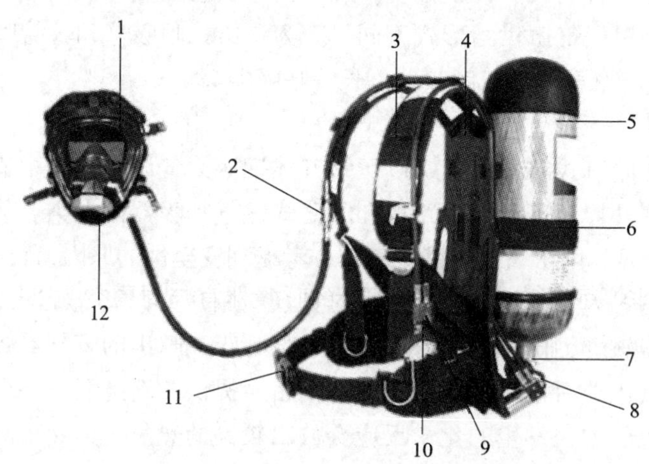

图 3-10　正压式空气呼吸器结构

1—面罩；2—快速接头；3—肩带；4—背托；5—气瓶；6—瓶带组；7—气瓶阀；8—减压器；
9—报警哨；10—压力表；11—腰带组；12—供给阀

（3）生氧呼吸器

生氧呼吸器又称生氧式防毒面具，是利用人员呼出气中的二氧化碳和水蒸气与含有大量氧的生氧剂反应生成氧气，并滤除呼出气中的二氧化碳后供人员呼吸使用。这种呼吸器使用比较简单，不需要复杂的气体充填装置和准备工作。

生氧呼吸器的组成包括生氧系统（生氧罐、启动装置和应急装置）、降温系统（冷却管、降温增湿器）、储气装置（储气囊、排气阀）、保护外壳及背具等。其中生氧系统中的生氧罐是面具的重要部件，内装超氧化钾、超氧化钠等生氧剂。由于生氧和脱除二氧化碳的化学反应会导致通过的气流温度升高，因此需要有降温装置对气流进行降温，以供人员呼吸。

使用时，呼出气体经呼吸阀门、导气管进入生氧罐，废气中的二氧化碳和水蒸气与生氧剂反应生成氧气，其化学反应如下：

$$4NaO_2+2H_2O \longrightarrow 4NaOH+3O_2$$
$$4NaO_2+2CO_2 \longrightarrow 2Na_2CO_3+3O_2$$

经净化后和补充氧的气流进入气囊，供人员呼吸。生氧呼吸器的重量比氧气呼吸器和空气呼吸器都轻，但工作时间比后两者都短，一般为 30～60 min。HSG-79 型生氧面具结构如图 3－11 所示。

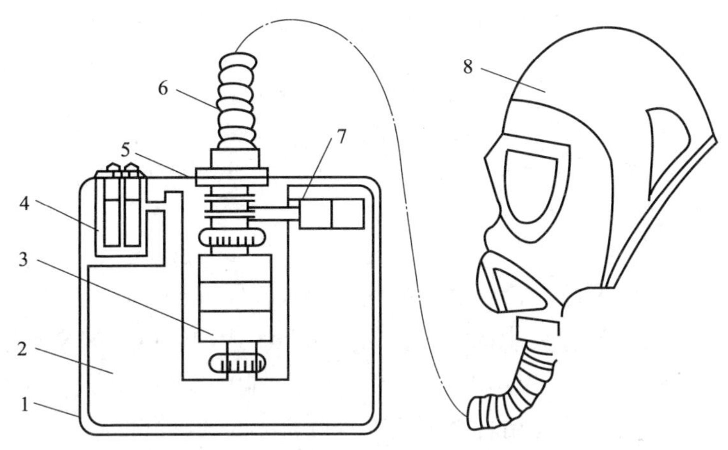

图 3－11　HSG-79 型生氧面具结构

1—外壳；2—气囊；3—生氧罐；4—快速供氧盒；5—散热器；6—导气管；7—排气阀；8—面罩

（4）长管呼吸器

长管呼吸器又称长管面具。它是使佩戴者的呼吸器官与周围空气隔绝，并通过长管输送清洁空气供人员呼吸的防护用品，属于隔绝式呼吸防护器中的一种。适合流动性小、定点作业的场合。

根据供气方式不同，可以分为自吸式长管呼吸器、连续送风式长管呼吸器和高压送风式长管呼吸器三种。自吸式长管呼吸器依靠使用者自身的肺动力，在呼吸过程中不可能总是维持面罩内为微正压，一旦面罩内的压力下降为负压时，很有可能造成外部受污染的空气进入面罩内，所以这种呼吸器不宜在毒物危险大的场所使用。一般只能用于作业距离短、劳动强度低、有毒有害气体浓度低的环境。

长管呼吸器在使用过程中，应妥善保护供气长管，避免供气长管与锋利尖锐器、角、腐蚀性介质接触或在拖拉时与粗糙物产生摩擦，防止戳破、划坏、刮伤供气长管。如不慎接触腐蚀性介质，应立即用清洁水进行清洗、擦干。如供气长管出现损坏、损伤，应立即更换。电动送风式长管呼吸器结构如图 3－12 所示。

二、呼吸防护用品佩戴方法

1. 口罩的佩戴方法

（1）耳戴式口罩的佩戴方法（如图 3－13 所示）

1）面向口罩无鼻夹的一面，两手各拉住一边耳带，使鼻夹位于口罩上方。

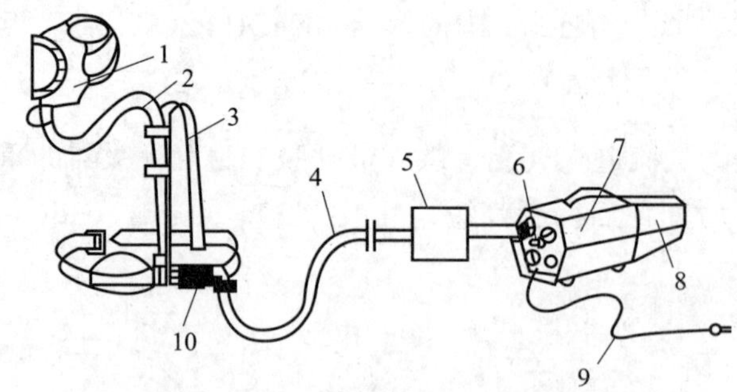

图 3-12　电动送风式长管呼吸器结构

1—密合面罩；2—导气管；3—背带盒腰带；4—低压长管；5—空气调节带；6—风量转换开关；7—电动送风机；8—过滤器；9—电源线；10—流量调节带

2）用口罩抵住下巴。

3）将耳带拉至耳后，调整耳带至感觉尽可能舒适。

4）将双手手指置于金属鼻夹中部，一边向内按压一边顺着鼻夹向两侧移动指尖，直至将鼻夹完全按压成鼻梁形状为止，仅用单手捏口罩鼻夹可能会影响口罩的密合性。

5）在进入工作区域之前，使用者必须检查口罩与面部的密合性：

①用双手罩住口罩，避免影响口罩在面部的位置。

②如口罩无呼气阀，快速呼气；如口罩带呼气阀，快速吸气。

③如空气从鼻梁处泄漏，应按步骤 4 重新调整鼻夹；如空气从口罩边缘泄漏，应重新调整耳带；如不能取得良好的密合，应重复步骤 1 至步骤 4。

④如没有感觉泄漏，可进入工作区工作。

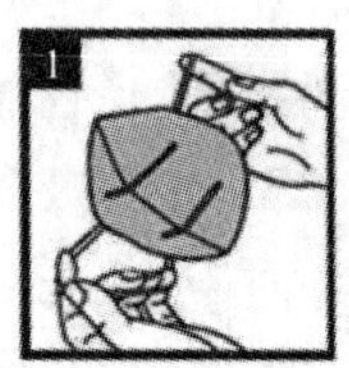

图 3-13　耳戴式口罩的佩戴方法

（2）头戴式口罩的佩戴方法（如图 3-14 所示）

1）面向口罩无鼻夹的一面，使鼻夹位于口罩上方，用手扶住口罩固定在面部，将口罩抵住下巴。

2）将上方头带拉过头顶，置于头顶上方。

3）将下方头带拉过头顶，置于颈后耳朵下方。

4）将双手手指置于金属鼻夹中部，一边向内按压，一边顺着鼻夹向两侧移动指尖，直至将鼻夹完全按压成鼻梁形状为止，仅用单手捏口罩鼻夹可能会影响口罩的密合性。

5）在进入工作区域之前，必须检查口罩与面部的密合性。（检查步骤同耳戴式口罩）

图 3－14　头戴式口罩的佩戴方法

2. 过滤式防毒面具的佩戴方法（如图 3－15 所示）

（1）检查呼吸器的佩戴气密性。

检查方法：打开呼吸器的进气口，使用者佩戴好呼吸器面罩，将呼吸器入气口封闭，做几次深呼吸，如感憋气，可认为气密性良好。

（2）去掉滤毒罐密封盖。

（3）将面罩与滤毒罐连接。

（4）将头箍调整好尺寸，套在头的后上方，先将下面的系带向后拉，一边拉一边将面罩盖住口鼻，将下面的系带拉到脖子后面，然后扣住。

（5）拉住系带的两端，调整松紧度，调整面具在脸部的位置，达到最佳的佩戴效果。

（6）测试通气。戴好面具后用手或橡皮塞堵住滤毒罐进气孔，深呼吸数次，检查面具的气密性正常，打开滤毒罐的进气孔，恢复正常呼吸。

图 3－15　过滤式防毒面具的佩戴方法

3. 空气呼吸器的佩戴方法（如图 3－16 所示）

（1）使用前检查：面罩、气瓶完好无损，气瓶压力在 28～30 MPa。

（2）将气瓶瓶底向下，利用过肩式或交叉穿衣式背上呼吸器并用腰带固定好。

（3）首先撑开面罩头网将面罩戴在头上，调整面罩位置，收紧面罩紧固带，使面罩与面部有贴合良好的气密性，用手按住面罩进气口，然后进行几次深呼吸，观察面罩机件是否良好，气密性良好，否则重新佩戴面罩。

（4）打开气瓶开关及供给阀。

（5）先将供气阀接口与面罩接口吻合，然后握住面罩吸气根部，左手把供气阀向里按，当听到“咔嚓”声即安装完毕。

（6）呼吸若干次检查供气阀性能。吸气和呼气都应舒畅，无不适感觉。

检查方法：关闭储气瓶开关，深呼吸数次将呼吸器内气体吸完，此时面罩体应向人体面部移动，面罩内呈负压，人体感觉呼吸困难，证明面罩和供气阀有良好气密性。此后应及时打开储气瓶开关，开关开启至少2圈。

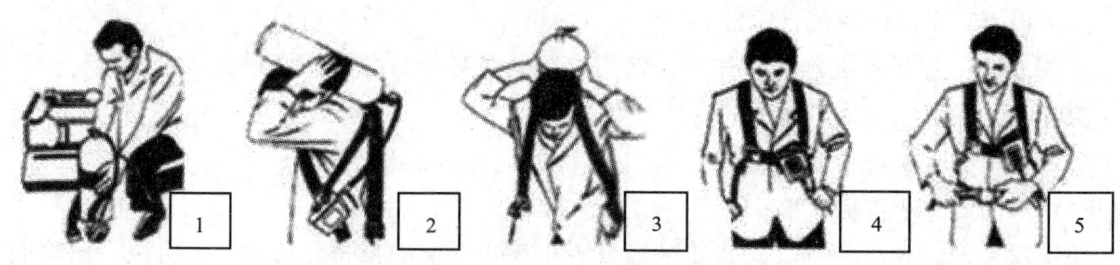

图3-16　空气呼吸器的佩戴方法

三、使用呼吸防护用品注意事项

根据《呼吸防护用品的选择、使用与维护》（GB/T 18664—2002），正确选择、使用呼吸防护用品。

1. 应选择国家认可的、符合标准要求的呼吸防护用品。

2. 使用呼吸防护用品时，应参照使用说明书的技术规定，在符合其适用条件下使用。

3. 根据有害环境的性质和危害程度，如是否缺氧、空气污染物的存在形式（如颗粒、气体、蒸气或气溶胶等），判断需要使用的呼吸防护用品类型。

4. 佩戴口罩时，口罩要罩住鼻子、口和下巴，并注意将口罩的金属条在鼻梁上固定好，以防止空气未经过滤而直接从鼻梁两侧漏入口罩内，另外一次性口罩一般仅可以连续使用几个小时，当口罩潮湿、损坏或沾染上污物时要及时更换。

5. 当缺氧（氧体积分数＜18%）、毒物种类未知、毒物浓度未知或过高（体积分数＞1%）或毒物不能使用过滤式呼吸防护器时，考虑使用隔绝式呼吸防护器。

6. 佩戴呼吸防护用品后应进行相应的气密检查，确定气密良好后再进入含有毒、有害物质的工作场所，以确保安全。

7. 使用过滤式防护用品时，当有害环境中污染物仅为非挥发性颗粒物质，且对眼睛、皮肤无刺激性时，可考虑使用防尘口罩；如果颗粒物质为油性颗粒物质、有害环境中污染物为蒸气和气体，同时含有的颗粒物质包含气溶胶，可选择防毒口罩或过滤式防毒面具；如果污染物浓度较高，则应该选择隔绝式呼吸防护器。

8. 使用过滤式防毒面具和防毒口罩时要特别注意，不同型号的过滤式防毒面具或防毒口罩通常只针对某种或某类蒸气或气体（如防汞蒸气滤盒及防 CO 滤盒等），要根据作业环境中有害蒸气或气体的种类进行选择。

9. 在使用动力送风面具、氧气呼吸器、空气呼吸器、生氧呼吸器等结构较为复杂的面具时，为确保安全使用，佩戴前需要进行一定的专业训练。

10. 使用隔绝式呼吸防护器时要特别注意，若环境为爆炸性环境，应选择空气呼吸器，不允许选择氧气呼吸器；隔绝式呼吸防护器的供气气源要符合供气空气质量标准；长管呼吸器的供气接头不允许与作业场所其他气体导管接头通用，不允许碾压供气管。

11. 选配呼吸防护用品时，大小要合适，佩戴要正确，以使其与使用者脸型相匹配和贴合，确保气密性，保障防护的安全性，达到理想的防护效果。

12. 在使用中感到异味、咳嗽、刺激、恶心等不适症状时，应立即离开有害环境。

13. 除通用部件外，不应将不同品牌的呼吸防护用品部件拼装和组合使用。

【知识拓展】

化学毒物对呼吸器官的危害

化学毒物一旦吸入，轻者可引起急性呼吸道炎，重者发生化学性肺炎或肺水肿。

1. 急性呼吸道炎

急性呼吸道炎主要集中表现在鼻咽、气管、支气管部位，刺激性毒物可引起鼻炎、咽喉炎、声门水肿、气管支气管炎等。症状有流涕、喷嚏、咽痛、咳嗽、咳痰、胸闷、胸痛、气急、呼吸困难等。

2. 化学性肺炎

化学性肺炎危害部位在肺脏，此处发生炎症比急性呼吸道炎更严重。患者有剧烈咳嗽、咳痰（有时候痰中带血丝）、胸闷、胸痛、气急、呼吸困难、发热等。

3. 化学性肺水肿

患者肺泡内和肺泡间充满液体，多为大量吸入刺激性气体引起，是最严重的呼吸道病变，抢救不及时可造成死亡。患者有明显的呼吸困难，皮肤、黏膜青紫（发绀），剧咳，带有大量粉红色泡沫样痰，烦躁不安等。

4. 慢性影响

除了急性刺激外，呼吸系统长期小剂量接触某些化学毒物也可导致慢性病变。如长期接触铬及砷化合物，可引起鼻黏膜糜烂、溃疡甚至发生鼻中隔穿孔。长期低浓度吸入刺激性气体或粉尘，可引起慢性支气管炎，重者可发生肺气肿。某些对呼吸道有致敏性的毒物，如乙二胺可引起哮喘。

一些沸点低、挥发性强的有毒物质或微粉末，最易使呼吸器官受到损害，长时间吸收气态有毒物质，最初由于刺激而引起呼吸器官上皮层的透过性障碍，慢慢地成为纤维肿或肉芽症。

思考与练习

一、多项选择题

1. 常见的呼吸防护用品有（　　）。

A. 防尘口罩　　B. 防毒口罩　　C. 过滤式防毒面具

2. 过滤式防毒面具一般由（　　）组成。

A. 面罩　　B. 导气管　　C. 气瓶

二、填空题

1. 过滤式防毒面具 4 型滤毒罐的标色为________色，主要防护________________，防毒类型为________防毒。

2. 防尘口罩仅可以防护________物质，不能防护________物质。

3. 在缺氧（氧体积分数＜18%）及毒物浓度过高（体积分数＞1%）的环境中，考虑使用________呼吸防护器，不能使用________呼吸防护器。

三、简答题

1. 过滤式呼吸防护器的原理是什么？
2. 隔绝式呼吸防护器的原理是什么？
3. 简述如何佩戴过滤式防毒面具。
4. 使用呼吸防护用品时需要注意什么？

任务三　眼面部防护用品的使用

学习目标

1. 熟悉常用的眼面部防护用品。
2. 掌握眼面部防护用品的选择与使用。
3. 能够正确使用眼面部防护用品。
4. 通过学习眼面部防护用品的选择方法，培养学生分析问题、处理问题的能力。
5. 通过分组、分岗位操作，培养学生团结合作、积极进取的团队合作精神。

任务引入

你是某化工企业的安检员。某天，你接到企业安监部下发的任务，需要对新员工进行眼面部防护用品的安全培训，工作场地是现场培训室，工作对象是新员工，在培训之前，新员工需要对眼面部防护用品进行前期学习，了解相关的知识。

任务分析

眼部受伤是工业中发生频率比较高的一种工伤。根据统计，化学性眼外伤占工业眼外伤的第三位。化学性物质对眼组织常造成严重损害，如不及时给予恰当处理，严重者可能失明甚至丧失眼球。《工厂安全卫生规程》第七十五条和七十七条中都提到，对于在有危害健康的气体、蒸气、粉尘、强光辐射热和飞溅火花、碎片、刨屑的场所操作的作业人员都应配备防护眼镜。

相关知识

一、常用的眼面部防护用品

眼面部防护用品是预防烟雾、尘粒、金属火花和飞屑、热、电磁辐射、激光、化学飞溅物等因素伤害眼睛或面部的个体防护装备。眼面部防护用品种类很多，根据防护功能大致可分为防尘、防水、防冲击、防高温、防电磁辐射、防射线、防化学飞溅、防风沙、防强光等类型。目前我国普遍生产和使用的主要有眼镜、眼罩和面罩，见表 3-5。

表 3-5　不同样式的眼镜、眼罩、面罩

名称	眼镜		眼罩	
样型	普通型	带侧光板型	开放型	封闭型

名称	手持式	头戴式		安全帽与面罩连接式		头盔式
样型	全面罩	全面罩	半面罩	全面罩	半面罩	全面罩
					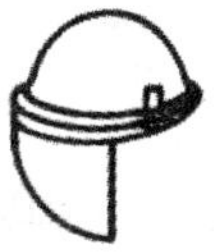	

二、眼面部防护用品的选择与使用

1. 眼部防护用品的选择

我国在《个体防护装备配备规范　第 1 部分：总则》（GB 39800.1—2020）中规定，应根据辨识的作业场所危害因素和危害评估结果，结合个体防护装备的防护部位、防护功能，选择合适的个体防护装备。不同眼部防护用品防护性能见表3-6。

表3-6 不同眼部防护用品防护性能

种类	类别	防护说明
眼部防护用品	焊接眼护具	适用于各类焊接工防御有害弧光、熔融金属飞溅、粉尘、有害强光、紫外辐射和红外辐射等有害因素对眼睛、面部伤害的防护具
	激光防护镜	衰减或吸收意外激光（辐射波长在180 nm～1 000 μm）的辐射能量
	强光源防护镜	用于强光源（非激光）防护
	职业眼面部防护具	防护不同程度的强烈冲击，光辐射、热、火焰、液滴、飞溅物等一种或一种以上的眼面部伤害风险的防护用具

2. 焊接眼护具使用注意事项

（1）使用的眼镜和面罩必须经过有关部门检验。

（2）挑选、佩戴合适的眼镜和面罩，以防作业时脱落和晃动，影响使用效果。

（3）眼镜框架与脸部要吻合，避免侧面漏光。必要时应使用带有护眼罩或防侧光型眼镜。

（4）防止面罩、眼镜受潮、受压，以免变形损坏或漏光。焊接用面罩应该具有绝缘性，以防触电。

（5）使用面罩式护目镜作业时，累计8 h至少更换一次保护片。防护眼镜的滤光片被飞溅物损伤时，要及时更换。

（6）保护片和滤光片组合使用时，镜片的屈光度必须相同。

（7）对于送风式、带有防尘、防毒面罩的焊接面罩，应严格按照有关规定保养和使用。

（8）当面罩的镜片被作业环境的潮湿烟气及作业人员呼出的潮气罩住，使其出现水雾，影响操作时，可采取下列措施解决。

1）水膜扩散法：在镜片上涂上脂肪酸或硅胶系的防雾剂，使水雾均匀扩散。

2）吸水排除法：在镜片上浸涂界面活性剂（PC树脂系），将附着的水雾吸收。

3）真空法：对某些具有二重玻璃窗结构的面罩，可采取在二层玻璃间抽真空的方法。

【知识拓展】

眼部伤害

1. 不同光辐射对眼睛造成的伤害（见表3-7）

表3-7 不同光辐射对眼睛造成的伤害

光线	波段	造成的伤害
紫外线	200～315 nm	有可能导致白内障、结膜炎
近紫外线	315～400 nm	有可能导致白内障、结膜炎

续表

光线	波段	造成的伤害
强可见光	400～700 nm	视网膜损伤
强可见光和近红外线	400～1 400 nm	视网膜灼伤
近红外线	770～1 400 nm	有可能导致白内障
红外线	700～3 000 nm	角膜灼伤

2. 固体飞溅物对眼睛的伤害

可引起继发性青光眼、白内障、畏光、流泪、视疲劳，晚间看灯光周围有彩虹式光圈。尖锐物体意外地刺入眼内或小碎块高速弹入眼内可发生眼球击穿。

3. 化学飞溅物对眼睛的伤害

可引起眼灼伤、疼痛、畏光、流泪、不能睁眼、视力减退。重者眼睑糜烂肿胀、结膜苍白乃至坏死，角膜呈灰白色浑浊，瞳孔缩小。

思考与练习

一、多项选择题

1. 当面罩的镜片出现水雾，影响操作时，可采取下列哪些措施解决？（　　）

A. 水膜扩散法　　B. 吸水排除法　　C. 压力法

2. 引起眼部伤害的原因有（　　）。

A. 光辐射　　B. 固体飞溅物　　C. 化学飞溅物

二、填空题

1. 眼部防护用品有焊接眼护具、________、________、________。

2. 红外线可以对眼睛造成________伤害。

3. 目前我国普遍生产和使用的眼面部防护用品主要有________、________和面罩。

三、简答题

1. 眼面部防护用品的作用是什么？

2. 焊接眼护具使用注意事项有哪些？

任务四 听力防护用品的使用

学习目标

1. 了解噪声对人体的危害。
2. 熟悉常见的听力防护用品。
3. 掌握耳罩使用时的注意事项。
4. 能正确选择听力防护用品并正确佩戴耳罩。
5. 通过对噪声危害的学习，培养学生的安全防护意识。

任务引入

你是某化工企业的安检员。某天，你接到企业安监部下发的任务，需要对新员工进行听力防护用品的安全培训，工作场地是现场培训室，工作对象是新员工，在培训之前，新员工需要对听力防护用品进行前期学习，了解相关的知识。

任务分析

据统计，我国有 1 000 多万名工人在高噪声环境下工作，其中有 10% 左右的人有不同程度的听力损失。针对工厂噪声的调查显示，噪声污染 85 分贝（dB）以上的占 40%，职业噪声暴露者高频听力损失发生率高达 71.1%，语频听力损失发生率为 15.5%。

相关知识

凡是使人烦躁不安的声音都属于噪声。在生产劳动过程中，对听力的损害因素主要是生产噪声，根据其产生原因及方式不同，生产噪声可分为机械性噪声、空气动力性噪声、电磁性噪声等。噪声能对人体造成不同程度的危害，应加以控制或消除。

一、噪声的危害

噪声对人的危害是多方面的，主要体现在以下几个方面。

1. 听力损失

长时间在强噪声下工作，日积月累，内耳器官发生器质性病变，从而导致噪声性耳聋。在强噪声环境中数分钟，当脱离噪声环境后，会造成听觉疲劳，失去听觉，导致暂时性耳聋，经过一段时间休息，听力恢复。在 170 分贝（dB）以上高强度噪声（如爆炸、爆破产生的噪声）环境中，强大的声压和冲击波作用于耳鼓膜，使耳鼓膜内外形成很大的压差，导致耳鼓膜破裂出血，双耳完全失去听力，称为爆震性耳聋。

2. 神经衰弱

噪声最广泛的危害就是作用于人的中枢神经系统，造成基本生理机能失调。表现为头晕、恶心、失眠、心悸、脑胀、头痛、耳鸣、多梦、全身疲乏无力等症状，这些症状就是医学上所说的神经衰弱症或神经症。

3. 肠胃疾病

噪声作用于人的中枢神经系统，还会引起肠胃机能阻滞，消化液分泌异常，胃酸减少，造成消化不良、食欲缺乏、恶心呕吐，容易导致胃溃疡等疾病。

4. 心脏异常

噪声作用于人的心血系统，会使交感神经紧张，心动过速、心律不齐、血压增高、血管痉挛等，可能导致冠心病和动脉硬化。

5. 危害胎儿

极强噪声会影响胎儿发育，可能造成胎儿畸形，妨碍儿童智力发育。

6. 危及生命

强噪声还能直接造成人和动物的死亡。

7. 降低劳动生产率

在噪声刺激下，作业人员的注意力不易集中，大脑思维和语言传递等都会受到干扰，工作时容易出现差错。

为了明确噪声管理，中华人民共和国环境保护部和国家质量监督检验检疫总局于2008年联合发布了《工业企业厂界环境噪声排放标准》（GB 12348—2008），其中规定了，规划工业区和企业已形成的工业集中地带环境噪声标准为昼间65分贝（dB），夜间为55分贝（dB），夜间频发噪声的最大极限不得超过65分贝（dB），偶发噪声的最大极限不得超过70分贝（dB）。

二、常见的听力防护用品

在生产工作中，佩戴个体防护装备是保护作业人员听觉器官不受损害的重要措施。理想的听力防护用品应具有隔声值高、佩戴舒适、对皮肤没有损害作用的特点。此外，最好不影响语言交谈。

听力防护用品主要有耳塞、耳罩和防噪声头盔三类，如图3－17所示。

图3－17　主要的听力防护用品

1. 耳塞

耳塞是一种插入外耳道内或置于外耳道口处的听力保护器，常用材料为塑料或橡胶。按结构外形和材料分为圆锥形塑料耳塞、蘑菇形橡胶耳塞、伞形提篮形塑料耳塞、圆柱形泡沫塑料耳塞、可塑性变形塑料耳塞和硅橡胶成型耳塞。

对耳塞的要求为：适合多数人佩戴，携带方便；隔声性能好；佩戴舒适，易佩戴和取出，不易滑脱；易清洗、消毒、不变形等。

2. 耳罩

常以塑料制成呈矩杯碗状，内具泡沫或海绵垫层，覆盖于双耳，两杯碗间连以富有弹性的头架适度紧夹于头部，可调节，无明显压痛，舒适。要求其隔音性能好，耳罩壳体的低限共振率越低，防声效果越好。

3. 防噪声头盔

能覆盖大部分头部，以防强烈噪声经骨传导而达内耳，有软式和硬式两种。软式质轻，导热系数小，声衰减量为 24 dB，缺点是不通风。硬式为塑料硬壳，声衰减量可达 30～50 dB。

听力防护用品的选用，应考虑作业环境中噪声的强度和性质，以及各种听力防护用品衰减噪声的性能。各种听力防护用品都有适用范围，选用时应认真按照说明书使用，以达到最佳防护效果。

三、耳罩使用时的注意事项

1. 使用耳罩时，应先检查耳罩有无裂纹和漏气现象，佩戴时应注意罩壳的方位，顺着耳廓的形状戴好。

2. 将耳罩调整至适当位置（刚好完全盖上耳廓）。

3. 调整头带张力至适当松紧度。

4. 定期或按需要清洁软垫，以保持卫生。

5. 用完后存放在干爽位置。

6. 耳罩软垫也会老化，影响减音功效，应做定期检查并更换。

【知识拓展】

噪声危害的预防

噪声的控制应同时考虑声音的三要素，即噪声源、传播介质和接收者，同时噪声危害的预防还应结合职业健康检查。

改造声源、降低噪声，通过技术革新把发声物体改造为不发声或发声小的物体是根本措施。如通过采用新材料、改进机械设备的结构、改革工艺和操作方法、提高零部件加工精度和装配质量来降低噪声。

合理规划与设计，控制噪声传播和反射。如将高噪声区域和办公区域分开布置，把高噪声机器与低噪声机器分开布置，利用绿化降低噪声。

控制噪声传播和反射的途径包括以下几种。

1. 吸声

用多孔材料贴敷在墙壁和房顶表面，以吸收辐射或反射的声能，达到降低噪声的目的。

常用的吸声材料有玻璃棉、矿渣棉、泡沫塑料、毛毡、棉絮等。

2. 消声

消声是防止空气动力性噪声的主要措施，用于风道、排气管。利用滤波的原理，使声波在传播途中改变方向或形态，达到消耗声能、降低噪声的目的。常用的消声器有阻性消声器、抗性消声器、阻抗复合消声器。

3. 隔声

隔声是指在噪声传播途径中设置一定的隔声材料或结构，减少声能的传递，从而达到降低噪声的目的，是控制噪声很有效的措施。采取办法是：密闭噪声源，建立隔声室，员工在隔声室内操作。

4. 隔震

在机械设备下面铺设具有一定弹性的软材料，如橡胶板、软木、毛毡、纤维板等，将设备震动时产生的部分能量转变成热能耗散掉，降低震动的传递，起到了隔震的作用。

5. 个体防护

加强个体防护是一种经济而又有效的措施。常用的听力防护用品有耳塞、耳罩、防声棉、防噪声头盔等，它们主要是利用隔声原理来阻挡噪声传入耳膜。

思考与练习

一、多项选择题

1. 生产噪声可分为（　　）。

A. 机械性噪声　　B. 空气动力性噪声　　C. 电磁性噪声

2. 常用的消声器有（　　）。

A. 阻性消声器　　B. 抗性消声器　　C. 阻抗复合消声器

二、填空题

1. 噪声引起的危害包括听力损失、________、肠胃疾病、________、危害胎儿、危及生命、________等。

2. 理想的听力防护用品应具有________、________、对皮肤没有损害作用的特点。

3. 耳塞的防护特点是________________。

三、简答题

1. 常见的听力防护用品有哪些?

2. 简述耳罩使用时的注意事项。

任务五　手部防护用品的使用

学习目标

1. 了解手部伤害的原因。
2. 熟悉常用手部防护用品。
3. 掌握手部防护的注意事项。
4. 能够正确选择手部防护用品并正确佩戴。
5. 通过对手部伤害的学习，培养学生的安全防护意识。

任务引入

你是某化工企业的安检员。某天，你接到企业安监部下发的任务，需要对新员工进行手部防护用品的安全培训，工作场地是现场培训室，工作对象是新员工，在培训之前，新员工需要对手部防护用品进行前期学习，了解相关的知识。

任务分析

手是人体最易受到伤害的部位之一，在全部工伤事故中，手的伤害大约占四分之一。一般情况下，手的伤害不会危及生命，但手功能的丧失会给人的生产、生活带来极大的不便，可能导致终身残疾，丧失劳动和生活的能力。

相关知识

一、手部伤害

手是人体最为精密细致的器官之一。它由 27 块骨骼组成，肌肉、血管和神经的分布与组织都极其复杂，仅指尖上每平方厘米的毛细血管长度就可达数米，神经末梢达到数千个。在工业伤害事故中，手部伤害类型大致可分为以下四大类。

1. 机械性伤害

由于机械原因造成对手部骨骼、肌肉或组织的创伤性伤害，从轻微的划伤、割伤至严重的断指、骨裂等。如使用带尖锐部件的工具，操纵某些带刀、尖等的大型机械或仪器，会造成手的割伤；处理或使用锭子、钉子、起子、凿子、钢丝等会刺伤手；受到某些机械的撞击而引起撞击伤害；手被卷进机械中会扭伤、压伤甚至轧掉手指等。

2. 化学、生物性伤害

当接触到有毒、有害的化学物质或生物物质，或是有刺激性的药剂（如酸、碱溶液），或

长期接触刺激性强的消毒剂、洗涤剂等，都会对手部皮肤造成伤害。轻者皮肤干燥、起皮、刺痒，重者出现红肿、水疱、疱疹、结疤等。有毒物质渗入体内，或是有害生物物质引起的感染，还可能对人的健康乃至生命造成严重威胁。

3. 电击、辐射、高温、低温伤害

在工作中，手部受到电击伤害，或是电磁辐射、电离辐射等各种类型辐射的伤害，可能会造成严重的后果。此外，由于工作场所、工作条件的因素，手部还可能受到低温冻伤、高温烫伤、火焰烧伤等。

4. 振动伤害

在工作中，手部长期受到振动影响，就可能受到振动伤害，造成手臂抖动综合征等病症。长期操纵手持振动工具，如油锯、凿岩机、电锤、风镐等，会造成此类伤害。手随工具长时间振动，还会对血液循环系统造成伤害，而发生白指症。特别是在湿、冷的环境下，这种情况很容易发生。由于血液循环不好，手会变得苍白、麻木等。如果伤害到感觉神经，手对温度的敏感度就会降低，触觉失灵，甚至会造成永久性的麻木。

二、常见的防护手套类型

在不同的作业环境中，防止各种手伤事故的主要措施是佩戴防护手套。

防护手套的主要品种有一般防护手套、耐酸碱手套、电工绝缘手套、电焊工手套、耐火阻燃手套、防切割手套、耐油手套等十余种。

1. 一般防护手套由纤维织物拼接缝制而成，具备一定的耐磨抗切割、抗撕裂和抗穿刺性能，是普遍适用于一般生产作业活动的基础防护手套，如图 3－18 所示。

图 3－18　一般防护手套

2. 耐酸碱手套，如图 3－19 所示，主要用于化工、印染、皮革、电镀、热处理等场所的作业人员在接触普通酸碱时佩戴，目前市场上材质分为橡胶、乳胶、塑料等。它是为了预防酸碱物质伤害手部的防护产品，不允许出现喷霜、发脆、发黏和破损等缺陷问题。

橡胶手套适用于接触40%（体积分数）以下浓度的酸碱溶液，若短时间接触 40%（体积分数）以上酸碱浓度的溶液，一定要及时清洗手套，避免缩短其使用寿命，导致皮肤损伤。

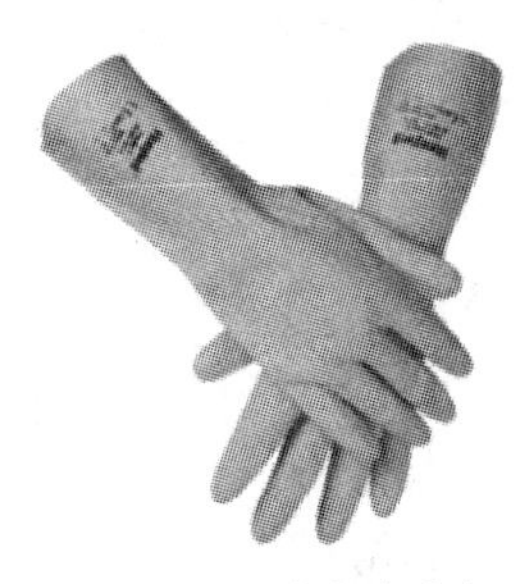

图 3－19　耐酸碱手套

乳胶手套适用于低浓度溶液、一般化学药品、印染液、污染物的接触和一般工业操作，不能接触硝酸类的强氧化酸。

塑料手套用途广泛，拥有质地柔软、耐酸碱、耐寒、抗老化等优势。

3. 化工企业及其他各行各业都有涉及带电操作，带电作业人员需要佩戴绝缘手套，防止高压触电危及人身安全。绝缘手套的型号、尺寸和技术要严格按照《带电作业用绝缘手套》（GB/T 17622—2008）的规定执行。绝缘手套，如图 3－20 所示，是用绝缘橡胶或乳胶经压片、模压、硫化或浸模成型的五指手套。根据作业电压的高低不同可选择 A、B、C 三种不同规格品种。

绝缘手套的适用范围：

A——用于交流电压低于 1 kV、直流电压低于 1.5 kV 的作业场所。

B——用于交流电压低于 7.5 kV、直流电压低于 11.25 kV 的作业场所。

C——用于交流电压低于 17 kV、直流电压低于 25.55 kV 的作业场所。

4. 焊接作业人员手部容易受到电弧产生的强烈紫外线及热辐射影响，也经常被焊接火花及飞溅的熔融金属灼伤，因此，焊工手套外观要求比较严格，必须用牛皮或猪皮绒面革来制造。焊工手套，如图 3－21 所示，按照指形不同分为三种：A（五指形）、B（三指形）、C（二指形状）。

5. 耐火阻燃手套，如图 3－22 所示，用于防火、冶炼、浇铸、热轧、锻造、炉窑等高温热作业，保护手部免遭高温辐射和烧灼伤害，此款手套的原料为皮革或帆布，避免对手部皮肤造成刺激。

图 3－20 绝缘手套

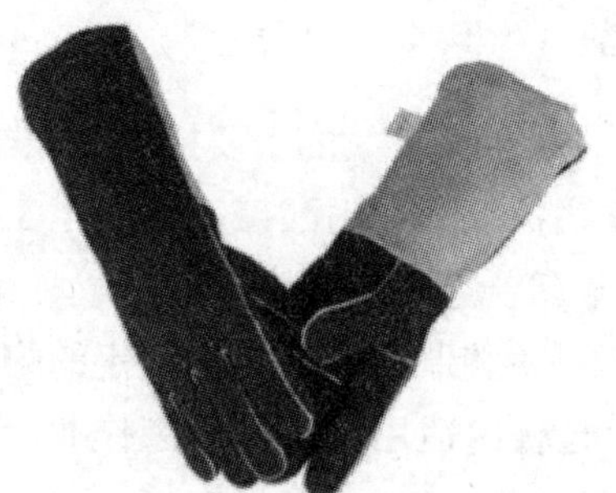
图 3－21 焊工手套

图 3－22 耐火阻燃手套

6. 防切割手套，如图 3－23 所示，主要适用于锋利器物作业时防止手部割伤、切伤，对材料的强度有很高要求，常用材料有芳纶、高强聚乙烯纤维、钢丝和聚酯纤维等。

7. 耐油手套，如图 3－24 所示，用来保护手部肌肤免受油脂类物质刺激，避免引起各种皮肤疾病问题。这类手套多采用丁腈胶、氯丁二烯或者聚氨酯等材料制成。

图 3－23 防切割手套

图 3－24 耐油手套

三、手部防护的注意事项

1. 不要把手放在可能被夹到或被压到的地方。处理材料工具和设备前，一定要先检查一下是否有毛刺、飞边。

2. 使用合适的手动工具并正确使用。

3. 作业前摘掉所有可能影响安全的首饰。

4. 没有完成能量隔离挂牌上锁程序，禁止进行机器的修理上油或调试。

5. 了解容易发生手部伤害的危险区域。

6. 保持手的清洁，不要忽视任何可能的伤害，了解皮炎的症状或其他皮肤病，必要时立即就医。

7. 时刻想到手的生理结构。

8. 擦拭时选用抹布或刷子擦拭，不要用手指或手擦拭。

9. 开始作业前，确认机器是否有安全防护装置。

10. 除非在工作程序中有特别注明，否则所有作业要佩戴合适的防护手套；旋转设备周围作业则禁止佩戴防护手套。

【知识拓展】

防护手套的使用

1. 防护手套的正确使用

（1）应了解不同种类防护手套的防护作用和使用要求，以便在作业时正确选择，切不可把一般场合使用的手套当作某些专用手套使用，如棉布手套、化纤手套等作为防振手套来用，其防护效果很差。

（2）在使用绝缘手套前，应先检查外观，如发现表面有孔洞、裂纹等应停止使用。

绝缘手套使用完毕后，按有关规定保存好，以防老化造成绝缘性能降低。使用一段时间后应复检，合格后方可使用。使用时要注意产品分类色标，如 1 kV 手套为红色、7.5 kV 为白色、17 kV 为黄色。

（3）在使用振动工具作业时，不能认为戴上防振手套就安全了。应注意工作中安排一定的时间休息，随着工具自身振频提高，可相应将休息时间延长。对于使用的各种振动工具，最好测出振动加速度，以便挑选合适的防振手套，取得较好的防护效果。

（4）在某些场合下，所有防护手套大小应合适，避免手套指过长，被机械绞或卷住，使手部受伤。

（5）对于操作高速回转机械作业时，可使用防振手套。某些维护设备和注油作业时，应使用防油手套，以避免油类对手的侵害。

（6）不同种类防护手套有其特定用途的性能，在实际工作时一定要结合作业情况来正确使用和区分，以保护手部安全。

2. 防护手套的戴、脱

在戴、脱防护手套时，确保作业人员裸手不接触防护手套的外面，如图 3-25 所示。

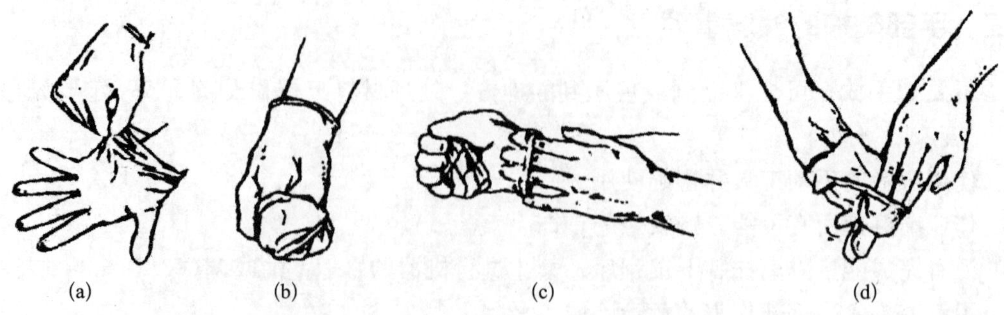

图 3-25 防护手套的戴、脱

（1）一只手提起另一只手上的防护手套。

（2）脱掉防护手套，将防护手套放在戴防护手套的手上。

（3）将手指插入防护手套内层。

（4）由内向外脱掉防护手套，并将第一只防护手套卷包在里面。

思考与练习

一、多项选择题

1. 手部伤害类型有（　　）。

A. 机械性伤害　　B. 振动伤害　　C. 化学、生物性伤害

2. 焊工手套按照指形不同分为（　　）。

A. 五指形　　B. 四指形　　C. 三指形

二、填空题

1. 一般生产作业活动普遍使用________防护手套。

2. 目前市场上耐酸碱手套的材质主要有________、________、________。

3. 绝缘手套根据作业电压的高低不同可选择 A、B、C 三种不同规格，A 型适用范围是________、B 型适用范围是________________、C 型适用范围是________________。

三、简答题

1. 常见的防护手套类型有哪些？

2. 简述手部防护的注意事项。

任务六　足部防护用品的使用

学习目标

1. 了解足部伤害的原因。
2. 熟悉常见的足部防护用品。
3. 掌握选择安全鞋靴的原则。
4. 能够正确选择足部防护用品并正确穿戴。
5. 通过对足部伤害的学习，培养学生的安全防护意识。

任务引入

你是某化工企业的安检员。某天，你接到企业安监部下发的任务，需要对新员工进行足部防护用品的安全培训，工作场地是现场培训室，工作对象是新员工，在培训之前，新员工需要对足部防护用品进行前期学习，了解相关的知识。

任务分析

移动和支撑人体的重量是脚的两大重要功能，然而脚部受到的伤害往往容易被人们忽视。脚处于作业姿势的最低部位，通常是工伤的重灾区。

在化工企业，操作人员要经常参与一些使用工具、移动物料、调节设备的工作，期间所接触的物品可能带棱角，脚踩上后有可能造成足部受伤；移动灼热或腐蚀性物质时可能发生物料溅射，喷溅到足部时，会造成足部受伤；使用工具时，工具不慎掉落到脚上，也会造成足部受伤，以上种种情况都可能导致因足部受伤无法正常工作。

相关知识

一、足部伤害

1. 物体砸伤或刺伤

在机械、冶金等行业及建筑或其他施工中，常有物体坠落、铁钉等尖锐物体散落于地面，可砸伤足趾或刺伤足底。

2. 高低温伤害

在冶炼、铸造、金属加工、焦化、化工等行业的作业场所，强辐射热会灼烤足部，灼热的物料可落到脚上引起烧伤或烫伤。在高寒地区，特别是冬季户外施工时，足部可能因低温发生冻伤。

3. 化学性伤害

化工、造纸、纺织印染等接触化学品（特别是酸碱）的行业，有可能发生足部被化学品灼伤的事故。

4. 触电伤害与静电伤害

作业人员未穿电绝缘鞋，可能导致触电事故。由于作业人员鞋底材质不适，在行走时可能与地面摩擦而产生静电危害。

5. 强迫体位

在低矮的巷道作业，或膝盖着地爬行，造成膝关节滑囊炎。

二、常见的足部防护用品

防止生产过程中有害物质和能量损伤劳动者足部的护具，称为足部防护用品，常见的足部防护用品如图 3-26 所示。

图 3-26　常见的足部防护用品

足部防护用品按照防护功能分为防水鞋、防寒鞋、绝缘鞋、防静电鞋、防热阻燃鞋、防腐蚀鞋、防护鞋、防滑鞋、防砸鞋、防刺穿鞋、电焊防护鞋等。不同足部防护用品的防护性能见表 3-8。

表 3-8　不同足部防护用品的防护性能

名称	防护性能说明
防水鞋	防水、防滑和耐磨的胶鞋
防寒鞋	鞋体结构与材料都具有防寒保暖作用，防止脚部冻伤
绝缘鞋	在电气设备上工作时作为辅助安全用具，防触电伤害
防静电鞋	鞋底采用静电材料，能及时消除人体静电积累
防热阻燃鞋	防御高温、熔融金属火花和明火等伤害
防腐蚀鞋	在有酸碱及相关化学品作业中穿用，用各种材料或复合型材料做成，保护足部防止化学品飞溅所带来的伤害
防护鞋	具有保护特征的鞋，用于保护穿着者免受意外事故引起的伤害，装有保护包头
防滑鞋	防止滑倒，用于高处或者在油渍、钢板、冰上等湿滑地面上行走
防砸鞋	保护脚趾免受冲击或挤压伤害
防刺穿鞋	保护脚底，防足底刺伤
电焊防护鞋	防御焊接作业的火花，熔融金属高温辐射对足部的伤害

【知识拓展】

安全鞋靴选择

选择安全鞋靴时应做到安全、适用，应符合以下几项原则。

1. 安全鞋靴除了须根据作业条件选择适合的类型外，还应合脚，穿起来使人感到舒适，要挑选合适的鞋号。

2. 安全鞋靴要有防滑的设计，不仅要保护人的脚免遭伤害，而且要防止作业人员被滑倒所引起的事故。

3. 各种不同性能的安全鞋靴，要达到各自防护性能的技术指标，如脚趾不被砸伤、脚底不被刺伤、绝缘导电等要求。

4. 使用防护鞋前要认真检查或测试，在电气和酸碱作业中，破损和有裂纹的安全鞋靴都是有危险的。

5. 安全鞋靴用后要妥善保管，橡胶鞋用后要用清水或消毒剂冲洗并晾干，以延长使用寿命。

思考与练习

一、多项选择题

1. 选择安全鞋靴时应做到（　　）。

A. 安全　　B. 适用　　C. 价格低廉

2. 选择安全鞋靴时考虑以下哪些原则？（　　）

A. 有防滑的设计　　B. 选择合适的鞋号　　C. 达到防护性能指标

二、简答题

1. 足部伤害的原因有哪些？

2. 常见的足部防护用品有哪些？

任务七　躯体防护用品的使用

学习目标

1. 了解躯体防护用品种类。
2. 掌握防护服选用原则。
3. 能够正确选择和穿戴躯体防护用品。

任务引入

你是某化工企业的安检员。某天，你接到企业安监部下发的任务，需要对新员工进行躯体防护用品的安全培训，工作场地是现场培训室，工作对象是新员工，在培训之前，新员工需要对躯体防护用品进行前期学习，了解相关的知识。

任务分析

化工企业中，化学物质的运输、泄漏过程中发生的意外事件在处理时都需要穿戴躯体防护用品。例如，化学防护服能够有效地阻隔无机酸、碱、溶剂等有害化学物质，使之不能与皮肤接触，这样就可以最大限度地保护作业人员的人身安全，将工伤事故降到最低。

相关知识

一、不同躯体防护用品的防护性能（见表 3-9）

表 3-9　不同躯体防护用品的防护性能

种类	名称	防护性能说明
躯体防护	一般防护服	以织物为面料，采用缝制工艺制成的，起一般性防护作用
	防静电服	能及时消除本身静电积聚危害，用于可能引发电击、火灾及爆炸危险场所
	阻燃防护服	用于作业人员从事有明火、散落火花、在熔融金属附近操作、有辐射热或对流热的场合和在有易燃物质并有着火危险的场所穿戴，在接触火焰及炙热物体后，一定时间内能阻止本身被点燃、有焰燃烧和阴燃
	化学品防护服	防止危险化学品的飞溅和与人体接触对人体造成的伤害
	防尘服	透气性织物或材料制成的防止一般性粉尘对皮肤的伤害，能防止静电积聚

续表

种类	名称	防护性能说明
躯体防护	防寒服	具有保暖性能，用于冬季室外作业人员或常年低温作业环境人员的防寒
	防酸碱服	用于从事酸碱作业人员穿用，具有防酸碱性能
	焊接防护服	用于焊接作业，防止作业人员遭受熔融金属飞溅及其热伤害
	防水服（雨衣）	以防水橡胶涂覆织物为面料，防御水透过和漏入
	防放射性服	具有防放射性性能，防止放射性物质对人体的伤害
	绝缘服	可防 7 000 V 以下高电压，用于带电作业时的身体防护
	隔热服	防止高温物质接触或热辐射伤害

常见躯体防护用品如图 3－27 所示。

(a) 阻燃防护服　(b) 防静电服　(c) 焊工服　(d) 封闭式耐酸服　(e) 隔热服　(f) 化学防护服

图 3－27　常见躯体防护用品

二、防护服的选用原则

防护服应做到安全、适用、美观、大方，应符合以下几项原则。

1. 有利于人体正常生理要求和健康。
2. 款式应针对防护需要进行设计。
3. 适应作业时肢体活动，便于穿脱。
4. 在作业中不易引起钩、挂、绞、碾。
5. 有利于防止粉尘、污物玷污身体。
6. 针对防护服功能需要选用与之相适应的面料。
7. 便于洗涤与修补。
8. 防护服颜色应与作业场所背景色有所区别，不得影响各色光信号的正确判断。凡需要有安全标志时，标志颜色应醒目、牢固。

【知识拓展】

各类现场防护服的选用原则

防护服是现场个体防护装备的重要组成部分，不同类型现场的防护服功能和设计要求不同，选用原则不尽相同，见表3-10。

表3-10　各类现场防护服的选用原则

各类现场	防护服功能	设计要求	备注
放射性尘埃现场	放射性尘埃的防护一般用C级防护服即可。要求具有颗粒物隔离功能，对接触到的放射性废物、放射性尘埃提供阻隔防护作用	除要满足穿着舒适和严格的颗粒物隔离效率外，特别要达到表面光滑、褶皱少，对防水性透湿量、抗静电性阻燃性也有较高的要求	要求帽子、上衣和裤子连体袖口和裤脚采用弹性收口，仅能阻隔放射性尘埃、放射性废物，无防辐射的功能
化学性泄漏和中毒现场	对接触到的现场有害化学物和空气中存在的有害气体尘埃烟雾等提供阻隔防护作用	防护服的选用原则应依据泄漏物的种类存在的方式环境条件及浓度等综合考虑。对具有腐蚀性气态物质蒸气粉尘烟雾等存在的现场防护服要具有耐腐蚀性高效隔离效率和一定的防水性。同时要求衣裤连体袖口和裤脚有较好的密合性	对于非蒸发性的固态或液态化学物，仅需要穿着有一定隔离效率的防护服即可
不明原因事故现场	应按照最严重事故的要求进行防护	要求衣裤连体具有高效液体阻隔效能，防化学物过滤效率高，防静电性能好等	此类防护服使用后要封存等待事件性质明确后按照相应的类别处理

思考与练习

一、多项选择题

1. 选择防护服时应做到（　　）。

A. 安全　　B. 适用　　C. 美观、大方

2. 选择防护服时考虑以下哪些原则？（　　）

A. 便于穿脱　　B. 不易引起钩、挂、绞、碾　　C. 便于洗涤与修补

二、填空题

1. 作业人员从事有明火、散发火花、在熔融金属附近操作、有辐射热和对流热的场合和在有易燃物质并有着火危险的场所时应该穿________服。

2. 冬季室外作业人员或常年低温作业环境人员应该穿________服。

3. 焊接作业人员为了防止遭受熔融金属飞溅及其热伤害应该穿________服。

4. 防止放射性物质对人体的伤害应该穿________防护服。

5. 防止危险化学品的飞溅和与人体接触对人体造成的伤害应该穿________服。

三、简答题

1. 躯体防护用品种类有哪些?
2. 简述防护服的选用原则。

项目四

化工安全防护技术

化工安全防护技术是化工操作人员进入生产岗位首要学习和掌握的一项基本技能，只有具备了安全防护的能力，才能去现场进行装置操作。化工操作人员要学会识别各种现场危险因素，根据危险因素选择相应的防护技术，能够正确佩戴和使用个体防护装备。

任务一　防火防爆技术

知识目标

1. 了解各种物质的闪点和自燃点。
2. 熟悉爆炸的分类和爆炸极限的定义。
3. 熟悉火灾爆炸危险性分类原则。
4. 掌握防火防爆工艺参数的控制方法。
5. 掌握火灾爆炸扩散蔓延的处理方法。

任务引入

你是某化工企业的现场操作员，某天接到班组长下发的任务，需要在巡检过程中对现场易燃易爆物质进行风险辨识，工作场地是现场装置，工作对象是装置中的介质，在辨识之前，需要对各易燃易爆物质进行前期学习，了解相关的知识。

任务分析

火灾和爆炸是化工生产中影响较大的危险事故，为了避免类似事件的发生，需要对介质进行危险特性分析，识别易燃易爆物质，并熟悉企业中的安全装置，学习灭火器材的使用。

相关知识

一、燃烧与爆炸基础知识

1. 燃烧与燃烧条件

燃烧是可燃物（气体、液体或固体）与助燃物（氧或氧化剂）发生的伴有放热和发光的一种激烈的化学反应。它具有发光、发热、生成新物质三个特征。

燃烧必须同时具备下述三个条件。

（1）可燃物的存在：凡是能与氧化剂或空气起剧烈反应的物质均称为可燃物，具体分为可燃气体（如氢气、天然气、煤气、一氧化碳等）、可燃液体（如甲醇、乙醇、石油等）、可燃固体（如煤、木材、棉花等）。

（2）助燃物的存在：像空气、氧气、氯气等能帮助和维持燃烧的物质称为助燃物。

（3）点火源的存在：凡是能导致可燃物燃烧的热能源，如火、化学反应热、撞击、摩擦、电火花等。

2. 燃烧的分类

根据燃烧起因的不同，燃烧可分为闪燃、自燃、着火三种类型。

（1）闪燃与闪点：在一定环境内，各种液体的表面空间都有一定量的蒸气存在，蒸气与空气混合后，一旦遇到点火源就会出现瞬间火苗或闪光，此现象称为闪燃。引起闪燃时的最低温度称为闪点。液体的闪点越低，危险性越大。某些可燃液体的闪点见表 4–1。

表 4–1　　某些可燃液体的闪点

液体名称	闪点 /℃	液体名称	闪点 /℃
戊烷	−40	乙醇	11
己烷	−21.7	丙醇	15
庚烷	−4	氯苯	28
甲醇	11.1	汽油	−42.8

（2）自燃和自燃点：可燃物被加热或由于缓慢氧化等发热至一定温度时，即使不遇明火也能自行燃烧，此现象称为自燃。可燃物发生自燃的最低温度称为自燃点。某些可燃物的自燃点见表 4–2。

表 4–2　　某些可燃物的自燃点

物质名称	自燃点 /℃	物质名称	自燃点 /℃	物质名称	自燃点 /℃
二硫化碳	102	丙酮	537	汽油	280
乙醚	170	甲胺	430	甲烷	537
甲醇	455	苯	555	乙烷	515

续表

物质名称	自燃点 /℃	物质名称	自燃点 /℃	物质名称	自燃点 /℃
乙醇	422	甲苯	535	丙烷	466
丙醇	405	乙苯	430	丁烷	365
乙酸	485	萘	540	氨	630

（3）着火和着火点：足量的可燃物在有充足的助燃物质存在下，遇明火而引起持续燃烧，此现象称为着火。使可燃物发生持续燃烧的最低温度称为着火点，又叫燃点。

3. 爆炸及其分类

物质发生一种急剧的物理或化学变化，能瞬间放出大量能量，同时发出巨大声响的现象称为爆炸。爆炸的实质是压力的急剧上升，产生爆炸声和冲击波，使建筑物或设备遭到破坏。

根据爆炸起因的不同，爆炸分为物理性爆炸和化学性爆炸两种。

（1）物理性爆炸是由物理变化（如温度、体积和压力等因素）引起的。物理性爆炸前后，物质的性质和成分保持不变。如锅炉爆炸、氧气钢瓶爆炸等。

（2）化学性爆炸是物质在短时间内完成化学变化，形成其他物质，同时产生大量气体和能量的现象。化学性爆炸前后，物质的性质和成分均发生了根本的变化。如工业上采用炸药采矿、筑路、爆炸成型等。

二、防火防爆技术

1. 火灾爆炸的危险性分析

（1）物质火灾危险性的评定主要从气体、液体、固体三种状态物质进行分析。

1）气体。爆炸极限和自燃点是评定气体火灾爆炸危险性的主要指标。气体的爆炸极限范围越大，爆炸下限越低，其火灾爆炸危险性越大；气体的自燃点越高，其火灾爆炸危险性越小。

2）液体。评定液体火灾爆炸危险性的主要指标是闪点。闪点越低的液体，越易挥发而形成爆炸性气体混合物，引燃也越容易，危险性越大。

3）固体。固体物质的火灾危险性主要取决于熔点、着火点、自燃点、比表面积及热分解性等。其中最主要的评价标志是固体的着火点、自燃点越低，危险性越大。

（2）化工生产中的火灾爆炸危险性的评定主要从物质的火灾爆炸危险性和工艺过程的火灾爆炸危险性两个方面分析。工艺过程的火灾爆炸危险性与装置规模、工艺流程和工艺条件有很大关系。一般来说，对同一个生产过程，化工生产装置的规模越大，火灾爆炸的危险性越大；工艺条件越苛刻，火灾爆炸的危险性越大，如高温高压条件。

2. 点火源控制

化工生产中，引起火灾爆炸的点火源有明火、高热物及高温表面、电气火花、静电火花、冲击与摩擦、反应热等。在有火灾爆炸危险的生产中，对各种火源进行分析，采取措施，严格控制，是安全管理的一个重要内容。

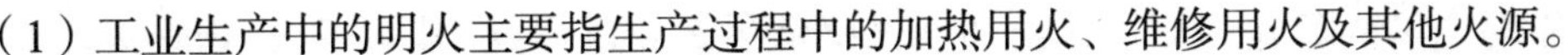

（1）工业生产中的明火主要指生产过程中的加热用火、维修用火及其他火源。

加热易燃物质时，应尽量避免采用明火而采用蒸汽或其他载热体。如果必须采用明火，设备应严格密闭，燃烧室应与设备分开或妥善隔离。

在有火灾、爆炸危险的车间内，尽量避免焊接作业，进行焊接作业的地点要和易燃易爆的生产设备保持一定的安全距离；如需对生产、盛装易燃物料的设备和管道进行动火作业时，应严格执行隔绝、置换、清洗、动火分析等有关规定，确保动火作业的安全。

（2）机器的轴承等转动部位的摩擦、铁器的相互撞击或铁制工具敲打混凝土地坪等都可能产生火花，当管道或容器破裂后物料喷出时也可能因摩擦而起火。因此要采取以下几类措施。

1）轴承要及时注油，保持良好的润滑，并经常清除附着的可燃污垢。

2）安装在易燃易爆场所的易产生撞击火花的部件，如鼓风机上的叶轮等，应采用铝铜合金、铍铜锡或铍镍合金，撞击工具用铍铜或镀铜的钢制成，使用特种金属制造的设备应采用惰性气体保护等。

3）为了防止金属零件随物料进入设备内发生撞击起火，可在粉碎机等设备上安设磁铁分离器清除物料中的铁屑。当没有安装磁铁分离器时，危险物质（如碳化钙）的破碎应采用惰性气体保护。

4）搬运盛有可燃气体或易燃液体的容器、气瓶时要轻拿轻放，严禁抛掷，防止相互撞击。不准穿带钉子的鞋进入易燃易爆车间。特别危险的场所内，地面应采用不发生火花的软质材料铺设。

（3）电火花是引起火灾爆炸事故的重要原因，因此要根据爆炸和火灾危险场所的区域等级和爆炸物的性质，对车间内的电气动力设备、仪器仪表、照明装置和配线等，分别采用防爆、封闭、隔离等措施。防爆电气设备的选型等要遵照有关标准执行。

（4）要防止静电、雷电引起的灾害，要防止易燃物料与高温的设备、管道表面相接触；高温表面要有隔热保温措施。

3. 火灾爆炸危险物质的处理

在化工生产中，对火灾爆炸危险性较大的物质进行处理，是保证安全生产的重要措施。

（1）用不燃（或难燃）物料代替易燃物料是防止生产过程中发生火灾爆炸事故的最理想最有效的措施。但这一措施往往受反应和工艺技术的限制，不是很容易实现。

（2）根据物质特性采取措施。如对于有自燃能力的物质、遇水燃烧的物质等，可以采取隔绝空气、防水、防潮、通风、散热、降温等措施。相互接触能引起燃烧爆炸的物质，应防止混存。对机械作用比较敏感的物质要轻拿轻放。

（3）密闭与通风是防止易燃易爆物质与空气混合形成爆炸混合物的有效措施。采取良好的密闭措施，可以防止带压设备内物质逸出，防止负压设备内进入空气，从而避免形成爆炸混合物。在生产中，对于危险系统，应尽量减少接口数量，采用无缝管道，对设备本身无法密封的，可采取液封。

由于密闭技术本身要求很高，完全密闭是不可能的。因此，生产中为了消除易燃物逸出聚集形成爆炸混合物的危险，往往借助通风来降低易燃物的含量，防止易燃物聚集。通风分机械通风和自然通风。按换气方式，又分为排风和送风。采用机械通风时，应采用不产生火花的通风机和调节设备。

（4）惰性介质保护。惰性介质是指化学活性差的物质。常用的惰性介质有氮气、二氧化碳、水蒸气等。

惰性介质保护通常用于：易燃固体的粉碎、研磨、筛分、混合以及输送过程；易燃易爆气体混合物的各种处理过程；有发生火灾爆炸危险的装置、设备、储罐和管道。

（5）危险物质的处理是为了防止生产排出物中含有易燃易爆物质，在排出后引起火灾爆炸事故。生产中的排放要严格遵守国家有关排放标准，对排出物做无害处置。

4. 工艺参数的安全控制

化工生产中的工艺参数主要包括温度、投料、流量、压力等。严格控制工艺参数在安全限度以内，是实现安全生产的基本保障。

（1）温度控制

不同的化学反应均有其最适宜的反应温度，正确控制反应温度不但对于保证产品质量、降低消耗有重要意义，而且也是防火防爆所必需的。温度过高，可能引起剧烈反应而发生冲料或爆炸，也可能引起反应物分解着火；温度过低，有时会使反应停滞，而一旦反应恢复正常，则往往会由于未反应物料过多而发生剧烈反应甚至爆炸。为严格控制温度，须从以下几个方面采取措施。

1）处理反应热。化学反应一般都伴随着热效应。对于吸热反应，要正确选择传热介质，保证温度均匀；对于放热反应，必须选择最有效的传热方法、传热介质和传热设备，保证反应热及时移出，以避免超温。

2）防止搅拌中断。搅拌可以加速热量的传递，如果中断搅拌可能造成散热不良，使局部反应加剧而发生危险。对于有可能因搅拌中断而引起事故的装置，应采取措施防止中断，如双路供电、增设人工搅拌及有效降温措施等。

3）正确选择传热介质。避免使用和反应物性质相抵触的传热介质，实际上就是避免使用和反应物相作用的传热介质。防止传热面结垢、结疤。水质不好，传热面易结垢，物料聚合、缩合、凝聚、炭化等会引起结疤。结垢、结疤影响传热效率，会导致物料分解而引起爆炸。热载体在使用过程中处于高温状态，要防止低沸点液体进入，否则低沸点液体进入系统遇高温介质会立即气化超压引起爆炸。

（2）投料控制

投料控制主要是指控制投料速度、投料配比、投料顺序、原料纯度及投料量。

1）投料速度。对于放热反应过程，加料速度不能超过设备的承受能力，否则会使温度急剧升高并可能引发一些副反应。加料速度突然减小，使温度降低，反应不完全，再度升温后会使反应加剧，造成超温超压；或者会因加料速度过快，造成物料堵塞并引发爆炸事故。

2）投料配比。反应物料的配比要严格控制。为此，要准确地分析、计量反应物的浓度、含量及流量等。对连续化程度较高的、危险性较大的生产，在刚开始时要特别注意物料配比。

3）投料顺序。化工生产必须按照一定的顺序投料。例如，氯化氢的合成，应先通氢后通氯；生产三氯化磷，应先投磷后投氯，否则有可能发生爆炸事故。

4）原料纯度。许多化学反应，由于反应物料中含有过量的杂质而发生副反应，造成火灾爆炸，所以对所用原料必须取样进行化验分析。

5）投料量。投入化工反应设备或储罐的物料都有一定的安全容积，带有搅拌器的反应设备要考虑搅拌开动后的液面升高；储罐、气瓶要考虑温度升高后液面或压力的升高。投料过多，往往会引起溢料或超压，投料过少也可能发生事故。

（3）流量控制

生产过程中物料的“跑、冒、滴、漏”往往导致易燃易爆物料扩散到空间，从而引起火灾爆炸。设备内部的泄漏（如由阀门密封不良引起）会造成超压、反应失控等，也会引发火灾爆炸事故。因此要注意防止设备内外的“跑、冒、滴、漏”。

阀门内漏、误操作是造成设备内漏的主要原因，除了加强化工操作人员的责任心、提高操作水平之外，还可设置两个串联的阀门，以提高其密封的可靠性。

设备外部的泄漏包括管道之间及管道与管件之间连接处的静密封的泄漏，阀门、搅拌及机泵等动密封处的泄漏以及因操作不当、反应失控等原因引起的槽满溢料、冲料等。

为了防止误操作，对各种物料管线要涂以不同的颜色以便区别，采用带有开关标志的阀门，对重要阀门采取挂牌、加锁等措施。

（4）压力控制

压力升高常常导致一些爆炸事故发生。压力升高时常伴随着温度升高，它可能是一些异常反应和故障的征兆，因此在控制适当压力的同时要及时分析造成压力波动的原因，尽早地排除压力升高或降低的故障，消除事故隐患。压力的升高除了系统内在的因素外，还常常由与之相连的工艺管线、维修用管线等窜气造成，应注意采取严格措施，防止高压气体窜入低压系统。

为了避免设备超压，安全装置是必不可少的，并应加强检查与管理，保证配备的安全装置动作可靠。

5. 限制火灾爆炸的扩散与蔓延

在化工生产中，火灾爆炸事故一旦发生，就必须采用限制措施来限制事故的扩散和蔓延，把损失降低到最低限度。多数火灾爆炸事故，伤害和损失的很大一部分不是在事故的初期阶段，而是在事故的扩散和蔓延中造成的。所以，化工生产中应采取多种安全措施来防止火灾爆炸事故的发生、扩散与蔓延。

采取的措施主要包括安装安全阻火装置、分区隔离、露天安装、远距离操纵、安装防爆泄压装置、防止易燃物泄漏、紧急切断等措施。

（1）安装安全阻火装置

安全阻火装置的作用是防止外部火焰窜入有爆炸危险的设备管道、容器内或阻止火焰在设备和管道间的扩展。安全阻火装置包括安全液封、阻火器和单向阀等。

1）安全液封是用液体形成密封。一般适用于密封的内外压差不是很大，而密封要求比较高或者不太适合安装阀门的地方。液封用的介质要求不与密封的气体发生反应，水或油用得比较多。安全液封示意图如图 4－1 所示。

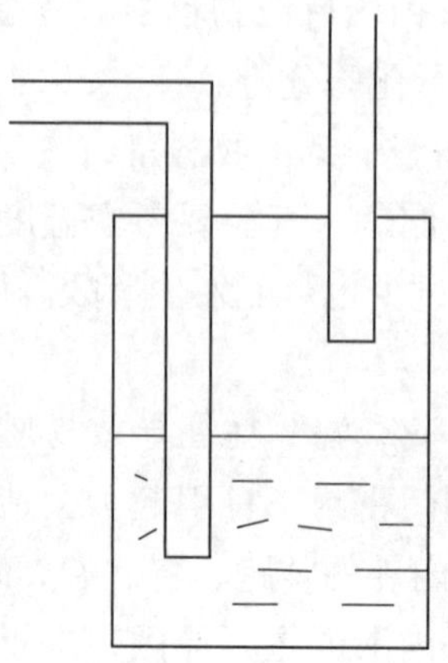

图 4－1　安全液封示意图

2）阻火器是利用管子直径或流通孔隙减小到某一程度，由于热损失突然增大，火焰就不能继续蔓延的原理制成的。阻火器有金属网阻火器、波纹金属片阻火器和砾石阻火器等形式。常见的阻火器如图 4－2 所示。

图 4－2　常见的阻火器

3）单向阀，也称止逆阀、止回阀。仅允许流体向一个方向流动，遇到倒流时即自行关闭，从而避免在管路中发生流体倒流，或高压窜入低压造成容器管道的爆裂，或发生回火时火焰倒吸和蔓延等事故。生产中用的单向阀有升降式、摇板式、球式等几种。常见的单向阀如图 4－3 所示。

图 4－3　常见的单向阀

4）阻火闸门是防止火焰沿通风管道或生产管道蔓延的阻火装置。正常情况下，阻火闸门处于开启状态，一旦温度超过一定值，闸门便会自动关闭，将火阻断在闸门一侧。常见的阻火闸门如图 4-4 所示。

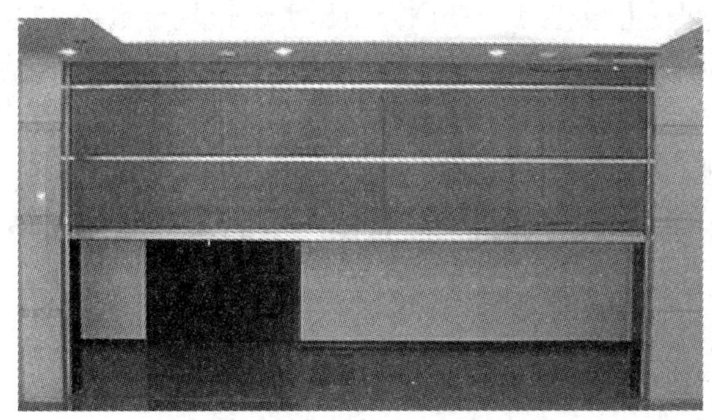

图 4-4　常见的阻火闸门

5）火星灭火器（防火帽）一般安装在产生火星的设备或车辆的排空系统中，以防飞出的火星引燃易燃易爆物质。常见的火星灭火器如图 4-5 所示。

图 4-5　常见的火星灭火器

（2）分区隔离、露天安装、远距离操纵

对化工生产中某些设备与装置因危险性较大，而采取的分区隔离、露天安装和远距离操纵等措施，以减小其危险性。

1）分区隔离。危险车间与其他车间或装置应保持一定的间距，充分估计相邻车间建筑物可能引起的相互影响。对个别危险性大的生产设备，可采用隔离操作和防护屏的方法使化工操作人员与生产设备隔离。

2）露天安装。为了便于有害气体的散发，减小因设备泄漏而造成易燃气体在厂房内积聚的危险性，宜将此类设备和装置布置在露天或半露天场所。对于露天安装的设备，应考虑气象条件对设备、工艺参数、化工操作人员健康的影响，并应有合理的夜间照明。

3）远距离操纵。在化工生产中，大多数的连续生产过程都应进行远距离操纵。对热辐射高的设备及危险性大的反应装置，也应采取远距离操纵。远距离操纵主要包括机械传动、气压传动、液压传动和电动操纵。

（3）安装防爆泄压装置

1）安全阀。处于常闭状态，当设备或管道内的介质压力升高，超过规定值时自动开启，通过向系统外排放介质来防止管道或设备内介质压力超过规定数值。

2）爆破片。装在密闭的容器或管道系统上，当其内部压力超值时，爆破片便自动爆裂，迅速泄压，从而防止设备爆炸。

3）放空管。在某些极其危险的化工生产设备上，为防止可能出现的超温、超压、爆炸等事故的发生，宜设置自动或就地手控紧急放空管。另放空口应在防雷保护范围内，为防静电，放空管应有良好的接地设施。

（4）防止易燃物泄漏

一般泄漏有向大气泄漏、设备内部泄漏，以及由外部吸入等类型。造成易燃物大量泄漏的主要原因有以下几个方面。

1）设备因素。设备被腐蚀、老化、出现裂痕、变形、设备管道热胀冷缩等情况。

2）运转和控制因素。异常升温、降温；异常升压、降压；流速、流量异常等情况。

3）维修、维护因素。检查、检验、判断失误；维修方法、保养不当；接口连接不良等情况。

（5）紧急切断

紧急切断装置是为了防止事故传播到其他设备或管道而配置的安全装置。通过联动或单独操作，使产生异常情况的装置和其他装置隔开，使发生泄漏的连续处理装置隔离，停止向产生异常的设备供料。通常使用的有低熔点合金阻火闸门、紧急切断阀等。

三、火灾扑救常识

1. 灭火原理

物质燃烧必须同时具备三个必要条件，即可燃物、助燃物和点火源。根据这些基本条件，一切灭火措施都是为了破坏已经形成的燃烧条件或终止燃烧的连锁反应而使火熄灭以及把火势控制在一定范围内，最大限度地减少火灾损失。

（1）冷却灭火

对一般可燃物来说，能够持续燃烧的条件之一就是它们在火焰或热的作用下达到了各自的着火温度。因此，对一般可燃物火灾，将可燃物冷却到其自燃点或闪点以下，燃烧反应就会中止。水的灭火机理主要是冷却作用。

（2）窒息灭火

各种可燃物的燃烧都必须在其最低氧气浓度以上进行，否则燃烧不能持续进行。因此，通过降低燃烧物周围的氧气浓度可以起到灭火的作用。通常使用二氧化碳、氮气、水蒸气等。

（3）隔离灭火

把可燃物与点火源或氧气隔离开来，燃烧反应就会自动中止。火灾中，关闭有关阀门，切断流向着火区的可燃气体和液体的通道；打开有关阀门，使已经发生燃烧的容器或受到火势威胁的容器中的液体可燃物通过管道导致安全区域，都是隔离灭火的措施。

（4）化学抑制灭火

化学抑制灭火就是使用灭火剂与链式反应的中间体自由基反应，从而使燃烧的链式反应中断，使燃烧不能持续进行。常用的干粉灭火剂的灭火机理主要是化学抑制作用。

2. 化工生产装置初期火灾的扑救

火灾初起时，在场的全体人员，应迅速采取如下措施，对初起火灾进行扑救，将其消灭在初始阶段或有效控制其发展，待专业消防队赶到现场后，及时扑灭火灾。

（1）应迅速查清着火的部位、着火物质及物料的来源，及时关闭阀门，切断物料，这样做便可有效地控制火势，利于灭火。这是当事人和在场人员必须首先采取的关键措施。如果不迅速切断物料来源，火是很难扑灭的，尤其是气体可燃物料。

（2）带有压力的设备泄漏着火后，物料不断喷出。此时，除立即切断进料外，还应立即打开泄压阀门，进行紧急放空；同时将物料放入火炬或其他安全部位，火势可因此减弱，便于扑灭。

（3）根据火势大小和设备、管道的损坏程度，在场人员应迅速果断作出是否需要安全装置切断进料以进行紧急停工，或局部切断进料进行局部紧急停工的决定。如果火势很大，一时又难以控制，加之设备管道受损严重，即便火被扑灭，也无法维持正常生产，此时，应尽早停工。这样可以减少损失，而且有利于火灾扑救。

（4）装置发生火灾时，除应当立即组织现场人员积极扑救外，同时应立即拨打火警电话报告消防队，以便及时赶赴现场进行扑救，“报警早，损失小”。在报警时要沉着，以免拨错电话号码影响时间，讲清着火单位、部位和着火物质。

（5）装置发生火灾后，队上领导和当班班长应根据火势，利用装置内的消防设施及灭火器材，迅速组织人力进行扑救。若火势不大，应奋力将其扑灭；若火势很大，一时难以扑灭，则要以防止火灾蔓延为主。如防止装置之间、楼层之间、泵房之间以及操作室、配电间、排水沟和下水井等的蔓延。

（6）装置着火时，消防队接到报警后，应立即出动赶赴火场。为在扑救过程中不发生失误，化工生产装置的负责人或了解情况的生产员工，应主动向消防指挥员介绍情况，说明着火部位、介质、温度、压力和已经采取的措施。

3. 灭火器

灭火器是一种可由人力移动的轻便灭火器具，它能在其内部压力作用下，将所充装的灭火剂喷出，用来扑救火灾。灭火器种类繁多，其适用范围也有所不同，只有正确选择灭火器的类型，才能有效地扑救不同种类的火灾，达到预期的效果。

（1）灭火器的分类

灭火器按充装的灭火剂不同可分为以下四类。

1）干粉灭火器。干粉灭火器是利用二氧化碳气体或氮气气体作动力，将瓶内的干粉喷出灭火的。干粉是一种干燥的、易于流动的微细固体粉末，由能灭火的基料和防潮剂、流动促进剂、结块防止剂等添加剂组成。手提式干粉灭火器和推车式干粉灭火器分别如图 4–6 和图 4–7 所示。

图 4-6　手提式干粉灭火器

图 4-7　推车式干粉灭火器

2）二氧化碳灭火器。二氧化碳灭火器在制作时，是在加压条件下将液态的二氧化碳压缩在灭火器小钢瓶中，灭火时再将其喷出。喷出后，二氧化碳气体会把燃烧物和空气隔绝开，减少燃烧物周围的氧气，从而阻止燃烧；另外二氧化碳从钢瓶中喷出后，压力骤减，迅速气化，要从周围吸收热量，起到冷却的作用。所以，二氧化碳灭火器的主要灭火原理是窒息作用和冷却作用。手提式二氧化碳灭火器如图 4-8 所示。

3）泡沫灭火器。泡沫灭火器内有两个容器，分别盛放两种溶液，它们是硫酸铝和碳酸氢钠溶液，两种溶液互不接触，不发生任何化学反应（平时千万不能碰倒泡沫灭火器）。当需要灭火时，把泡沫灭火器倒立，两种溶液混合在一起，就会产生大量的二氧化碳气体。除了两种溶液外，泡沫灭火器中还加入了一些发泡剂。打开开关，泡沫从泡沫灭火器中喷出，覆盖在燃烧物品上，使燃着的物质与空气隔离，并降低温度，达到灭火的目的。手提式泡沫灭火器如图 4-9 所示。

图 4-8　手提式二氧化碳灭火器

图 4-9　手提式泡沫灭火器

4）清水灭火器

清水灭火器内是以清水作为灭火剂，并有少量添加剂，水在常温下具有较低的黏度、较高的热稳定性、较大的密度和较高的表面张力，是一种古老而又使用范围广泛的天然灭火剂，易于获取和储存。它主要依靠冷却和窒息作用进行灭火。利用压缩的二氧化碳或氮气将清水压出进行灭火。各类灭火器的适用火灾见表 4－3。

表 4－3　各类灭火器的适用火灾

灭火器类型	适用火灾	注意事项	特点
干粉灭火器	适用于扑救石油产品、油漆、有机溶剂、液体气体、电气火灾和固体火灾	不能扑救镁、铝、钾等轻金属火灾	可长期储存，灭火速度快，有 5×10^4 V 以下电绝缘性能，无毒、无腐蚀性
泡沫灭火器	适用于扑救木材、纤维、橡胶和液体火灾	不能扑救酒精等水溶性可燃液体、汽油等易燃液体火灾和电气火灾	灭火器强度大，无毒、无腐蚀性
二氧化碳灭火器	适用于扑救精密仪器、贵重设备、图书档案以及 600 V 以下电气设备火灾	不能扑救镁、铝、钾等轻金属火灾	不导电、不留痕迹
清水灭火器	适用于木棉麻毛纸等一般固体物质火灾	不能用于扑救电器、危险化学品、汽油、油漆等火灾	—

4. 灭火器的使用方法

（1）干粉灭火器

将干粉灭火器提到距火源适当位置后，上下颠倒几次，使筒内的干粉松动，使用时先拔掉保险销（有的是拉起拉环），再按下压把开关，即有药剂或干粉喷出。使用时灭火筒身要垂直，不可平放和颠倒使用。药剂或干粉喷射时间短，有效射程较近，灭火时要接近火焰对点火源根部扫射、喷射；由于干粉容易飘散，不宜逆风喷射，喷射时要站在上风位。

（2）泡沫灭火器

使用时提筒体上部的提环靠近火场，在距着火点 10 m 左右，将筒体颠倒过来，一只手握紧提环，另一只手握住筒体的底圈，将射流对准燃烧物。在扑救可燃液体火灾时，如已呈流淌状燃烧，应将泡沫由远及近喷射，使泡沫完全覆盖在燃烧液面上；如在容器内燃烧，应将泡沫射向容器内壁，使泡沫沿容器内壁流淌，逐步覆盖着火液面。切忌直接对准液面喷射，以免由于射流的冲击将燃烧的液体冲出容器而扩大燃烧范围。在扑救固体火灾时，应将射流对准燃烧最猛烈处进行灭火。在使用过程中，泡沫灭火器应当始终处于倒置状态，否则会中断喷射。

（3）二氧化碳灭火器

使用时，应将二氧化碳灭火器提到起火地点，放下二氧化碳灭火器，拔出保险销，一只手握住喇叭筒根部的手柄，另一只手紧握启闭阀的压把。对没有喷射软管的二氧化碳灭火器，应把喇叭筒往上扳成 70°～90°。使用时，不能直接用手抓住喇叭筒外壁或金属连接管，防止手被冻伤。

【知识拓展】

化工企业火灾逃生方法

1. 发现火情先报警。发生火灾时，应立即组织扑灭初起火灾，及时向消防队报警，必要时利用各种疏散通道进行逃生。

2. 发生火灾就近逃离。利用就近的门窗逃生，如门窗关闭或锁住，应立即破拆进行逃生。

3. 利用落水管道逃生。火灾发生后各通道都被堵住，而跳楼却没有生还的把握，那么就选择建筑室外的落水管道下滑逃生。或利用布匹结绳逃生，将成品布或包装袋连接成长带，一端固定在牢靠的门窗构件上，另一端甩在地面上进行逃生。

4. 利用消防水带逃生。将消防水带一端连接在消火栓上或将水带固定在其他牢靠的构件上，另一端甩在地面上逃生。

5. 若是二、三层楼房着火，可将室内的棉被、衣物抛向墙外的地面，堆在一起，顺墙壁滑落在事先抛出的棉被、衣物上。

6. 被困人员若无其他办法逃生，应沿楼梯上到平台，站在比较醒目的位置上进行呼喊，等待救援。

思考与练习

一、单项选择题

1. 清水灭火器不适用扑灭（　　）火灾。

A. 木材　　B. 纸张　　C. 电器　　D. 纺织品

2. 下列灭火器不适用于扑灭电器火灾的是（　　）。

A. 二氧化碳灭火器　　B. 干粉剂灭火器　　C. 泡沫灭火器

3. 使用二氧化碳灭火器时，人应站在（　　）。

A. 上风位　　B. 下风位　　C. 无一定位置

二、填空题

1. 常见的安全阻火装置有________、________和________。

2. 物质燃烧必须同时具备三个必要条件，即________、________和________。

三、简答题

1. 燃烧与爆炸的区别有哪些?

2. 简述化工企业对易燃易爆危险物质的处理方法。

任务二　电气及静电安全技术

学习目标

1. 了解触电及防范措施。

2. 掌握静电防护的主要内容。

3. 掌握雷电防护的主要内容。

4. 通过分组、分工段操作，培养学生的分工协作、团队合作能力。

5. 通过学习触电、雷击等的处理方法，培养学生敬业爱岗、严格遵守操作规程的职业道德。

任务引入

你是某化工企业的现场操作员，某天接到班组长下发的任务，需要在化工生产过程中对生产装置中存在的防触电、防静电、防雷击设施进行检查，以确保化工生产的安全性。作为化工操作人员要了解化工生产中电气及静电安全的基础知识。

任务分析

近年来，化工企业事故多有发生，其中雷击及触电等事故占有相当的比重，主要原因在于防雷、防静电安全管理中还存在着管理意识不到位、管理措施不健全等隐患。为了避免类似事件的发生，需要了解化工生产中触电、静电、雷击的危害，并熟悉在化工生产中的急救措施。

相关知识

一、电气安全基础知识

1. 电流对人体的伤害

电流对人体的伤害就是通常说的电击，是电流的能量直接作用于人体或转换成其他形式的能量作用于人体造成的伤害。它有两种类型，即电击和电伤。

（1）电击

电击是电流通过人体，机体组织受到刺激，肌肉不由自主地发生痉挛性收缩造成的伤害。严重的电击是指人的心脏、肺部神经系统的正常工作受到破坏，乃至危及生命的伤害，数十毫安的工频电流即可使人遭到致命的电击。电击致伤的主要部位在人体内部，而在人体外部不会留下明显痕迹。

50 mA（有效值）以上的工频交流电流通过人体，一般既可能引起心室颤动或心搏停止，也可能导致呼吸中止。但是，前者的出现比后者早得多，即前者是主要的。

如果通过人体的电流只有 20～25 mA，一般不会直接引起心室颤动或心搏停止。但如果时间较长，就可能导致心搏停止。这时，心室颤动或心搏停止，主要是由于呼吸中止，导致机体缺氧引起的，但当通过人体的电流超过数安时，由于刺激强烈，也可能先使呼吸中止。数安的电流流过人体，还可能导致严重烧伤甚至死亡。

电休克是机体受到电流的强烈刺激，发生强烈的神经系统反射，使血液循环、呼吸及其他新陈代谢都发生障碍，以致神经系统受到抑制，出现血压急剧下降、脉搏减弱、呼吸衰竭、神志昏迷的现象。电休克状态可以延续数十分钟到数天。其后果可能是得到有效的治疗而痊愈，也可能由于重要生命机能完全丧失而死亡。

（2）电伤

电伤是由电流的热效应、化学效应、机械效应等对人体造成的伤害，造成电伤的电流都比较大。电伤会在机体表面留下明显的伤痕，但其伤害作用可能深入体内。

与电击相比，电伤属局部性伤害。电伤的危险程度决定于受伤面积、受伤深度、受伤部位等因素。

电伤包括电烧伤、电烙印、皮肤金属化、电光性眼炎等多种伤害。

1）电烧伤是最常见的电伤，大部分电击事故都会造成电烧伤。电烧伤可分为电流灼伤和电弧烧伤。电流越大，通电时间越长，电流途径的电阻越小，则电流灼伤越严重。由于人体与带电体接触的面积一般都不大，加之皮肤电阻又比较高，使得皮肤与带电体的接触部位产生较多的热量，受到严重的灼伤。当电流较大时，可能灼伤皮下组织。

因为接近高压带电体时会发生击穿放电，所以电流灼伤一般发生在低压电气设备上，往往数百毫安的电流即可导致灼伤，数安的电流将造成严重的灼伤。

2）电烙印是电流通过人体后，在接触部位留下的斑痕。斑痕处皮肤硬变，失去原有弹性和色泽，表层坏死，失去知觉。

3）皮肤金属化是金属微粒渗入皮肤造成的。受伤部位变得粗糙且紧绷。皮肤金属化多在弧光放电时发生，而且一般都伤在人体的裸露部位。当发生弧光放电时，与电弧烧伤相比，皮肤金属化不是主要伤害。

4）电光性眼炎是因眼睛的角膜上皮细胞和结膜吸收大量且强烈的紫外线从而引起的急性炎症。如长时间在冰雪、沙漠、盐田、广阔的水面作业或行走而未佩戴防护眼镜所致或进行电焊作业、热切割作业时，弧光放电时，红外线、可见光、紫外线都可能损伤眼睛。对于短暂的照射，紫外线是引起电光性眼炎的主要原因。电光性眼炎是国家规定的 135 种职业病中的一种。

2. 触电种类

人体触电的方式多种多样，常分为低压触电和高压触电。

（1）低压触电

低压触电常见的类型有单相触电和两相触电。

1）单相触电是指人体的某一部位接触带电设备或相线时，电流通过人体流入大地的触电现象。大多数触电事故属于单相触电，如图 4－10 所示。

2）两相触电是指人体的不同部位同时触及两相带电体而发生的触电事故。由于两相触电加在人体上的电压是线电压，为相电压的 1.73 倍，即 380 V，因此触电危害远大于单相触电，如图 4－11 所示。

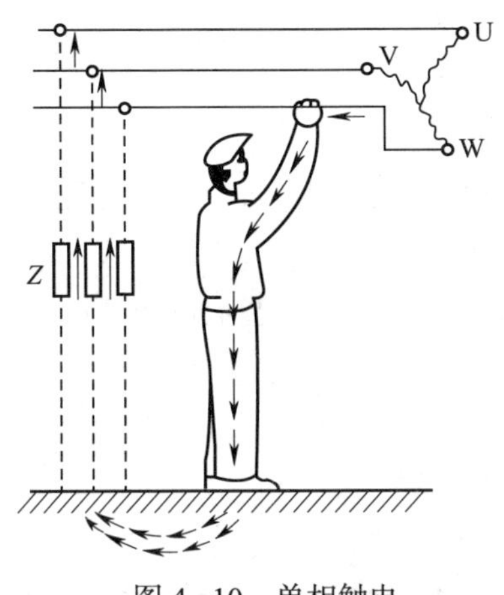

图 4－10　单相触电

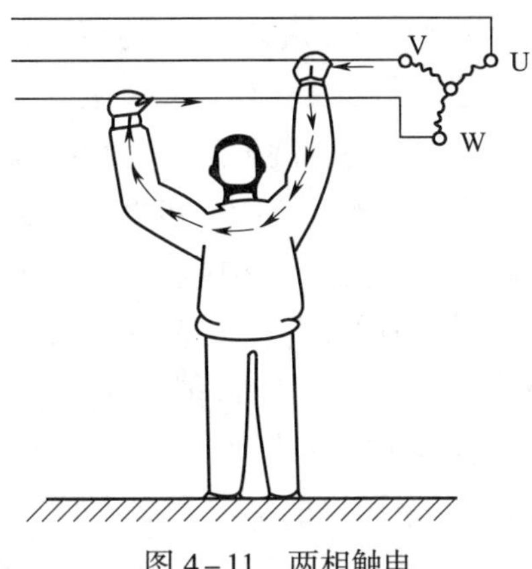

图 4－11　两相触电

（2）高压触电

高压触电常见的类型有高压电弧触电和跨步电压触电。

1）高压电弧触电是指人体靠近高压带电体，因空气弧光放电造成的触电现象，如图 4－12 所示。

2）跨步电压触电是指人体走近落地的高压带电体时，前后两腿间因跨步电压引起的触电现象，而且电压越高放电距离越远，如图 4－13 所示。

图 4－12　高压电弧触电

图 4－13　跨步电压触电

当带电体发生接地故障时，在接地点附近会形成电位分布，如果人位于接地点附近，两脚所处的电位不同，这种电位差即为跨步电压。

跨步电压的大小取决于接地电压的高低和人距接地点的距离。高压线落地会产生一个以落地点为中心，半径为 8～10 m 的危险区。一般离开接地体 20 m 以外，就不必考虑跨步电压的问题了。

3. 防止触电的措施

（1）产生触电事故的原因

1）缺乏用电常识，触及带电的导线。

2）没有遵守操作规程，人体直接与带电体部分接触。

3）由于用电设备管理不当，使绝缘损坏，发生漏电，人体碰触漏电设备外壳。

4）高压线路落地，造成跨步电压引起对人体的伤害。

5）检修中，安全组织措施和安全技术措施不完善，接线错误，造成触电事故。

6）其他偶然因素，如人体受雷击等。

除偶然因素外，其他因素都是可以避免的。

（2）防止触电措施

为了达到安全用电的目的，必须采用可靠的技术措施，防止触电事故发生。绝缘、安全间距、漏电保护、安全电压、遮栏及阻挡物等都是防止直接触电的防护措施。保护接地、保护接零是间接触电防护措施中最基本的措施。所谓间接触电防护措施是指防止人体各个部位触及正常情况下不带电，而在故障情况下才变为带电的电器金属部分的技术措施。

1）绝缘。绝缘是用绝缘材料把带电体隔离起来，实现带电体之间、带电体与其他物体之间的电气隔离，使设备能长期安全、正常地工作，同时可以防止人体触及带电部分，避免发生触电事故，所以绝缘在电气安全中有着十分重要的作用。良好的绝缘是设备和线路正常运行的必要条件，也是防止触电事故的重要措施。瓷、玻璃、云母、橡胶、木材、胶木、塑料、布、纸和矿物油等都是常用的绝缘材料。

2）屏护。屏护是指采用遮栏、围栏、护罩、护盖或隔离板等把带电体同外界隔绝开来，以防止人体触及或接近带电体所采取的一种安全技术措施。除防止触电的作用外，有的屏护装置还能起到防止电弧伤人、防止弧光短路或便利检修工作等作用。配电线路和电气设备的带电部分，如果不便加包绝缘或绝缘强度不足，就可以采用屏护措施。

3）漏电保护器。漏电保护器是一种在规定条件下电路中漏（触）电流（mA）值达到或超过其规定值时能自动断开电路或发出报警的装置。

漏电是指电器绝缘损坏或其他原因造成导电部分碰壳时，如果电器的金属外壳是接地的，那么电就由电器的金属外壳经大地构成通路，从而形成电流，即漏电电流，也叫作接地电流。当漏电电流超过允许值时，漏电保护器能够自动切断电源或报警，以保证人身安全。

漏电保护器动作灵敏，切断电源时间短，因此只要能够合理选用和正确安装、使用漏电保护器，其除了可保护人身安全以外，还具备防止电气设备损坏以及预防火灾发生的作用。

4）安全电压。把可能加在人身上的电压限制在某一范围之内，使得在这种电压下，通过人体的电流不超过允许的范围，这种电压就叫作安全电压，也叫作安全特低电压。但应注意，任何情况下都不能把安全电压理解为绝对没有危险的电压。

我国确定的安全电压标准是 42 V、36 V、24 V、12 V、6 V。特别危险环境中使用的手持电动工具应采用 42 V 安全电压；有电击危险环境中，使用的手持式照明灯和局部照明灯应采用 24 V 或 36 V 安全电压；金属容器内、特别潮湿处等特别危险环境中使用的手持式照明灯应采用 12 V 安全电压；在水下作业等场所工作应使用 6 V 安全电压。

当电气设备采用超过 24 V 的安全电压时，必须采取防止直接接触带电体的保护措施。

5）安全间距。安全间距是指在带电体与地面之间，带电体与其他设施、设备之间，带电体与带电体之间保持的一定安全距离。设置安全间距的目的是防止人体触及或接近带电体造成触电事故；防止车辆或其他物体碰撞或过分接近带电体造成事故；防止电气短路事故、过电压放电和火灾事故；便于操作。安全间距的大小取决于电压高低、设备类型、安装方式等因素。

6）接零与接地。在工厂里，使用的电气设备很多。为了防止触电，通常可采用绝缘、隔离等技术措施以保障用电安全。化工操作人员在生产过程中经常接触的是电气设备不带电的外壳或与其连接的金属体，但当设备万一发生漏电故障时，平时不带电的外壳就带电，并与大地之间存在电压，会使化工操作人员触电。这种意外的触电是非常危险的。为了解决这个不安全问题，采取的主要的安全措施是对电气设备的外壳进行保护接零或保护接地。

①保护接零。将电气设备在正常情况下不带电的金属外壳与变压器中性点引出的工作零线或保护零线相连接，这种方式称为保护接零。当某相带电部分碰触电气设备的金属外壳时，通过设备外壳形成该相线对零线的单相短路回路，该短路电流较大，足以保证在最短的时间内使熔丝熔断、保护装置或自动开关跳闸，从而切断电流，保障了人身安全。保护接零主要是用于三相四线制中性点直接接地供电系统中的电气设备。

在中性点直接接地的低压配电系统中，为确保保护接零方式的安全可靠，防止零线断线所造成的危害，系统中除了工作接地外，还必须在整个零线的其他部位再进行必要的接地，这种接地称为重复接地。

②保护接地。保护接地是指将电气设备平时不带电的金属外壳用专门设置的接地装置实行良好的金属性连接。保护接地的作用是当设备金属外壳意外带电时，将其对地电压限制在规定的安全范围内，消除或减小触电的危险。保护接地最常用于低压不接地配电网中的电气设备。

4. 触电的急救

（1）触电后的症状

人体遭电击后，病情表现为三种状态。当通过人体的电流小于摆脱电流时，触电者神志清醒，能自己摆脱电源，但感到乏力、头晕、胸闷、心悸、出冷汗；当通过人体的电流增大时，触电者会出现神志昏迷，但呼吸、心搏尚存在；当通过人体的电流强度接近或达到致命电流时，触电者会出现神经麻痹、血压降低、呼吸中断、心搏停止等征象，表面上呈现昏迷不醒的状态，同时面色苍白，口唇发绀，瞳孔扩大，肌肉痉挛，呈全身性电休克所致的假死状态。这样的触电者必须立即在现场进行心肺复苏抢救。资料表明，触电后 1 min 开始抢救者，90% 有良好效果；触电后 6 min 开始抢救者，50% 可能复苏成功；触电后 12 min 再开始救治，救活的可能性很小。

（2）触电急救的步骤

触电事故发生后，切不可惊慌失措，必须不失时机地进行急救，尽可能减少伤亡。触电急救的要点为动作迅速、方法正确。

1）迅速脱离电源。人触电以后，可能由于痉挛、失去知觉或中枢神经失调而抓紧带电体，不能自行脱离电源。这时，使触电者尽快脱离电源是救治触电者的首要条件。

低压触电时帮助触电者尽快脱离电源的方法如下。

①如果电源开关或电源插头在触电地点附近，可立即拉开开关或拔出插头，切断电源。要注意的是，由于普通单极开关通常只控制一根线，如果错误地将其安装在工作零线上，则切断开关时仅能切断负荷，而无法切断电源，存在严重的安全隐患。

②如果电源开关或电源插头不在触电地点附近，可用绝缘柄的电工钳或用干燥木柄的斧头切断电源，或用干燥木板等绝缘物质插入触电者身下，隔断电流。

③如果电线搭落在触电者身上或被压在身下，可用干燥木棒、木板、线索、手套等绝缘物作为工具，拉开触电者或挑开电线。

高压触电时帮助触电者尽快脱离电源的方法如下。

①立即通知有关部门停电。

②戴上绝缘手套、穿上绝缘靴，用相应电压等级的绝缘工具拉开开关。

③如果事故发生在线路上，可抛掷裸金属线路短路接地，迫使保护装置动作，切断电源。抛掷金属线前，一定将金属线一端可靠接地，再抛掷另一端。被抛出的一段不可触及触电者和其他人。

2）进行现场急救。触电者脱离电源后，应根据触电者的具体情况，迅速地对症救治。

①如果触电者伤势不重、神志清醒，但有些心慌、四肢麻木、全身无力，或触电者曾一度昏迷，但已经清醒过来，应让触电者安静休息，注意观察并请医生前来治疗或送往医院。

②如果触电者伤势较重，已经失去知觉，但心搏和呼吸尚没有中断，应让触电者安静平卧，解开其紧身衣服以利呼吸；保持空气流通，若天气寒冷，则注意保温。严密观察，速请医生治疗或送往医院。

③如果触电者伤势严重，呼吸停止或心搏停止，应立即实施口对口人工呼吸或胸外心脏按压进行急救。若二者都停止，则应同时进行口对口人工呼吸和胸外心脏按压急救，并速请医生治疗或送往医院。在送往医院的途中，不能停止急救。

④若触电的同时发生外伤，应根据情况进行酌情处理。对于不危及生命的轻度外伤，可在触电急救之后处理；对于严重的外伤，在实施人工呼吸和胸外心脏按压的同时进行处理，如伤口出血，应予以止血，进行包扎，以防感染。

（3）救护时的注意事项

1）救护人员切不可直接用手、其他金属或潮湿的物件作为救护工具，必须使用干燥绝缘

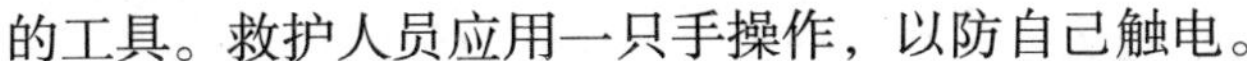

的工具。救护人员应用一只手操作，以防自己触电。

2）为防止触电者脱离电源后可能摔倒，应准确判断触电者倒下的方向，特别是触电者身在高处的情况下，更要采取防摔措施。

3）人在触电后，有时会有较长时间的“假死”，因此，救护人员应耐心进行抢救，绝不可轻易中止。但切不可给触电者打强心针。

二、防静电技术

1. 静电的产生及其危害

（1）静电的产生

静电是指相对静止的电荷。两种物体当紧密接触后再分离时，两种物体之间因发生电子转移而带有不同性质的静电电荷。一般认为，当两种物体之间的距离小于 25×10^{-8}cm 时，即会发生电子转移而产生静电。在实际生产活动中，静电主要是由于两种不同的物体互相摩擦，或者紧密接触后又分离而产生的。另外，当物体受热、受压、撕裂、剥离、拉伸、撞击、电解以及受其他带电体的感应时，也可能产生静电。无论物体的种类和性质（固体、液体和气体）如何，均能够产生静电。

（2）静电的危害

1）引起爆炸和火灾。静电能量虽然不大，但因其电压很高而容易发生放电，出现静电火花，在有可燃液体的作业场所，可能由静电火花引起火灾；在有气体、蒸气爆炸性混合物或有粉尘纤维爆炸性混合物的场所，可能由静电火花引起爆炸。此外，在带电绝缘体与接地体之间产生的表面放电导致着火的概率也很高。

2）静电电击。静电造成的电击，可能发生在人体接近带电物体的时候，也可能发生在带静电电荷的人体接近接地体的时候。电击程度与所储存的静电能量有关，能量越大，电击越严重。但由于一般情况下，静电的能量较小，虽然不会直接使人致命，但会在电击后产生恐惧心理，工作效率下降。

3）妨碍生产。在某些生产过程中，如不消除静电，将会妨碍生产或降低产品质量。

2. 设备设施静电防护技术

静电最为严重的危险是引起爆炸和火灾。为防止静电导致火灾爆炸事故的发生，静电的防护技术经常采用下列几种措施。

（1）环境危险程度控制

静电引起爆炸和火灾的条件之一是有爆炸性混合物存在。为了防止静电的危险，可采取取代易燃介质、降低爆炸性混合物的浓度、减少氧化剂含量等控制所在环境爆炸和火灾危险程度的措施。

（2）采用工艺法控制静电的产生

工艺法控制就是从工艺流程、设备结构、材料选择和操作管理等方面采取措施，限制静电的产生或控制静电的积累，使之达不到危险的程度。如限制输送物料流速、选用合适的材料、改变灌注方式、加速静电电荷的消散方式等。

（3）泄漏导走法防静电措施

泄漏导走法就是在工艺过程中，采用空气增湿、加抗静电添加剂、静电接地和规定静止时间的方法，将带电体上的电荷向大地泄漏消散，以期得到安全生产的保证。

（4）采用静电中和器

静电中和器又叫静电消除器。静电中和器是能产生电子和离子的装置。由于产生了电子和离子，物料上的静电电荷得到异性电荷的中和，从而消除静电的危险。静电中和器主要用来消除非导体上的静电。

（5）加强静电安全管理

静电安全管理包括制定静电安全操作规程、静电安全指标、静电安全教育、静电检测管理等内容。

3. 人体防静电

人体防静电主要是防止带电体向人体放电或人体带静电所造成的危害，人体静电的防止，既可利用接地，穿防静电鞋、防静电工作服等具体措施，减少静电在人体上积累，又可加强规章制度和安全技术教育保证静电安全操作，具体措施如下所述。

（1）人体接地

在人体必须接地的场所，应装设金属接地棒－消电装置。作业人员随时用手接触接地棒，以清除人体所带有的静电。

（2）工作地面导电化

采用导电性地面是一种接地措施，不但能导走设备上的静电，而且有利于导除积累在人体上的静电。用洒水的方法使混凝土地面、嵌木胶合板湿润，使橡皮、树脂和石板的黏合面以及涂刷地面能够形成水膜，增加其导电性。

（3）确保安全操作

在工作中，应不做与人体带电有关的事情，如接近或接触带电体；在有静电危险的场所，不得携带与工作无关的金属物品，如钥匙、硬币、手表、戒指等，也不许穿带钉子的鞋等进入现场。

三、防雷技术

1. 雷电的分类与危害

（1）雷电的分类

雷电是雷云层互相接近或雷云层接近大地时，感应出相反电荷，当电荷积聚到一定程度，就会产生云和云之间以及云和大地间的放电现象，同时发出光和声。

根据雷电的不同形状，大致可分为片状、线状和球状三种形式；从危害角度考虑，雷电可分为直击雷、感应雷（包括静电感应和电磁感应）和雷电波侵入三种。

（2）雷电的危害

雷电破坏作用与峰值电流及其波形有最密切的关系。雷电电流具有电流的一切效应，不同的是它在短时间内以脉冲的形式通过强大的电流，使其具有特殊的破坏作用。

1）雷电的热效应危害。由于雷电电流很大，通过时间又短，如果雷电击在树木或建（构）筑物上，被雷击中的物体瞬间将产生蒸汽，并迅速膨胀，产生巨大的爆炸力，造成破坏。

2）雷电的冲击波危害。雷电放电时，雷电通道的空气受热膨胀，形成冲击波，使其附近的建（构）筑物、人、畜受到破坏和伤亡。

3）雷电的机械效应危害。雷电电流通过导体时，会产生磁场，带有雷电电流的导体在该磁场中会受到电磁力的作用，凡拐弯的导体或金属件，拐弯部分将受到电动力作用，严重的会造成设备的损坏。

4）雷电的静电感应危害。当雷雨云出现时，与其相对应的地面上的建（构）筑物，由于静电感应作用而带上相反的电荷，雷击发生后，雷云所带的电荷迅速消失，某些建（构）筑物由于与地面间电阻较大而不能在短时间内消失，因而使形成局部的电势，造成危害。

5）雷电的电磁感应危害。雷电电流的峰值和陡度极大，在其周围会形成强大的电磁场，处在电磁场中的导体会感应出较大的电动势，容易产生间隙放电，引起火灾等。

6）雷电的引入高电位危害。直击雷或感应雷（在直击雷放电过程中，强大的脉冲电流对周围的导线金属产生电磁感应发生高电压以致发生闪击的现象）产生的高电压从输电线、通信电缆、无线电天线等金属线路引入建（构）筑物或设备内部，造成破坏。

2. 常用防雷装置的种类与作用

常用的防雷装置包括避雷线、避雷针、避雷网、避雷带及避雷器。一套完整的防雷装置包括接闪器、引下线和接地装置。避雷线、避雷针、避雷网、避雷带都只是接闪器，而避雷器是一种专门的防雷装置。

（1）避雷线

避雷线，如图 4-14 所示，主要用来保护输电线路，是架设在通信线路上方的金属导线，并接地良好，又称为架空地线。它主要是在线路可能受到直接落雷危害时，可以限制沿线路侵入的雷电波幅值及陡度。

图 4-14　避雷线

（2）避雷针

避雷针，如图 4-15 所示，由金属尖端、金属导体和接地极组成。用于高大建（构）筑物

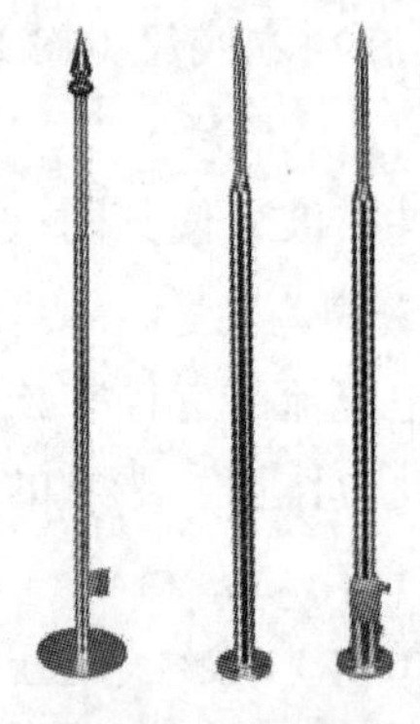

图 4-15　避雷针

防雷保护。利用它高耸空间的有利地位，当附近空中有雷电放射时，即把雷电引向自身，承受雷击，将雷电电流迅速泄入大地而消散，从而可防止避雷针保护范围内的电力设备或高大建（构）筑物遭受直击雷而损坏。

（3）避雷网

避雷网主要用来保护建（构）筑物，分为明装避雷网和笼式避雷网两大类。沿建（构）筑物上部明装金属网格作为接闪器，沿外墙装引下线接到接地装置上，称为明装避雷网，一般建（构）筑物中常采用这种方法。而把整个建（构）筑物中的钢筋结构连成一体，构成一个大型金属网笼，称为笼式避雷网。笼式避雷网又分为全部明装避雷网、全部暗装避雷网和部分明装部分暗装避雷网等。例如，高层建筑中都用现浇的大模板和预制装配式壁板，结构中钢筋较多，把它们从上到下与室内的上下水管、热力管网、煤气管道、电气管道、电气设备及变压器中性点等均连接起来，形成一个等电位的整体，称为笼式暗装避雷网。

（4）避雷带

避雷带，如图 4-16 所示，主要用来保护建（构）筑物。该装置包括沿建（构）筑物屋顶四周易受雷击部位明设的金属带、沿外墙安装的引下线及接地装置构成。多用在民用建筑，特别是山区的建筑。一般而言，使用避雷带或避雷网的保护性能比避雷针的要好。

（5）避雷器

避雷器，如图 4-17 所示，主要用来保护电力设备，防止沿线路侵入的雷电波对电气设备的破坏，把侵入的雷电波限制在避雷器残压值范围内，使处所和电力设备免受过电压的危害。

图 4-16　避雷带

图 4-17　避雷器

3. 建（构）筑物防雷措施

（1）第一类防雷建（构）筑物及防雷措施

第一类防雷建（构）筑物是指凡存放爆炸性物品或在正常情况下可能形成爆炸性混合物，因电火花而爆炸的建（构）筑物，会造成巨大破坏和人身伤亡。

防雷措施有以下几种。

1）应装设独立接闪杆或架空接闪线或网。架空接闪网的网格尺寸应不大于 5 m×5 m 或 6 m×4 m。

2）排放爆炸危险气体、蒸气或粉尘的放散管、呼吸阀、排风管等的管口外的空间应处于接闪器的保护范围。

3）排放爆炸危险气体、蒸气或粉尘的放散管、呼吸阀、排风管等，当其排放物达不到爆炸极限、长期点火燃烧、一排放就点火燃烧，以及发生事故时排放物才达到爆炸极限的通风管、安全阀、接闪器的保护范围应保护到管帽，无管帽应保护到管口。

4）独立接闪杆的杆塔、架空接闪线的端部和架空接闪网的每根支柱处应至少设一根引下线。对用金属制成或有焊接、绑扎连接钢筋网的杆塔、支柱，宜利用金属杆塔或钢筋网作为引下线。

5）独立接闪杆和架空接闪线或网的支柱及其接地装置与被保护建（构）筑物及与其有联系的管道、电缆等金属物之间的间隔距离不得小于 3 m。

6）架空接闪线或网至屋面和各种突出屋面的风帽、放散管等物体之间的间隔距离应不小于 3 m。

7）独立接闪杆、架空接闪线或网应设独立的接地装置，每一引下线的冲击接地电阻不宜大于 10 Ω。在土壤电阻率高的地区，可适当增大冲击接地电阻，但在 3 000 Ω · m 以下的地区，冲击接地电阻应不大于 30 Ω。

（2）第二类防雷建（构）筑物及防雷措施

第二类防雷建（构）筑物是指重要的或人员密集的大型建（构）筑物，如国家级重点文物保护的建（构）筑物，国家级办公建（构）筑物，大型会展中心或博物馆，国家级大型计算机中心和装有重要通信、电子设备的建（构）筑物，19 层及以上住宅楼，超过 50 m 的其他建（构）筑物等。

防雷措施有以下几种。

1）外部防雷设施宜采用装设在建（构）筑物上的接闪网、接闪带或接闪杆，也可采用由接闪网、接闪带或接闪杆混合组成的接闪器。接闪器之间应互相连接。

2）专设引下线应不少于 2 根，并沿建（构）筑物四周和内庭院四周均匀对称布置，其间距沿周长计算应不大于 18 m。当建（构）筑物跨度较大，无法在跨距中间设引下线时，应在跨距两端设引下线并减小其他引下线的间距，专设引下线的平均间距应不大于 18 m。

3）外部防雷装置的接地和防闪电感应、内部防雷装置、电气和电子系统等接地共用接地装置，并应与引入的金属线做等电位连接。外部防雷装置的专设接地装置宜围绕建（构）筑物敷设成环形接地体。

4）构件内由箍筋连接的钢筋或呈网状的钢筋，其箍筋与钢筋、钢筋与钢筋应采用土建施工常用的绑扎法、螺丝连接、对焊或搭焊等方式进行连接。单根钢筋、圆钢或外引预埋连接板、线与构件内钢筋应焊接或采用螺栓紧固的卡夹器连接。构件之间必须连接成电气通路。

5）在电气接地装置与防雷接地装置共用或相连的情况下，应在低压电源线路引入的总配电箱、配电柜处装设Ⅰ级试验的电涌保护器。

（3）第三类防雷建（构）筑物

第三类防雷建（构）筑物是指不属于第一、第二类建（构）筑物，又需要做防雷保护的建（构）筑物。

防雷措施有以下几种。

1）第三类防雷建（构）筑物外部防雷的措施宜采用装设在建（构）筑物上的接闪网、接闪带或接闪杆，也可采用由接闪网、接闪带和接闪杆混合组成的接闪器。接闪网、接闪带应在整个屋面组成不大于 20 m × 20 m 或 24 m × 16 m 的网格。当建（构）筑物高度超过 60 m 时，应沿屋顶周边敷设接闪带，接闪带应设在外墙外表面或屋檐边垂直面上。接闪器之间应互相连接。

2）专设引下线应不少于 2 根，并沿建（构）筑物四周和内庭院四周均匀对称布置，其间距沿周长计算应不大于 25 m。当建（构）筑物跨度较大，无法在跨距中间设引下线时，应在跨距两端设引下线并减小其他引下线的间距，专设引下线的平均间距应不大于 25 m。

3）防雷装置的接地应与电气和电子系统等接地共用接地装置，并应与引入的金属线做等电位连接。外部防雷装置的专设接地装置宜围绕建（构）筑物敷设成环形接地体。

4）建（构）筑物宜利用钢筋混凝土屋面、梁、柱、基础内的钢筋作为引下线和接地装置。当建（构）筑物为多层建筑，且其女儿墙压顶板内或檐口内有钢筋，同时周围除保安人员巡逻外通常无人停留时，宜利用女儿墙压顶板内或檐口内的钢筋作为接闪器。

5）砖烟囱、钢筋混凝土烟囱，宜在烟囱上装设接闪杆或接闪环保护。多接闪杆应连接在闭合环上。金属烟囱应作为接闪器和引下线。

4. 化工设备的防雷

（1）当罐顶钢板厚度大于 4 mm，且装有呼吸阀时，可不装设防雷装置。但油罐体应有良好的接地，接地点不少于 2 处，间距不大于 30 m，其接地装置的冲击接地电阻不大于 30 Ω。

（2）当罐顶钢板厚度小于 4 mm 时，虽装有呼吸阀，也应在罐顶装设避雷针，且避雷针与呼吸阀的水平距离应不小于 3 m，保护范围高出呼吸阀应不小于 20 m。

（3）浮顶油罐（包括内浮顶油罐）可不设防雷装置，但浮顶与罐体应有可靠的电气连接。

（4）非金属易燃液体的储罐应采用独立的避雷针，以防止直接雷击。同时，还应有感应雷措施，避雷针冲击接地电阻不大于 30 Ω。

（5）覆土厚度大于 0.5 m 的地下油罐，可不考虑防雷措施，但呼吸阀、油孔、采气孔应做良好接地。接地点不少于 2 处，冲击接地电阻不大于 10 Ω。

（6）易燃液体的敞开储罐应设独立避雷针，其冲击接地电阻不大于 5 Ω。

（7）户外架空管道的防雷：

1）户外输送可燃气体、易燃或可燃液体的管道，可在管道的始端、终端、分支处、转角处以及直线部分每隔 100 m 处设置防静电接地装置，且每处接地电阻不大于 30 Ω。

2）当管道与爆炸危险厂房平行敷设的间距小于 10 m 时，在接近厂房的一端，其两端及每隔 30 m～40 m 应接地，接地电阻不大于 20 Ω。

3）当管道连接点（如弯头、阀门、法兰盘等），不能保持良好的电气接触时，应用金属线跨接。

4）接地引下线可利用金属支架，若是活动金属支架，在管道与支持物之间必须增设跨接线；若是非金属支架，必须另作引下线。

5）接地装置可利用电气设备的保护接地装置。

5. 人体的防雷

（1）雷电活动时，应不在户外或旷野逗留。如有条件，可进入有宽大金属构架或有防雷设施的建（构）筑物，应尽量离开小山、小丘或隆起的小道，应尽量离开海滨、湖滨、河边、池旁，应尽量离开铁丝网、金属晾衣绳以及旗杆、烟囱、高塔、孤独的树木附近，还应尽量离开没有防雷保护的小建（构）筑物或其他设施。

（2）在户内应注意雷电侵入波的危险。应离开照明线、动力线、电话线、广播线、收音机电源线、收音机和电视机天线，以及其相连的各种设备，以防止这些线路或设备对人体的二次放电。还应注意关闭门窗，防止球形雷进入室内造成危害。

（3）跨步电压的防护。当雷电电流经地面雷击点的接地体流入周围土壤时，会在它周围形成很高的电位，如有人站在接地体附近，就会受到雷电电流所造成的跨步电压的危害。为了防止跨步电压伤人，防直击雷接地装置距建（构）筑物出入口和人行道的距离应不少于 3 m。当小于 3 m 时，应采取接地体局部深埋、隔以沥青绝缘层、敷设地下均压条等安全措施。

6. 雷电击伤的急救措施

雷击对人体可造成巨大的伤害，强大的雷电电流使人或动物的心脏、大脑麻痹而死亡，甚至能把身体烧焦。此外，雷电电流还能将局部皮肤组织烧坏，出现有灰白色的肿块和线条，称为“电的烙印”。强大的雷声还可致耳膜受伤。但是，不论何时何地发生雷电事故，只要按科学的方法分秒必争地进行抢救，都能尽量避免死亡。急救措施有以下几种。

（1）脱离险境，迅速将病人转移到能避开雷电的安全地方。

（2）对症治疗，根据击伤程度迅速对症救治，同时向急救中心或医院等有关部门呼救。

1）如果患者未失去知觉、神志清醒，但曾一度昏迷，且伴有心慌、四肢发麻、全身无力等症状，应就地休息 1～2 h，并严密观察。

2）如果已失去知觉，但呼吸和心搏正常，应抬至空气清新的地方，解开衣服，用毛巾蘸冷水摩擦全身，使之发热，并迅速请医生前来诊治。

3）如果患者无知觉、抽搐、呼吸困难，且逐渐衰弱，但还有心搏，可采用口对口人工呼吸。

4）如果患者已无知觉、抽搐，且心搏停止，仅有微弱或不规则呼吸，应立即采用人工胸外心脏按压法，并尽快呼叫急救服务。

5）如果患者呼吸、脉搏、心搏都停止，应立即将口对口人工呼吸和人工胸外心脏按压两种方法同时进行，即实施心肺复苏术（CPR），并尽快呼叫急救服务。

【知识拓展】

触电急救方法

1. 人工呼吸法（用于停止呼吸者）

（1）使触电者仰卧，迅速解开上衣领口、围巾、紧身衣和腰带，使胸部可以自由伸张；清除触电者口腔内的血块、痰液、异物等。使触电者头部尽量后仰，以保持呼吸道畅通。

（2）救护人员跪在触电者一侧，一只手捏紧触电者的鼻孔，另一只手扶着触电者的下颌，使嘴张开。

（3）救护人员做深呼吸后，紧凑触电者的嘴巴大口吹气，同时观察胸部是否膨胀，以胸部略有起伏为宜。吹气用力的大小，要根据不同的触电者有所区别。

（4）吹气完毕，立即离开触电者的嘴巴，使其胸部自行回缩，此时应根据触电者的胸部复原情况，观察呼吸道有无梗阻现象。

以上步骤要连续不断地重复进行。对成年人每分钟吹气14～16次，每5 s一个循环，吹气时间间隔稍短，约2 s，呼气时间要长，3 s左右。对儿童每分钟吹气18～24次，这时不必捏紧鼻孔，让一部分空气漏掉。对儿童吹气一定要把握好吹气量的大小，不可让其胸腹过分膨胀，防止吹破肺泡。

若触电者牙关紧闭，无法撬开，可用口对鼻吹气，方法与口对口吹气相似，只是此时应使触电者嘴唇紧闭，防止漏气。口对鼻吹气时，救护人员的嘴唇应完全盖紧触电者鼻孔，吹气压力也应稍大，吹气时间稍长，这样有利于外部气体充分进入肺内，以便加速体内、外气体的交换。

2. 胸外心脏按压法（用于心脏搏动停止者）

（1）使触电者仰卧在结实的平地或木板上，松开衣领和腰带，清除口中异物，使呼吸道畅通。触电者背部着地应平整结实，以保证挤压效果。

（2）救护人员跪在触电者一侧或腰部两侧，右手掌放在触电者胸上，中指尖置于其颈部凹陷边缘，掌根所处位置即为正确挤压区。

（3）将左手压在右手掌上，掌根用力向下按压胸骨下端，使其下陷3～4 cm。

（4）突然放松按压，但手不能离开胸壁，依靠胸部的弹性自动恢复原状，使心脏扩张，血液流回心脏。

思考与练习

一、单项选择题

1. 装设避雷针、避雷线、避雷网、避雷带都是防护（　　）。

A. 雷电侵入波　　B. 直击雷　　C. 反击

2. 发现有人触电时，以下做法正确的是（ ）。

A. 立即用手拉触电者

B. 立即切断电源或使用绝缘工具使触电者脱离电源

C. 立即拨打120等待救援

D. 继续使用电器设备

二、填空题

1. 电流对人体造成的伤害可分为________和________。

2. 常用的防雷装置主要有________、避雷针、________、避雷带及避雷器等。

三、简答题

1. 防止触电的措施有哪些？

2. 防止静电危害主要从哪几个方面入手？

3. 简述化工装置的防雷措施。

任务三 压力容器安全技术

学习目标

1. 掌握压力容器的分类。

2. 学习压力容器的安全附件。

3. 掌握气瓶的分类及使用要求。

4. 了解锅炉的使用要求。

5. 能够运用压力容器安全技术知识，安全地操作压力容器，能够发现安全隐患并能采取相应的措施防止事故的出现和扩大。

6. 能正确、安全地使用气瓶。

7. 通过学习气瓶、锅炉的使用安全要求，培养学生敬业爱岗、严格遵守操作规程的职业道德。

任务引入

压力容器是具有爆炸危险的承压类特种设备，它承载着高温、高压、低温、易燃、易爆、剧毒或腐蚀介质，一旦发生爆炸或泄漏往往并发火灾、中毒等灾难性事故，直接影响到企业的生产和员工的人身安全。作为化工操作人员，必须学习压力容器的相关安全知识，杜绝压力容器事故的发生。

任务分析

为了保证化工生产的正常运行，化工操作人员必须能正确地操作各种压力容器且能维持正常运行。想要正确地操作各种压力容器，需要从了解压力容器的基础知识入手。

相关知识

一、压力容器的基础知识

1. 压力容器的概念

压力容器也称受压容器，是指内部盛装工作介质（气体或液体）且承受压力的密闭容器，并同时具备以下三个条件：

（1）最高工作压力（pw）≥0.1 MPa（pw 不包括液体静压力）；

（2）内直径（非圆形截面指最大尺寸）≥0.15 m，且容积≥0.025 m^3；

（3）介质为气体、液化气体和最高工作温度高于或等于标准沸点的液体。

2. 压力容器分类

压力容器有不同的分类方法，常用的分类方法有以下几种。

（1）按压力等级分类

按承压方式分类，压力容器可分为内压容器和外压容器。内压容器又可按设计压力大小分为以下四个压力等级：

低压（代号 L）容器　0.1 MPa $\leq p <$1.6 MPa；

中压（代号 M）容器　1.6 MPa $\leq p <$10.0 MPa；

高压（代号 H）容器　10.0 MPa $\leq p <$100 MPa；

超高压（代号 U）容器　$p \geq$ 100 MPa。

外压容器中，当容器的内压小于一个绝对大气压（约 0.1 MPa）时又称为真空容器。

（2）按原理与作用分类

根据压力容器在生产工艺过程中的作用，压力容器可分为反应容器、换热容器、分离容器、储存容器。

1）反应容器（代号 R）主要是用于完成介质的物理、化学反应的容器，如反应器、反应釜、聚合釜、合成塔、煤气发生炉等。

2）换热容器（代号 E）主要是用于完成介质热量交换的容器，如管壳式余热锅炉、热交换器、冷却器、冷凝器、蒸发器、加热器等。

3）分离容器（代号 S）主要是用于完成介质流体压力平衡缓冲和气体净化分离的容器，如分离器、过滤器、蒸发器、集油器、缓冲器、干燥塔等。

4）储存容器（代号 C，其中球罐代号 B）主要是用于储存、盛装气体、液体、液化气体等介质的容器，如液氨储罐、液化石油气储罐等。

二、压力容器的安全附件

压力容器的安全附件是为防止容器超温、超压、超负荷而装设在设备上的一种安全装置。压力容器的安全附件较多，但最常用的安全附件有安全泄压装置（安全阀、爆破片）、压力表、液位计等。

1. 安全泄压装置

安全泄压装置的功能：当压力容器在正常工作压力下运行时，保持严密不漏，若压力容器内压力一旦超过规定，则能自动地、迅速地排出器内的介质，使设备的压力始终保持在允许压力范围以内。一般情况下，安全泄压装置除了具有自动泄压这一主要功能外，还有自动报警的作用。压力容器常见的安全泄压装置有安全阀和爆破片。

（1）安全阀

压力容器在正常工作压力下运行时，安全阀保持严密不漏，当压力超过设定值时，安全阀在压力作用下自行开启，使压力容器泄压，以防止压力容器或管线的破坏。当压力容器压力泄至正常值时，它又能自行关闭，停止泄放。

图 4－18　弹簧式安全阀

1）安全阀的种类。安全阀按其整体结构及加载机构形式来分，常用的有杠杆式和弹簧式两种。在石油化工装置中，普遍使用弹簧式安全阀，如图 4－18 所示。弹簧式安全阀的加载装置是一个弹簧，通过调节螺母，可以改变弹簧的压缩量，调整阀瓣对阀座的压紧力，从而确定其开启压力的大小。弹簧式安全阀的优点是结构紧凑，体积小，动作灵敏，对震动不太敏感，可以装在移动式容器上；缺点是阀内弹簧受高温影响时，弹性有所降低。

2）安全阀的选用。安全阀的选用，应根据压力容器的工艺条件及工作介质的特性，从安全阀的排放量、加载机构、封闭机构、气体排放方式、工作压力范围等方面考虑。

安全阀的排放量是选用安全阀的关键因素，安全阀的排放量必须大于或等于压力容器的安全排放量。选用安全阀时，要注意它的工作压力范围，要与压力容器的工作压力范围相匹配。

3）安全阀的安装。安全阀应垂直向上安装在压力容器本体的液面以上气相空间部位，或与连接在压力容器气相空间上的管道相连接。安全阀确实不便装在压力容器本体上，当用短管与压力容器连接时，接管的直径必须大于安全阀的进口直径，接管上一般禁止装设阀门或其他引出管。压力容器一个连接口上装设数个安全阀时，则该连接口入口的面积，至少应等于数个安全阀的面积总和。压力容器与安全阀之间，一般不宜装设中间截止阀门，对于盛装易燃，毒性程度为极度、高度、中高度危害或黏性介质的压力容器，为便于安全阀更换、清洗，可装截止阀，但截止阀的流通面积不得小于安全阀的最小流通面积，并且要有可靠的措施和严格的制度，以保证在运行中截止阀保持全开状态并加铅封。

4）安全阀的调整、维护和检验。安全阀在安装前应由专业人员进行水压试验和气密性试验，经试验合格后进行调整校正。安全阀的开启压力，一般应为压力容器最高工作压力的

1.05～1.10 倍。对压力较低的低压容器，可调节到比工作压力高 0.98 MPa，但不得超过压力容器的设计压力。校正调整后的安全阀应进行铅封。

要使安全阀动作灵敏可靠和密封性能良好，必须加强日常维护检查。安全阀应经常保持清洁，防止阀体弹簧等被油垢脏物所粘住或被锈蚀，还应经常检查安全阀的铅封是否完好，气温过低时，有无冻结的可能性，检查安全阀是否有泄漏。对杠杆式安全阀，要检查其重锤是否松动或被移动等。如发现缺陷，要及时校正或更换。

《固定式压力容器安全技术监察规程》规定，安全阀要定期检验，每年至少检验一次。定期检验工作包括清洗、研磨、试验和校正。

（2）爆破片

爆破片是一种断裂型的安全泄压装置。爆破片具有密封性能好、反应动作快以及不易受介质中黏污物的影响等优点。但它是通过膜片的断裂来泄压的，所以泄压后不能继续使用，压力容器也被迫停止运行。因此它只是在不宜装设安全阀的压力容器上使用。

爆破片结构比较简单，如图 4-19 所示。它的主要零件是一块很薄的金属板，用一副特殊的管法兰夹持着装入压力容器的引出短管中，也有把膜片直接与密封垫片一起放入接管法兰的。压力容器在正常运行时，爆破片虽可能有较大的变形，但它能保持严密不漏。当压力容器超压时，膜片即断裂泄放介质，避免压力容器因超压而发生爆炸。

图 4-19　爆破片

爆破片的设计爆破压力一般为工作压力的 1.25 倍，对压力波动幅度较大的压力容器，其设计破裂压力还要相应大一些。但在任何情况下，爆破片的爆破压力都不得大于压力容器的设计压力。

爆破片排放能力应满足压力容器的泄压要求。

2. 压力表

压力表是测量压力容器中介质压力的一种计量仪表。压力表的种类较多，主要有液柱式、弹性元件式、活塞式和电量式四大类。压力容器大多使用弹性元件式的弹簧管压力表，如图 4-20 所示。

装在压力容器上的压力表，其表盘刻度极限值应为压力容器最高工作压力的 1.5～3.0 倍，最好的为 2.0 倍。压力表量程越大，允许误差的绝对值也越大，视觉误差也越大。选用压力表，还要根据压力容器的压力等级和工作需要。按压力容器的压力等级要求，低压容器一般

YZ-150ZT-BF

Y-100BF

YTN-100ZT-BF

图 4-20　弹簧管压力表

不低于 2.5 级；中压及高压容器应不低于 1.5 级。为便于化工操作人员能清楚准确地看出压力指示，压力表盘直径不能太小。在一般情况下，表盘直径应不小于 100 mm。如果压力表距离观察地点远，表盘直径应增大，距离超过 2 m 时，表盘直径最好不小于 150 mm；距离超过 5 m 时，表盘直径最好不小于 250 mm。超高压容器压力表的表盘直径应不小于 150 mm。

安装压力表时，为了便于化工操作人员观察，应将压力表安装在最醒目的地方，并要有充足的照明，同时要注意避免受辐射热、低温及振动的影响；装在高处的压力表应稍微向前倾斜，但倾斜角不要超过 30°。压力表接管应直接与压力容器本体相接，为了便于卸换和校验压力表，压力表与压力容器之间应装设三通旋塞，三通旋塞应装在垂直的管段上，并要有开启标志，以便核对与更换。在压力表与蒸气容器之间应装有存水弯管。盛装高温、强腐蚀及凝结性介质的压力容器，在压力表与压力容器之间应装有隔离缓冲装置。

使用中的压力表，应根据设备的最高工作压力，在它的刻度盘上画明警戒红线，但不要涂画在表盘玻璃上，以免玻璃转动使化工操作人员产生错觉，造成事故。

未经检验合格和无铅封的压力表均不准安装使用。

压力表应保持洁净，表盘上玻璃要明亮透明，使表内指针指示的压力值能清楚易见。压力表的接管要定期吹洗。在压力容器运行期间，如发现压力表指示失灵、刻度不清、表盘玻璃破裂、泄压后指针不回零位、铅封损坏等情况，应立即校正或更换。

压力表的维护和校验应符合国家市场监督管理总局的有关规定。压力表上应有校验标记，注明下次校验日期或校验有效期。校验后的压力表应加铅封。

3. 液位计

液位计，如图 4-21 所示，是压力容器的安全附件。一般压力容器的液位显示多用玻璃板液位计。石油化工装置的压力容器，如各类液化石油气体的储存压力容器，选用各种不同作用原理、构造和性能的液位指示仪表。介质为粉体物料的压力容器，多数选用放射性同位素料位仪表，指示粉体的料位高度。

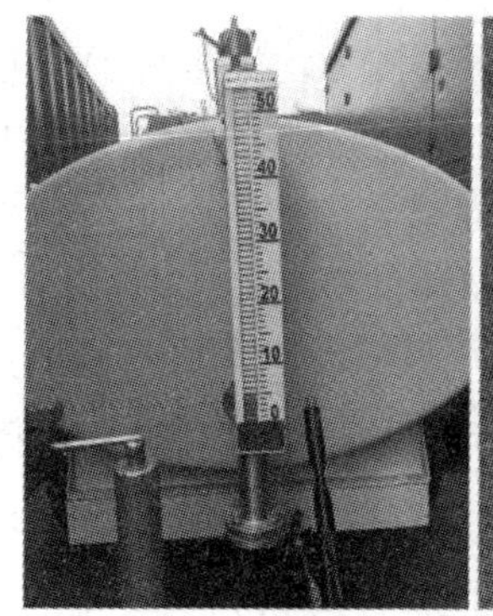

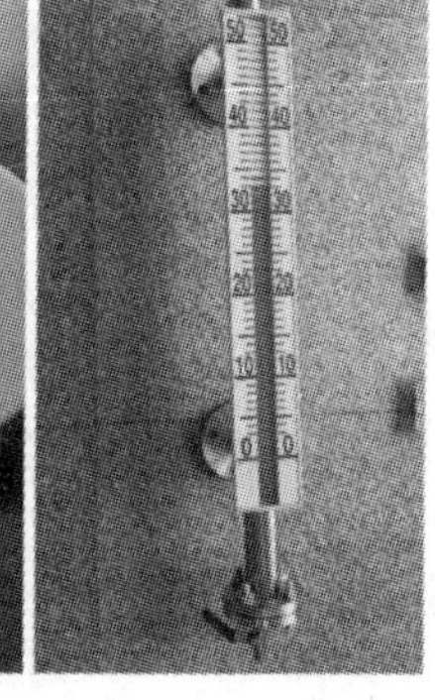

图 4-21　液位计

不论选用何种类型的液位计或仪表，均应符合《固定式压力容器安全技术监察规程》规定的安全要求。

（1）应根据压力容器的介质、最高工作压力和温度正确选用。

（2）在安装使用前，低、中压容器用液位计，应进行 1.5 倍液位计公称压力的水压试验；高压容器用的液位计，应进行 1.25 倍液位计公称压力的水压试验。

（3）盛装 0 ℃以下介质的压力容器，应选用防霜液位计。

（4）寒冷地区室外使用的液位计，应选用夹套型或保温型结构的液位计。

（5）用于易燃、毒性程度为极度、高度危害介质的液化气体压力容器上，应采用板式或自动液位计，并应有防止泄漏的保护装置。

（6）要求液位指示平稳的，应不采用浮子（标）式液位计。

（7）液位计应安装在便于观察的位置，如液位计的安装位置不便于观察，则应增加其他辅助设施。大型压力容器还应有集中控制的设施和警报装置。液位计的最高和最低安全液位，应作出明显的标记。

（8）压力容器操作人员，应加强液位计的维护管理，使其经常保持完好且指示清晰。应对液位计实行定期检修制度，使用单位可根据运行实际情况，在管理制度中予以具体规定。

（9）液位计有下列情况之一的，应停止使用：

1）超过检验周期；

2）玻璃板（管）有裂纹、破碎；

3）阀件固死；

4）经常出现假液位。

（10）使用放射性同位素料位检测仪表，应严格执行《放射性同位素与射线装置安全和防护条例》的规定，采取有效保护措施，防止使用现场放射危害。

三、对压力容器安全附件的要求

1. 压力容器必须按规定装设安全阀、爆破片、压力表、液位计、温度计及紧急切断阀等安全附件。对安全附件要加强维护和定期校验，经常保持齐全、灵敏、可靠。

2. 安全阀、爆破片的排放能力，必须大于或等于压力容器的安全泄放量。安全阀的开启压力及爆破片的爆破压力均不得大于压力容器的设计压力。

3. 对易燃、有毒介质的压力容器，应在安全阀或爆破片的排出口装设导管，将排放介质引至安全地点。对盛装有毒、易燃、腐蚀、黏性介质或贵重介质的压力容器，为便于安全阀的清洗与更换，可在安全阀、爆破片与压力容器之间装设截止阀门。

4. 安全阀有下列情况之一时，应停止使用并更换：

（1）安全阀的阀芯与阀座密封不严且无法修复；

（2）安全阀的阀芯与阀座粘死或弹簧严重腐蚀、生锈；

（3）安全阀选型错误。

5. 安全阀一般每年至少应校验一次；在苛刻条件下使用的爆破片应每年更换，一般爆破片应在 2～3 年内更换。

6. 压力表的选用必须与压力容器内的介质相适应，装设位置应便于化工操作人员观察和清洗。压力表与压力容器之间应装设三通旋塞或针形阀，并有开启标志。盛装蒸气介质的压力容器，在压力表与压力容器之间应装有存水弯管；盛装腐蚀性或高黏性介质的压力容器，在压力表与压力容器之间应装设能隔离介质的缓冲装置。

7. 液位计应安装在便于观察的位置。液位计上最高和最低安全液位，应作出明显的标志。当液位计的玻璃板（管）有裂纹、碎裂，或液位计指示模糊不清，或阀件固死时，应停止使用并更换。

四、锅炉安全技术

锅炉是利用燃料燃烧释放的热能或其他热能加热水或其他介质，从而生产出具有规定参数（如温度、压力）和品质的蒸汽、热水或其他介质的设备。锅炉的种类虽多，但都是由“锅”和“炉”以及保证“锅”和“炉”正常运行所必需的附件、仪表及附属设备三大部分组成。

“锅”是指锅炉中盛放水和蒸汽的密封受压部分，它是锅炉的吸热部分，主要包括汽包、对流管束、水冷壁、联箱、过热器、省煤器等。

“炉”是指锅炉中燃料进行燃烧、放出热能的部分，它是锅炉的放热部分，主要包括燃烧设备、炉墙、炉拱、钢架和烟道及排烟除尘设备等。

锅炉的安全附件很多，如安全阀、压力表、水位表及高低水位报警器等，附属设备包括给水系统的设备、燃料供给及制备系统的设备、通风系统设备和除灰排渣系统设备等。

1. 锅炉安全附件

锅炉安全附件是锅炉运行中不可缺少的部分，主要是指安全阀、压力表、水位表、汽水阀、排污阀等附件。这些附件对锅炉安全运行极为重要，特别是安全阀、压力表和水位表，是锅炉操作人员进行正常操作的耳目，是保证锅炉安全运行的基本附件，因此，通常被人们称为锅炉三大安全附件。

（1）安全阀

安全阀是锅炉的重要安全附件之一，它是一种自动阀门，能够在被保护设备内介质压力超过预设的安全压力值时自动开启，排出一定量的流体，而后在设备内介质压力降至或略低于安全阀压力值时，又自动关闭，从而起到保护设备的作用。

锅炉上使用的安全阀一般为弹簧式安全阀和杠杆式安全阀两种。

安全阀的安全技术要求包括以下几类。

1）蒸发量＞0.5 t/h 的锅炉，至少装一个安全阀。蒸汽过热器出口处和可分式省煤器出口处（或入口处）、再热器入口处和出口处、直流锅炉的启动分离器，都必须装设安全阀。

2）安全阀应垂直地装在锅筒（或联箱）的最高位置。在安全阀和锅筒（或联箱）之间，不得装有取用蒸汽的出气管和阀门。

3）安全阀上必须有以下装置：杠杆式安全阀要有防止重锤自行移动的装置和限制杠杆越

出的导架；弹簧式安全阀要有提升手把和防止随便拧动调整螺钉的装置。

4）安全阀的总排气能力，必须大于锅炉最大连续蒸发量。并保证在锅筒和过热器上所有的安全阀开启后，锅炉内的蒸汽压力上升幅度不超过安全阀较高开启压力的30%，并不得使锅炉的蒸汽压力超过设计压力的1.1倍。

5）过热器和再热器出口处安全阀的排气量，应保证在该排气量下，过热器和再热器有足够的冷却，不至于烧坏；省煤器安全阀的截面积由设计单位确定。

6）几个安全阀如果共同装置在一个与锅筒直接相连的短管上，则短管的通路截面积应不小于所有安全阀截面积总和的1.25倍。

7）安全阀一般应装设排气管，防止排气时伤人。排气管截面积至少为安全阀总截面积的两倍。安全阀排气管下方应有接到安全地点的泄水管。在排气管和泄水管上都不允许装设任何阀门。如果安全阀排气声音不能使司炉工人在工作地点听到，则应装有信号装置（如汽笛）。省煤器的安全阀应装设排水管并通至安全地点，在排水管上不允许装设任何阀门。

8）为防止安全阀的阀芯与阀座粘住，应定期对安全阀做手动或自动的放气或放水试验。

9）安全阀经过校验后，应加锁或铅封，并将校验结果填入锅炉技术档案。

（2）压力表

压力表用以测量锅炉运行时锅内的压力。有了压力表，作业人员才能正确操作锅炉，保证锅炉安全运行。锅炉常用的压力表是弹簧管式压力表，它具有结构简单、使用方便和准确可靠等优点。

压力表的安全技术要求有以下几个方面。

1）压力表应装在便于观察和温度较低的地方。如果压力表装在靠近高温的地方，它的传动机构受热后所产生的变形将影响指示压力的准确度。所以压力表的安装地点应尽可能远离高温蒸汽管道或易受辐射的地方，并且要有充分的照明，使锅炉作业人员随时都能看到它所指示的气压。

2）压力表下方应装有存水弯管（U形或圆环形），使蒸汽在弯管内凝。这样作用于压力表的是凝结水而不是高温蒸汽。如果不装存水弯管，蒸汽直接冲入表中的弹簧弯管，将会损坏表内零件，或使指示的压力不准。

3）每台锅炉必须装有与锅筒蒸汽空间直接相连的压力表。压力表表盘大小应保证司炉工人清楚地看到压力指示值，表盘直径应不小于100 mm。压力表的装置校验应符合国家市场监督管理总局的规定。装用后每半年至少校验一次。压力表校验后应加铅封。

4）压力表必须准确、灵敏、可靠，符合《锅炉安全技术规程》（TSG 11—2020）的要求，并严格监视，严防超压事故的发生。

（3）水位表

水位表是用来监视锅筒内水位的重要安全装置。用水位表内显示的水位，表示锅筒内锅水的水位。司炉工人依次进行正确操作，保证锅炉安全运行。水位是按照“连通器内水面高度相等”的原理制成的。因此，运行时水位表必须与锅炉保持畅通。

水位表的安全技术要求有以下几个方面。

1）每台锅炉至少装两个彼此独立的水位表，以防水位表故障时无法显示水位。但蒸发量≤0.2 t/h 的锅炉，可以只装一个水位表。

2）水位表要装在便于观察的地方，并且要有足够的照明。水位表距离操作地面高于 6 m 时，应加装低地位水位表。低地位水位表连接管应单独接到锅筒上。连接管内径不得小于 18 mm。

3）水位表应有指示高度和最低安全水位的明显标志。水位表玻璃管（板）的最低可见部分应比最低安全水位低 25 mm，最高可见部分应比最高安全水位高 25 mm。

4）水位表和锅炉之间汽水连管长度≤500 mm 时，其内径不得小于 18 mm；汽水连管长度＞500 mm 时，其内径应适当加大。

5）汽水连管要水平布置，防止形成假水位。水位表上下接头中心线，应对准在一条直线上，以免使玻璃管扭曲破碎。

6）放水旋塞下面应装设接到地面的放水管。玻璃管式水位表应有安全防护罩，防止破裂时伤人。

7）玻璃管内径及旋塞内径均应大于或等于 8 mm。

8）水位表和锅筒之间的汽水连接管上，应避免装设阀门，如装有阀门，在运行时应将阀门全开，并予以铅封。

9）蒸发量≥2 t/h 的锅炉，应装设高低水位警报器。

2. 锅炉水质处理

（1）锅炉给水处理的重要性

在天然水中通常含有三种杂质，即悬浮杂质（如泥沙、油污等）、胶体杂质（如铁、铝、硅的氢氧化物等）及溶解杂质（如溶解气体、溶解盐类等）。这些杂质会使锅炉产生水垢和水渣、腐蚀锅炉的金属表面、引发锅水发泡及汽水共腾现象、导致蒸汽带水并污染蒸汽，有时还可使过热器积盐结垢，进而造成过热爆管事故。特别是水垢的形成，不但浪费燃烧、损坏受热面，还能破坏水循环，缩短锅炉的使用寿命。在锅炉中形成水垢的原因是水在加热过程中，某些钙、镁盐发生化学反应生成难溶物质析出；且这些钙、镁盐的溶解度随水温升高而下降，达到饱和浓度后析出；锅水不断蒸发浓缩后，难溶盐类形成沉淀。

（2）水质指标和水质标准

水质指标是表示水的质量好坏的技术指标，根据用水要求和杂质的特性制定。锅炉用水的水质指标主要有以下几种。

1）悬浮物是指在规定试验条件下，将水过滤分离得到的不溶于水的物质的含量。

2）含盐量是指溶于水中全部盐类的总含量。常用溶解固形物含量代表。

3）硬度是指水中溶解的钙、镁盐的总含量。硬度又有暂时硬度和永久硬度之分。暂时硬度是水中钙、镁的碳酸氢盐含量；永久硬度是水中非碳酸盐硬度，包括钙、镁的硫酸盐和氯化物等。

4）pH 值是指水中氢离子含量的常用对数的负值。

5）碱度是指水中由于离解或者水解而使氢氧根浓度增加的物质总含量。

水质标准是水质指标要求达到的合格范围，由锅炉蒸发量、工作压力、蒸汽温度、水处理工艺等多方面情况制定。

（3）水处理方法

目前锅炉水处理从两方面进行：一是锅炉内水处理，二是锅炉外水处理。

1）锅炉内水处理是指通过向锅炉给水投加一定量的软水剂（防垢剂）使锅炉给水中的结垢物质软化，成为泥垢（水渣）通过排污把泥垢从锅炉内排出。从而达到减缓或防止水垢结生的目的。常用的软水剂有碳酸钠、氢氧化钠、磷酸钠、六偏磷酸钠等。

2）锅炉外水处理是指对进入锅炉之前的给水预先进行的各种处理，是锅炉水质处理的主要方式。锅炉外水处理包括除去水中悬浮物及胶体状杂质的过滤和沉淀；除去水中可结垢的钙、镁离子使水软化；对碱度高的水进行降碱处理；当锅炉额定蒸发量≥6 t/h（或额定热功率≥4.2 MW）时，还必须除氧。

软化处理是低压锅炉最主要的锅外水处理手段。目前最常用的方法是钠离子交换软化法，即使水与交换剂接触，以交换剂中的钠离子置换水中的钙、镁离子，降低水的硬度，即降低钙、镁离子的含量。

3. 锅炉的安全管理

（1）点火前的检查

1）炉内检查。燃烧室内部无杂物和积灰，烟道隔墙无短路，受热面清洁，水冷壁、对流管束、排污管完好，看火孔、人孔完整，炉墙无裂缝，喷燃器工作正常。

2）烟道检查。烟道清洁无积灰，挡板灵活密封性好。

3）进入炉膛和烟道检查时，必须指定专人在外监护。

4）炉火检查。炉墙、看火孔、人孔严密无漏，调风器灵活，各部保温完整无损，各种部件、零件齐全，梯子、栏杆完好，通道无杂物堆积，照明设备完好；防爆门完好；安全阀有校验标签而且完好灵敏。

5）两侧水位表水位指示一致，无泄漏，显示液位清楚，照明充足，各管道支架、吊架完整牢固，保温层完整。

6）取样和加药设备及附件良好。

7）压力表、温度表、水位表警示标志规范，各种仪表完整、灵活、准确，照明充足。

（2）点火前的准备

1）检查完毕后，开始向锅炉上水，给水温度应符合说明书的要求，上水应缓慢，夏季不少于 2 h，冬季不少于 3 h。

2）水位升到水位表三分之一处应停止上水，检查孔、盖及法兰结合面，堵头和放水阀等有无渗、漏水现象，若水位有降低现象，必须查明故障原因，及时排除。

3）新安装的锅炉和炉墙重新砌筑后的锅炉必须进行烘炉工作。待烘锅炉有关系统（管线）与其他正在检修或安装的锅炉必须隔开。烘炉的温度、锅炉压力、烘炉的时间必须按厂家使用说明书的要求进行。

（3）锅炉点火

1）检查各系统设备处于待启动状态，各阀门开关位置正确，燃气、燃油符合要求，各仪表指示正确。按点火顺序点火，点火时应将风机挡板关到最小，开启烟道挡板，通风不少于15 min，根据不同炉型的操作步骤进行点火。

2）点火应注意监视燃烧情况，若点火不着或发生灭火时，应立即停止供应燃料，停止点火，开大引风挡板，按规定通风后重新点火。点火时，人站在火门侧面，严禁先开燃料阀门后点火。

3）锅炉投入运行时，热水锅炉应先启动循环水泵，待系统充分循环后才能提高炉温。

（4）运行中的调整

1）司炉工人必须做到“五勤”“六稳”，即勤检查、勤看火、勤联系、勤分析、勤调整和气压、气温、汽包水位稳，风压燃烧稳，燃料稳，增减负荷稳。

2）水位保持在低于水位表上部可见边缘 25 cm，高于水位表下部可见边缘 25 cm 的范围内，调节水位应缓慢、均匀，水位表保持灵活完好，每班至少要冲洗水位表 2 次，水位报警器每交班时进行一次音响灯光（报警）试验。

（5）排污

1）锅炉排污由化验员现场监视，排污后应进行全面检查，确认各排污阀关闭严密。

2）排污应缓慢进行，防止水冲击，如管道发生严重振动，应停止排污，待故障排除后进行排污。

3）在排污过程中，如锅炉发生事故，应立即停止排污，但水位过高和汽水共腾时除外。

4）排污时应专人看管，严禁脱离岗位。

（6）停炉操作

1）司炉工人与司助工人协调后，方可进行停炉操作。

2）首先减少燃煤量；然后减少风量，直到负荷降至零后，关闭主气阀；最后停止送风，5 min 后停止引风。

3）关闭烟道挡板，密封各炉门、人孔等。

4）锅炉熄火后，当蒸气压力超过工作压力时，应开启排气阀或向锅炉内加水并进行排污，但锅炉应没有明显的冷却。

5）锅炉压力未降至零时，要保持正常水位，化工操作人员不得离岗。

五、气瓶安全技术

气瓶是指在正常环境下（−40～60 ℃）可重复充气使用的，公称工作压力为 1.0～30 MPa（表压），公称容积为 0.4～1 000 L 的盛装永久气体、液化气体或溶解气体的无缝、焊接的密闭移动式压力容器。

1. 气瓶的分类

（1）按照公称工作压力

1）高压气瓶是指公称工作压力大于或者等于 10 MPa 的气瓶。

2）低压气瓶是指公称工作压力小于10 MPa的气瓶。

（2）按照公称容积

1）小容积气瓶是指公称容积小于或者等于12 L的气瓶。

2）中容积气瓶是指公称容积大于12 L并且小于或者等于150 L的气瓶。

3）大容积气瓶是指公称容积大于150 L的气瓶。

（3）按制造方法

1）焊接气瓶由用薄钢板卷焊的圆柱形筒体和两端的封头组焊而成。焊接气瓶多用于盛装低压液化气体，如液化二氧化硫等。

2）管制气瓶是用无缝钢管制成的无缝气瓶。它两端的封头是将钢管加热放在专用机床上通过旋压或挤压等方式收口成形的。

3）冲拔拉伸制气瓶是将钢锭加热后先冲压出凹形封头，后经过拉拔制成敞口的瓶坯，再按照管制气瓶的方法制成顶封头及接口管等。

4）缠绕式气瓶是由铝制的内筒和内筒外面缠绕一定厚度的无碱玻璃纤维构成的。铝制内筒的作用是保证气瓶的气密性。气瓶的承压强度依靠内筒外面缠绕成一体的玻璃纤维壳壁（用环氧酚醛树脂等作为黏结剂）。由于壳体材料容易“老化”，所以使用寿命一般不如钢制气瓶。

（4）按盛装介质的物理状态

1）永久性气体气瓶。临界温度低于 −10 ℃的气体称为永久性气体，盛装永久性气体的气瓶称为永久性气体气瓶。如盛装氧气、氮气、空气、一氧化碳及惰性气体等的气瓶均属此类。其常用标准压力系列为15 MPa、20 MPa、30 MPa。

2）液化气体气瓶。临界温度等于或高于 −10 ℃的各种气体，它们在常温、常压下呈气态，经加压和降温后变为液体。在这些气体中，有的临界温度较高（高于70 ℃），如硫化氢、氨、丙烷、液化石油气等，称为高临界温度液化气体，也称为低压液化气体。储存这些气体的气瓶为低压液化气体气瓶。在环境温度下，低压液化气体始终处于气液两相共存状态，其气相的压力是相应温度下该气体的饱和蒸气压。按最高工作温度为60 ℃考虑，所有高临界温度液化气体的饱和蒸气压均在5 MPa以下，所以，这类气体可用低压气瓶充装。其常用标准压力系列为1.0 MPa、1.6 MPa、2.0 MPa、3.0 MPa、5.0 MPa。

3）溶解气体气瓶。这种气瓶是专门用于盛装乙炔的气瓶。由于乙炔气体极不稳定，特别是在高压下，很容易聚合或分解，液化后的乙炔稍有振动即会引起爆炸，所以不能以压缩气体状态充装，必须把乙炔溶解在溶剂（常用丙酮）中，并在内部充满多孔物质（如硅酸钙多孔物质等）作为吸收剂。溶解气体气瓶的最高工作压力一般不超过3.0 MPa，其安全问题具有特殊性，如乙炔气瓶内的丙酮喷出，会引起乙炔气瓶带静电，造成燃烧、爆炸、丙酮消耗量增加等危害。

2. 气瓶的颜色标志

气瓶的颜色标志是指气瓶外表面的瓶色、字样、字色和色环。

颜色标志有以下两方面作用。

（1）为了便于识别气瓶充填气体的种类和气瓶的压力范围，避免在充装、运输、使用和定期检验时混淆而发生事故。

（2）防止气瓶锈蚀。

国家对气瓶的颜色和字样作了明确的规定。表 4－4 是几种常用气瓶的颜色标志。

表 4－4　　常用气瓶的颜色标志

序号	介质名称	化学式	瓶色	字样	字色	色环
1	氧	O_2	淡（酞）蓝	氧	黑	P=20MPa，白色单环 $P \geqslant$30MPa，白色双环
2	氮	N_2	黑	氮	淡黄	
3	乙炔	C_2H_2	白	乙炔 不可近火	大红	
4	二氧化碳	CO_2	铝白	液化二氧化碳	黑	P=20MPa，黑色单环
5	氩（液体）	Ar	银灰	液氩	深绿	
6	六氟化硫	SF_6	银灰	液化六氟化硫	黑	P=12.5MPa，黑色单环

3. 气瓶的安全附件

（1）安全泄压装置

气瓶的安全泄压装置是为了防止气瓶在遇到火灾等高温时，瓶内气体受热膨胀而发生破裂爆炸。

气瓶常见的安全泄压装置有爆破片和易熔塞。

1）爆破片装在瓶阀上，其爆破压力略高于瓶内气体因最高使用温度产生的温升压力。爆破片多用于高压气瓶上，有的气瓶不装爆破片。《气瓶安全监察规定》对是否必须装设爆破片，未作明确规定。气瓶装设爆破片有利有弊，一些国家的气瓶不采用爆破片这种安全泄压装置。

2）易熔塞一般装在低压气瓶的瓶肩上，当周围环境温度超过气瓶的最高使用温度时，易熔塞的易熔合金熔化，瓶内气体排出，避免气瓶爆炸。

（2）其他附件

其他附件有防震圈、瓶帽、瓶阀等。

1）防震圈。气瓶装有两个防震圈，是气瓶瓶体的保护装置。气瓶在充装、使用、搬运过程中，常常会因滚动、震动、碰撞而损伤瓶壁，以致发生脆性破坏。这是气瓶发生爆炸事故常见的一种直接原因。

2）瓶帽。瓶帽是瓶阀的防护装置，它可避免气瓶在搬运过程中因碰撞而损坏瓶阀，保护出气口螺纹不被损坏，防止灰尘、水分或油脂等杂物落入阀内。

3）瓶阀。瓶阀是控制气体出入的装置，一般是用黄铜或钢制造。充装可燃气体的气瓶的瓶阀，其出气口螺纹为左旋；盛装助燃气体的气瓶的瓶阀，其出气口螺纹为右旋。瓶阀的这种结构可有效地防止可燃气体与非可燃气体的错装。

4. 气瓶的安全管理

（1）充装安全

气瓶的正确充装是保证气瓶安全使用的关键之一，充装不当，如气体混装、超量充装都是危险的。

1）禁止气体混装。气体混装是指同一气瓶装入两种气体或液化气体。最常见的混装现象是氧气等助燃气体与可燃气体混装，如原来充装可燃气（如氢、甲烷等）的气瓶，未经过置换、清洗等处理，并且瓶内还有余气，又用来充装氧气。若此两种气体在适宜的条件下发生化学反应，将会造成严重的爆炸事故。因此，绝不允许气体混装。

2）禁止气瓶超装。超装也是气瓶破裂爆炸的常见原因。充装过量的气瓶受到周围环境温度的影响，尤其是在夏天，气瓶内的液化气体因升温，体积迅速膨胀，使瓶内压力急剧增大，造成气瓶破裂爆炸。

为防止气瓶超装，应做好以下几个方面的工作：充装工作应由专人负责，充装人员应定期接受安全教育和考核；充装人员应认真操作，不得擅自离岗，同时注意抽空余液，核实瓶重；用于液化气体灌装的称量器具至少每 3 个月校验 1 次，所用称量器具的最大称量值为常用量值的 1.5～3 倍；按瓶立卡，认真记录；灌装气瓶应有专人负责重复过磅；装置自动计量设备的，超量能自动报警并切断阀门。

（2）储存安全

1）气瓶应置于专用仓库储存，须遵守国家危险品储存法规，气瓶仓库应符合《建筑设计防火规范（2018 年版）》（GB 50016—2014）的有关规定，必须配备有专业知识的技术人员，其库房和场所应设专人管理，配备可靠的个体防护装备，并设置“危险”“严禁烟火”的标志。

2）仓库内不得有地沟、暗道，不得有明火和其他热源，仓库内应通风、干燥、避免阳光直射；储存仓库和储存间应有良好的通风、降温等设施，不得有地沟、暗道和底部通风孔，并且严禁任何管线穿过，应避免阳光直射，避开放射性射线源。应保证气瓶瓶体干燥。夏季应防止暴晒。

3）盛装易起聚合反应或分解反应气体的气瓶，必须根据气体的性质控制仓库内的最高温度、规定储存期限，并应避开放射线源。容易起聚合反应气体的气瓶，必须规定储存期限。

4）空瓶与实瓶应分开放置，并有明显标志，毒性气体气瓶和瓶内气体相互接触能引起燃烧、爆炸、产生毒物的气瓶，应分室存放，并在附近设置防毒用具或灭火器材。必须与爆炸物品、氧化剂、易燃物品、自燃物品、腐蚀性物品隔离储存。

5）气瓶放置应整齐，应保持直立放置，妥善固定，且应有防止倾倒的措施。

6）实瓶的储存数量应有限制，在满足当天使用量和周转量的情况下，应尽量减少储存量。

7）瓶库账目清楚，数量准确，按时盘点，账物相符。

8）建立并执行气瓶进出库制度。

（3）使用安全

气瓶使用不当或维护不好可以直接或间接造成爆炸、着火燃烧或中毒伤亡事故。使用气瓶应遵守下列规定。

1）使用气瓶者应学习气体与气瓶的安全技术知识，在技术熟练人员的指导监督下进行操作练习，合格后才能独立使用。

2）使用气瓶前应进行全面检查，确认气瓶、气体为工作需要且质量完好，瓶体套有防震圈方可使用。

3）使用气瓶时，一般应立放（乙炔瓶严禁卧放使用），或使用专用气瓶车，不得靠近火源。气瓶与明火距离不得小于 10 m，可燃与助燃气体气瓶之间的距离不得小于 5 m。

4）气瓶使用不得直接从气瓶笼中接管使用，必须将要使用的气瓶从气瓶笼中移出固定再使用，或保证气瓶笼中只有一个气瓶。

5）应选择安全的场所设置乙炔气瓶，不得靠近热源及电气设备；乙炔气瓶应竖直摆放，防止丙酮流出造成燃烧爆炸；一旦要使用已卧放的乙炔气瓶，必须先直立静止 20 min 后再使用。

6）气瓶要防止暴晒、雨淋、水浸，禁止敲击、碰撞气瓶，严禁在瓶上焊接、引弧，不准用气瓶做支架，瓶体温度不得超过 40 ℃。

7）乙炔气瓶必须装有回火阀、压力表，乙炔从瓶内输出的压力不得超过 0.15 MPa，瓶内乙炔严禁用尽。

8）注意操作顺序。开启瓶阀应轻缓，操作人员应站在瓶阀出口的侧面。关闭瓶阀应轻而严，不能用力过大，以免关得太紧、太死。

9）注意保持气瓶及附件清洁、干燥，防止沾染油脂、腐蚀性介质、灰尘等。

10）气瓶使用者不得修理、改造或改装气瓶，不得擅自拆卸气瓶上的瓶阀等附件。严禁改变气瓶颜色、标记等。

11）必须使用专用气带，气带不得有破损、裂纹，各种气体的气带不得混用。

12）气带使用前，必须进行检查，防止漏气；气带不得沾有油脂，不得触及灼热金属或尖锐物体。

13）使用卡箍牢固绑扎气带，不得使用铁丝等其他材料绑扎气带。

14）气带要定期检查，定期更换老化气带。

（4）气瓶的定期检验

气瓶的定期检验，应由取得检验资格的专门单位负责进行。未取得资格的单位和个人，不得从事气瓶的定期检验工作。

各类气瓶的检验周期为：

1）盛装腐蚀性气体的气瓶、潜水气瓶以及常与海水接触的气瓶，每 2 年检验一次；

2）盛装一般气体的气瓶，每 3 年检验一次；

3）盛装惰性气体的气瓶，每 5 年检验一次；

4）液化石油气钢瓶，按国家标准《液化石油气钢瓶定期检验与评定》（GB 8334—2022）的规定检验；

5）低温绝热气瓶，每 3 年检验一次；

6）车用液化石油气钢瓶每 5 年检验一次，车用压缩天然气钢瓶，每 3 年检验一次。

气瓶在使用过程当中，发现有严重腐蚀、损伤或对其安全可靠性有怀疑时，应提前进行检验。

库存和使用时间超过一个检验周期的气瓶，启用前应进行检验。气瓶检验单位，对要检验的气瓶逐只进行检验，并按照相关规定出具检验报告。未经检验和检验不合格的气瓶不得使用。

气瓶定期检验的项目有以下几种。

1）外观检查。气瓶外观检查的目的是要查明气瓶是否有腐蚀、裂纹、凹陷、鼓包、磕伤、划伤、倾斜、筒体失圆、颈圈松动、瓶底磨损及其他缺陷，以确定气瓶能否继续使用。

2）音响检查。外观检查后，应进行音响检查，其目的是通过音响判断瓶内腐蚀状况和有无潜在的缺陷。

3）瓶口螺纹检查。用肉眼或放大镜观察螺纹状况，并使用锥螺纹塞规进行测量。要求螺纹表面不得存在严重锈蚀、磨损或明显的跳动波纹。

4）内部检查。气瓶内部检查，在没有内窥镜的情况下，可采用6～12 V电压的小灯泡，借灯光从瓶口目测。如发现瓶内的锈层或油脂未被除去，或落入瓶内的泥沙、锈粉等杂物未被洗净，必须将气瓶返回清理工序重新处理。注意检查瓶内容易腐蚀的部位，如瓶体的下半部。还应注意瓶壁有无制造时留下的损伤。

5）重量和容积的测定。测定气瓶重量和容积的目的，是进一步鉴别气瓶的腐蚀程度是否影响其强度。

6）水压试验。水压试验是气瓶定期检验中的关键项目，即使上述各项检查都合格的气瓶，也必须再经过水压试验，才能最后确定是否可以继续使用。水压试验的方法有两种，即外测法气瓶容积变形试验和内测法气瓶容积变形试验。

7）气密性试验。通过气密性试验来检查瓶体、瓶阀、易熔塞、盲塞的严密性，尤其是盛装毒性和可燃性气体的气瓶，更不能忽视这项试验。气密性试验可用经过干燥处理的空气、氮气作为加压介质。气密性试验的方法有两种，即浸水法试验和涂液法试验。

【知识拓展】

压力容器的定期检验

1. 外部检查

外部检查是指在用压力容器运行中的定期在线检查，每年至少1次。外部检查可由检验单位有资格的压力容器检验员进行，也可由经安全监察机构认可的使用单位压力容器专业人员进行。外部检查以宏观检查为主，必要时可进行测厚、壁温检查和腐蚀介质含量测定。外部检查的目的是及时发现压力容器在外表及操作工艺方面存在的不安全因素，确定压力容器能否在保证安全的情况下继续运行。

2. 内外部检验

内外部检验是指在用压力容器停机时的检验。内外部检验应由检验单位有资格的压力容器检验员进行。其检验周期分为：安全状况等级为一、二级的，每6年至少1次；安全状况等级为三级的，每3年至少1次。内外部检验的目的是尽早发现压力容器内外部所存在的缺陷，包括在本次运行中新产生的缺陷以及原有缺陷的发展情况，以确定压力容器能否继续运行和保证压力容器安全运行所必须采取的相应措施。内外部检验以宏观检查、壁厚测定为主，必要时可采取表面检测、射线检测、超声波检测、硬度测定、金相检验、应力测定、声发射检测、耐压试验等检验方法。

3. 耐压试验

耐压试验是指压力容器停机检验时，所进行的超过最高工作压力的液压试验或气压试验。对固定式压力容器，每 2 次内外部检验期间内，至少进行 1 次耐压试验。耐压试验的主要目的是检验压力容器的强度，即验证它是否具有保证在设计压力下安全运行所必需的承压能力。压力容器的耐压试验可以防止存在严重缺陷的压力容器继续投入使用；也可改善缺陷处的受力情况；还可通过试验发现一些产生泄漏的小缺陷，并及早予以消除。

思考与练习

一、单项选择题

1. 高压容器的压力范围是（　　）。

A. 10.0 MPa＜p＜100 MPa　　B. 10.0 MPa＜p ≤100 MPa

C. 10.0 MPa≤P＜100 MPa

2. 根据《固定式压力容器安全技术监察规程》，压力容器的安全阀定期检验周期一般为（　　）。

A. 每 1 年　　B. 每 2 年　　C. 每 3 年　　D. 每 5 年

3. 氧气瓶瓶体颜色是（　　）。

A. 蓝色　　B. 白色　　C. 铝白　　D. 淡蓝

4. 锅炉的三大安全附件是（　　）。

A. 安全阀、压力表、水位表　　B. 温度计、压力表、水位表

C. 安全阀、温度计、水位表　　D. 安全阀、压力表、温度计

5. 气瓶在使用前应进行（　　）检查。

A. 外观　　B. 压力　　C. 阀门　　D. 所有以上选项

二、填空题

1. 根据压力容器在生产工艺过程中的作用，压力容器可分为________、________、________和________。

2. 最常用的安全附件有________、________和________。

3. 爆破片是一种断裂型的________装置。

三、简答题

1. 简述气瓶的安全使用要点。
2. 简述锅炉的安全使用要点。

任务四　工业毒物及防毒技术

学习目标

1. 了解工业毒物及其危害。
2. 掌握急性中毒救护的基本原则。
3. 了解工业毒物的防毒技术。
4. 能根据生产实际正确应用防毒技术的能力。
5. 通过学习急性中毒的处理方法，培养学生敬业爱岗、严格遵守操作规程的职业道德。

任务引入

在化工生产过程中从生产的原材料到产品，中间产品到副产品，使用的一些辅助材料、催化剂、载热体以及“三废”等，有许多都是属于工业毒物。作为化工操作人员，有必要掌握一定的工业中毒的现场急救措施和预防工业中毒的基本知识。

任务分析

现在化工企业的毒物对作业人员以及周围居民的危害越来越大，为此要会辨识工业毒物以及控制毒物，并能采取相应的防治措施。

相关知识

一、工业毒物的分类及危害

1. 工业毒物的定义

工业毒物是指在工业生产中产生或使用的各种有毒物质，也称作生产性毒物。工业毒物来源于原材料、半成品、成品、中间产物、辅料及废气、废水、固体废物等，其形态可以为固体、液体或气体，其中对作业人员危害严重又难以控制的是在作业环境空气中存在的有毒、有害成分。

2. 工业毒物的分类

工业毒物有多种分类方法，目前较为普遍应用的有以下三种。

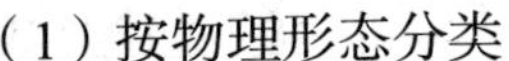

（1）按物理形态分类

1）气体是指在常温常压下呈气态的物质，如一氧化碳、氯气、氨气等。

2）蒸气是指液体蒸发、固体升华而形成的气态物质，如苯蒸气、多种有机溶剂的蒸气。

3）烟也称烟尘或烟气，为悬浮于空气中的固体微粒，其粒径一般小于 0.1 μm。在高分子聚合物热加工、金属熔炼及焊接、切割等生产过程中均有烟尘、烟气产生。

4）雾是指混悬于空气中的液体微粒。多由蒸汽冷凝或液体喷散而形成，如电镀、喷漆时产生的酸雾、漆雾等。

5）粉尘是指飘浮于空气中的固体微粒，其粒径多大于 0.1 m。在固体物料粉碎研磨过程中会产生大量粉尘。

在上述分类中，烟、雾、粉尘三类物质又统称为气溶胶。

（2）按化学类属分类

可分为无机毒物（如金属及其盐类、酸、碱等）和有机毒物（如有机溶剂、多种农药等）两大类。

（3）按毒作用性质分类

1）刺激性毒物，如酸气、氯、氨等。

2）窒息性毒物，如一氧化碳、硫化氢等。

3）麻醉性毒物，如某些芳香族化合物、醇类等。

4）全身性毒物，多为金属，如铅、汞等。

3. 工业毒物侵入人体的途径

工业毒物侵入人体有三种途径，即呼吸道、皮肤和消化道，如图 4－22 所示。生产过程中，工业毒物主要的途径是呼吸道，其次是皮肤，而消化道侵入得较少。

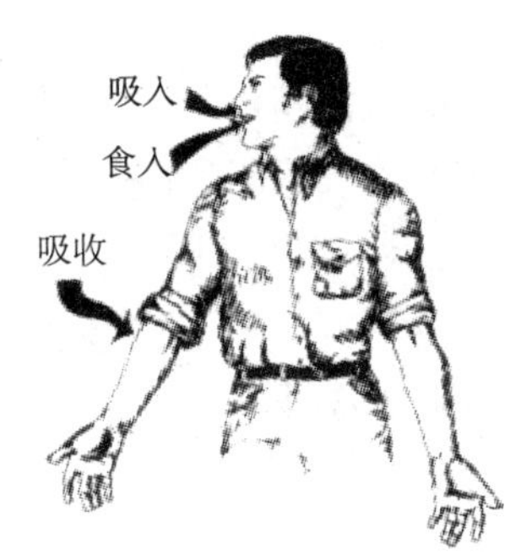

图 4－22 工业毒物侵入人体的途径

（1）经呼吸道侵入

呼吸道是工业毒物进入体内的最主要的途径。只要是以气体、烟、粉尘等形式存在的工业毒物，都可经呼吸道侵入人体。工业毒物一旦进入肺脏，会快速地通过肺泡壁进入血液而被运送到全身。

（2）经皮肤侵入

工业毒物通过完整的皮肤，经毛囊空间到达皮肤腺及腺体细胞而被吸收，一小部分还可

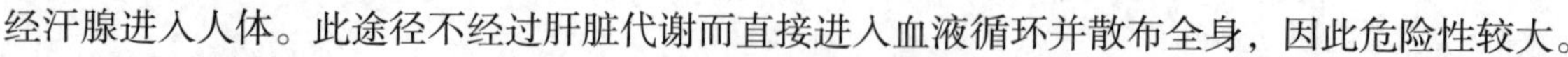

经汗腺进入人体。此途径不经过肝脏代谢而直接进入血液循环并散布全身，因此危险性较大。

（3）经消化道侵入

工业生产环境中，单纯由消化道吸收引起中毒较少见。脂溶性化合物和某些盐类，特别是氰化物，可以经口腔黏膜直接吸收。在胃液中溶解度高的工业毒物可以在胃内吸收。食入工业毒物的主要吸收部位是在小肠。经胃肠吸收后的工业毒物经血液循环分布全身。一旦侵入人体，危害性较大。

4. 工业毒物对人体的危害

工业毒物进入人体后，通过各种途径进入到身体的各组织或器官。中毒可分为急性中毒和慢性中毒两种情况。急性中毒表现为突发性。慢性中毒表现为潜伏性。由于毒物不同，作用于人体的不同系统，对各系统的危害也不同。

（1）对呼吸系统的危害：窒息状态、呼吸道炎症、肺水肿。

（2）对神经系统的危害：急性中毒性脑病、中毒性周围神经炎、神经衰弱症候群。

（3）对血液系统的危害：白细胞数变化、血红蛋白变性、溶血性贫血。

（4）对泌尿系统的危害：有很多毒物可引起肾脏损害，尤其是汞、四氯化碳、乙二醇等。

（5）对循环系统的危害：磷、四氯化碳、有机汞等中毒可引起急性心肌损害。

（6）对消化系统的危害：急性肠胃炎、中毒性肝炎。

二、工业毒物防治技术

生产过程中的密闭化、自动化是处理工业毒物危害的根本途径。以无毒、低毒的物料来代替有毒、高毒的物料是从根本上解决工业毒物危害的首选办法，但是有的有毒、高毒的物料是不可以替代的。因此，生产过程中控制工业毒物的卫生工程技术措施是非常重要的。

1. 物料和工艺

尽可能以无毒、低毒的工艺和物料代替高毒工艺和物料，是防毒的根本措施。如无铅印刷工艺，无氰电镀工艺，用甲醛酯、醇类、醋酸乙酯等低毒稀料取代含苯稀料。

2. 工艺设备

生产装置及工艺设备应密闭化、管道化，尽可能实现负压，防止有毒物质泄漏、外溢。生产过程机械化、程序化和自动控制可使作业人员不接触或少接触有毒物质、防止误操作造成的中毒事故。

3. 通风净化

受技术及经济条件限制，仍然存在有毒物质逸散且自然通风不能满足要求时，应设置必要的机械通风排毒、净化装置，使生产场所达到卫生标准。通风净化分为局部通风和全面通风。局部通风具有效率高、节省风量等优点；全面通风应用比较广泛，但动力消耗较大。

4. 净化回收排出的气体

为防止大气污染，保护环境，从车间内排出的有害气体，需采取适当的净化处理措施。对经济价值较大的物质，应尽量回收。有害气体的净化方法主要有燃烧法、冷凝法、吸收法和吸附法。目前多采用吸收法和吸附法。

5. 个体防护措施

为了作业人员的安全和健康，个人防护显得尤为重要。因此，公司或企业都要有规章制度，而且要求作业人员严格执行。这样不仅是为了保护作业人员自身安全，而且也是为了保护其他人。

三、工业中毒的现场救护

1. 救护人员应做好个人防护。急性中毒发生时，工业毒物多由呼吸道和皮肤侵入体内，因此救护人员在进入毒区抢救之前，要做好个人呼吸系统和皮肤的防护，穿戴好防毒面具、氧气呼吸器和防护服。

2. 尽快切断工业毒物来源。救护人员进入事故现场后，除对中毒者进行抢救外，同时应采取果断措施（如关闭管道阀门、堵塞泄漏的设备等）切断毒物来源，防止工业毒物继续外溢。对于已经扩散出来的有毒气体或蒸气，应立即启动通风排毒设施或开启门、窗等，降低有毒物质在空气中的含量，为抢救工作创造有利条件。

3. 采取有效措施，尽快阻止有毒物质继续侵入人体。

4. 在有条件的情况下，采用特效药物解毒或对症治疗，维持中毒者主要脏器的功能。在抢救中毒者时，要视具体情况灵活掌握。

5. 出现成批急性中毒者时，应立即成立临时抢救指挥组织，以负责现场指挥。

6. 立即通知医院做好急救准备。通知时应尽可能说清是什么毒物中毒、中毒人数、侵入途径和大致病情。

7. 促进生命器官功能恢复。中毒者若停止呼吸，应立即进行人工呼吸。人工呼吸方法有俯卧压背式、振臂压胸式和口对口式。对心搏停止的中毒者应立即进行心肺复苏术（CPR）。

【知识拓展】

接触毒物作业人员的个体防护

1. 呼吸防护

正确使用呼吸防护器是防止有毒物质从呼吸道进入人体引起职业中毒的重要措施之一。需要指出的是，这种防护只是一种辅助性的保护措施，根本的解决办法还在于改善劳动条件，降低作业场所有毒物质的浓度。用于防毒的呼吸器材，大致可分为过滤式呼吸防护器和隔绝式呼吸防护器两类。

2. 皮肤防护

皮肤防护主要依靠个体防护装备，如工作服、工作帽、工作鞋、手套、口罩、眼镜等，这些个体防护装备可以避免有毒物质与人体皮肤的接触。对于外露的皮肤，则需涂上皮肤防护剂。由于工种不同，个体防护装备的配备也有所区别。作业人员应按工种要求穿用工作服等个体防护装备，对于裸露的皮肤，也应视其所接触的不同物质，采用相应的皮肤防护剂。

皮肤被有毒物质污染后，应立即清洗。许多污染物是不易被普通肥皂洗掉的，应按不同的污染物分别采用不同的清洗剂。但最好不用汽油、煤油作为清洗剂。

3. 消化道防护

防止有毒物质从消化道进入人体，一是要严格遵守有关规定，在有毒工作场所作业时，应按照规定不饮水、不吃食物，防止有毒、有害物质进入体内；二是增强安全防范意识，养成良好的卫生习惯，做到饭前洗手，注意搞好个人卫生。

思考与练习

一、单项选择题

工业毒物进入人体的途径有（　　）、皮肤、消化道三种。

A. 血液　　　　B. 唾液　　　　C. 呼吸道

二、填空题

1. 危险化学品对人体的毒害作用主要是通过________、________和________三种途径侵入人体内而被吸收，从而造成对人体组织器官的损害。

2. 中毒可分为________和________两种情况。

3. 有害气体的净化方法主要有________、________、________和________。

三、简答题

1. 工业毒物的危害有哪些？

2. 工业毒物防治技术有哪些？

3. 简述急性中毒的抢救措施。

任务五　化工生产其他过程安全技术

学习目标

1. 掌握化学灼烧及其防护。

2. 掌握电离辐射及其防护。

3. 掌握非电离辐射的卫生防护。

任务引入

你是某化工企业的现场操作员，某天接到班组长下发的任务，需要在巡检过程中能对生产现场产生的化学灼伤和辐射物质进行风险辨识，工作场地是现场装置，工作对象是装置中的介质，在辨识之前，需要了解相关的知识。

任务分析

灼伤和辐射是化工生产过程中的危险因素，为了预防伤害的发生，保证化工生产的正常运行，需要学习灼伤和辐射的基础知识及预防措施。

相关知识

一、灼伤的基础知识

1. 灼伤及其分类

身体受热源或化学物质的作用，引起局部组织损伤，并进一步导致病理和生理改变的过程称为灼伤。按发生原因的不同分为化学灼伤、热力灼伤和复合性灼伤。

（1）化学灼伤

凡由于化学物质直接接触皮肤所造成的损伤，均属于化学灼伤。例如，眼睛灼伤是眼内溅入碱金属、溴、磷、浓酸、浓碱等化学药品和其他具有刺激的物质对眼睛造成灼伤。

（2）热力灼伤

由于接触炙热物体、火焰、高温表面、过热蒸气等所造成的损伤称为热力灼伤。此外，在化工生产中还会发生由于液化气体、干冰接触皮肤后迅速蒸发或升华，大量吸收热量，以致引起皮肤表面冻伤。

（3）复合性灼伤

由化学灼伤和热力灼伤同时造成的伤害，或化学灼伤兼有的中毒反应等都属于复合性灼伤。例如，磷落在皮肤上引起的灼伤为复合性灼伤。由于磷的燃烧造成热力灼伤，而磷燃烧后生成磷酸会造成化学灼伤，当磷通过灼伤部位侵入血液和肝脏时，会引起全身磷中毒。

2. 引起化学灼伤的物质

（1）酸性物质

1）无机酸类，如硫酸、硝酸、盐酸、氢氟酸、氯磺酸、氢溴酸、氢碘酸等。

2）有机酸类，如甲酸（蚁酸）、乙酸、氯乙酸、二氯乙酸、三氯乙酸、溴乙酸、过氧乙酸、乙二酸（草酸）、丙烯酸、丁烯酸等。

3）酸酐类，如乙酸酐、丁酸酐等。

（2）碱类物质

1）无机碱类，如氢氧化钾、氢氧化钠、氨水、氧化钙（生石灰）等。

2）有机胺类，如甲胺、乙二胺、乙醇胺等。

（3）金属、类金属化合物

如黄磷、三氯化磷、三氯氧磷、三氯化锑、二氧化硒、二氯氧化硒、铬酸、重铬酸钾

（钠）等。

（4）其他

1）酚类，如苯酚、甲酚等。

2）醛类，如甲醛、乙醛、丙烯醛、丁烯醛等。

3）酰胺类，如二甲基甲酰胺等。

4）环氧化物、烃类、氯代烃类等。

3. 化学灼伤的原因

化学灼伤大多是由于设备故障、违章操作或个人防护不当等原因所造成的。

（1）设备故障

设备泄漏、管道阻塞、橡皮管接头脱落、破裂，玻璃仪器破碎或阀门失灵等常易造成物料溅出。

（2）违章操作

反应失控超温、压力过高、搬运时容器盖未盖紧或相互碰撞、工作时粗心大意开错阀门、未穿戴个体防护装备等。

（3）检修事故

检修时管道内残留料液溅出，配料、放料、清洗容器时料液溅出、爆炸等。

二、化学灼伤的现场急救

对化学灼伤的急救要分秒必争，尤其对头面部的灼伤，不仅要注意到皮肤，更重要的是眼睛。处理方法要正确，尽量减轻伤害的程度。

1. 化学性皮肤灼伤的处理步骤

（1）立即离开现场，迅速脱下被化学物质玷污的衣裤、鞋袜。

（2）立即用大量自来水或清水冲洗创面 15～30 min，冬季要注意保暖。

（3）酸性化学灼伤用 2%～5%（质量分数）碳酸氢钠（小苏打）溶液冲洗和湿敷；碱性化学灼伤用 2%～3%（质量分数）硼酸溶液冲洗和湿敷，还需用清水冲洗创面。

（4）黄磷烧伤时应用水冲洗、浸泡或用湿布覆盖创面，以隔绝空气，阻止燃烧。

2. 化学物质溅入眼内的处理方法

（1）千万不要急于送医院，应当首先在现场迅速进行冲洗，以免造成失明。冲洗时眼皮一定要扒开，闭着眼睛冲洗是劳而无功的。冲洗要有一定的水压及较大流量的水，才能使化学物质稀释或冲洗掉。另外也可把头部埋入水盆中，用手把眼皮掰开，眼球来回活动，使酸碱物质被冲洗掉。

（2）电石、生石灰（氧化钙）颗粒溅入眼内，应用蘸植物油或液状石蜡棉签去除颗粒，才能用水冲洗，否则遇水产生大量热反而加重灼伤。

处理化学灼伤，使用中和剂时要谨慎。因为酸、碱中和过程中能产生热量。有的中和剂本身也会刺激创面或吸收中毒。所以，创面首先用清水冲洗后，强碱灼伤用弱酸中和，强酸灼伤用弱碱中和，再用清水冲洗创面，冲去剩余的中和剂及防止发热。常见的化学灼伤急救处理方法见表 4-5。

表 4-5 常见的化学灼伤急救处理方法

灼伤物质名称	急救处理方法
碱类：氢氧化钠、氢氧化钾、氨、碳酸钠、碳酸钾、氧化钙	立即用大量水冲洗，然后用 2%（质量分数）乙酸溶液洗涤中和，也可用 2%（质量分数）以上的硼酸水湿敷。氧化钙灼伤时，可用植物油洗涤
酸类：硫酸、盐酸、硝酸、高氯酸、磷酸、乙酸、蚁酸、草酸、苦味酸	立即用大量水冲洗，再用 5%（质量分数）碳酸钠水溶液洗涤中和，然后用净水冲洗
碱金属、氰化物、氢氰酸	先用大量的水冲洗，再用 0.1%（质量分数）高锰酸钾溶液冲洗，最后用 5%（质量分数）硫化铵溶液冲洗
溴	应迅速用大量流动清水持续冲洗创面，再以 10%（质量分数）硫代硫酸钠溶液洗涤，最后涂碳酸氢钠糊剂
铬酸	先用大量水冲洗，然后用 5%（质量分数）硫代硫酸钠溶液或 1%（质量分数）硫酸钠溶液洗涤
氢氟酸	立即用大量水冲洗，直至伤口表面发红，再用 5%（质量分数）碳酸氢钠溶液洗涤，再涂以甘油与氧化镁（2∶1）悬浮剂，最后用消毒纱布包扎
磷	如有磷颗粒附着在皮肤上，应先将局部浸入水中，用刷子清除，不可将创面暴露在空气中或用油脂涂抹，再用 1%～2%（质量分数）硫酸铜溶液冲洗数分钟，然后以 5%（质量分数）碳酸氢钠溶液洗去残留的硫酸铜，最后用生理盐水湿敷，用绷带包扎好
苯酚	先用大量水冲洗或用 4 体积乙醇与 1 体积氯化铁（1/3 mol/L）混合液洗涤，再用 5%（质量分数）碳酸氢钠溶液湿敷
氯化锌、硝酸银	先用水冲洗，再用 5%（质量分数）碳酸氢钠溶液洗涤，最后涂油膏即磺胺粉
三氯化砷	先用大量水冲洗，再用 2.5%（质量分数）氯化铵溶液湿敷，最后涂上 2%（质量分数）二巯丙醇软膏
焦油、沥青（热烫伤）	先以棉花蘸乙醚或二甲苯，消除粘在皮肤上的焦油或沥青，然后涂上羊毛脂

三、化学灼伤的预防措施

化学灼伤常常是伴随生产中的事故或由于设备发生腐蚀、开裂、泄漏等造成的，与安全管理、操作、工艺和设备等因素有密切关系。因此，为避免发生化学灼伤，必须采取综合性管理和技术措施，防患于未然。

1. 制定完善的安全操作规程

对生产中所使用的原料、中间体和成品的物理化学性质，它们与人体接触时可造成的伤害作用及处理方法都应明确说明并作出规定，使所有作业人员都了解和掌握并严格执行。

2. 设置可靠的预防设施

在使用危险物品的作业场所，必须采取有效的技术措施和设施，这些技术措施和设施主要包括以下几个方面。

（1）采取有效的防腐措施

在化工生产中，由于强腐蚀介质的作用及生产过程中高温、高压、高流速等条件对机器设备会造成腐蚀，加强防腐，杜绝“跑、冒、滴、漏”是预防化学灼伤的重要措施。

（2）改革工艺和设备结构

使用具有化学灼伤危险物质的生产场所，在设计时就应先考虑防止物料外喷或飞溅的合理工艺流程、设备布局、材质选择及必要的控制、疏导和防护装置。

（3）加强安全性预测检查

使用先进的探测、检测仪器等定期对设备管道进行检查，及时发现并正确判断设备的损伤部位与损坏程度，及时消除隐患。

（4）加强安全防护设施

加强安全防护设施，如所有酸储槽和酸泵下部应修筑耐酸基础，为使腐蚀性液体不流洒在地面上，应修建地槽并加盖等。

（5）加强个人防护

在处理有化学灼伤危险的物质时，必须穿戴工作服和防护用具，如眼镜、面罩、手套、毛巾、工作帽等。

四、辐射及其防护

自然界中的一切物体，只要温度在绝对温度零度以上，都以电磁波的形式不断地向外传送热量，这种传送能量的方式称为辐射。按照辐射粒子能否引起传播介质的电离，把辐射分为电离辐射和非电离辐射。

1. 电离辐射

电离辐射是指一切能引起物质电离的辐射总称。电离辐射包括高能电磁辐射和粒子辐射，其中，高能电磁辐射是指 X 射线和 γ 射线产生的辐射；粒子辐射是指中子、α 粒子、β 粒子、质子、重离子等产生的辐射。

2. 电离辐射的来源

电离辐射通过各种各样的途径进入我们的生活。有的来自天然的过程，如地球上铀的衰变；有的来自人工的操作，如医学中使用的 X 射线。因此，可以按照电离辐射的来源将它们分为天然辐射和人工辐射。

天然辐射包括宇宙射线、来自地球本身的射线、空气中氡的衰变产物以及包含在食物及饮料中的各种天然存在的放射性核素。人工辐射包括医用 X 射线、来自大气核武器试验的放射性落灰、由核工业排出的放射性废物、工业用射线等。

3. 电离辐射对人体的危害

（1）导致视力下降

长时间接触电离辐射，可能会使晶状体蛋白质出现变性，通常电离辐射的损伤跟剂量成一定的正比，接触电离辐射的剂量越大，对眼睛的损害也就越大，症状较轻时可导致视力下降，严重时甚至会发生白内障。

（2）影响生殖系统

男性长期处于电离辐射环境中，可能会使精子质量严重下降。女性如果怀孕期间长时间处于电离辐射环境中，会导致流产的概率极大增加，也会增加胎儿畸形概率。

（3）中枢神经失调

电离辐射可能会损害中枢神经，导致中枢神经失调，症状较轻时可能会导致乏力、睡眠不佳等现象。严重时可能会出现头晕、呕吐等症状，长期接触可能会造成脑部组织的细胞活动能力减弱，从而发生记忆力减退或神经衰弱。

（4）诱发癌症

电离辐射若长期接触，可能会诱发癌症，因为经常接触电离辐射，可以加快人体癌细胞的增殖，所以患癌症的概率就会比较高，一旦长时间接触，通常发病的时间也会较快。

4. 电离辐射的防护措施

（1）时间防护

缩短受照时间。人体受到照射的累积剂量是随时间延长而增加的。在某些工作场合下，作业人员不得不在辐射场内进行工作，且可能持续一段时间，此时就必须采取轮流、替换的办法，限制每个人的操作时间，将每个人所受的剂量控制在限值以下。

（2）距离防护

增大与源的距离。人体受到照射的剂量率是随离开源的距离增大而减少的，特别是电离辐射源可视为点状的时候。因此在实际工作中，应尽量采取远距离操作。如采用不同功用的长柄器械或机械手进行远距离操作，使控制室或操作台与放射源有足够的距离等。

（3）屏蔽防护

设置防护屏障。在实际工作中虽然可以通过调节时间、距离来减少人体受到的剂量，但是为了达到电离辐射源预期的应用目的和保证对预定的照射程序的有效操作和控制，客观上不允许无限制地缩短受照时间和增大与电离辐射源的距离。在此种情况下为了达到有效的防护目的，常采取屏蔽防护措施，以屏蔽电离辐射源对人体造成的超过限量的辐射照射。常用的屏蔽材料只要所用物质其厚度足以将电离辐射衰减到所要求的水平，则大多数物质都可用作电离辐射的屏蔽材料，如水、砖、大理石、混凝土以及铅、铁等重金属和含铅制品。

5. 电离辐射事故处理原则

（1）应尽快消除有害因素的来源，同时将事故受照人员撤离现场。检查受照人员受危害的程度，并积极采取救护措施，同时向上级部门报告。

（2）根据电离辐射事故的性质，受照的不同剂量水平、不同病程，迅速采取相应对策和治疗措施。在抢救中应处理危及生命的外伤、出血和休克等，对估计受照剂量较大者应选用抗放射药物。

（3）对疑有体表污染的受照人员，应进行体表污染的监测，并迅速进行去污染处理，防止污染的扩散。

（4）对电离辐射事故受照人员逐个登记并建立档案，除进行及时诊断和治疗外，还应根据其受照情况和损伤程度进行相应的随访观察，以便及时发现可能出现的远期效应，达到早期诊断和治疗的目的。另外，还要根据外照射事故、内照射事故或放射性核素进入人体内等对受照人员采取相应的医学处理。

五、非电离辐射及其防护

1. 非电离辐射

不能使生物组织发生电离作用的辐射叫非电离辐射，如射频辐射、红外线辐射、紫外线辐射、激光等。

2. 非电离辐射的来源及其危害

（1）射频辐射

射频辐射称为无线电波，量子能力很小。按波长和频率，射频辐射可分成高频电磁场、超高频电磁场和微波三个波段。

高频作业包括高频感应加热，如金属的热处理、表面淬火、金属熔炼、热轧及高频焊接等。

工人作业地带的高频电磁场主要来自高频设备的辐射源，如高频振荡管、电容器、电感线圈及馈线等部件。无屏蔽的高频输出变压器是工人操作岗位的主要辐射源。

微波作业，如微波加热广泛用于食品、木材、皮革及茶叶等加工，医药与纺织印染等行业。烘干粮食、处理种子及消灭害虫是微波在农业方面的重要应用。医疗卫生上主要用于消毒、灭菌与理疗等。

生产场所接触微波辐射多由于设备密闭结构不严，造成微波能量外泄或由各种辐射结构（天线）向空间辐射的微波能量。

一般来说，射频辐射对人体的影响不会导致组织器官的器质性损伤，主要引起功能性改变，并具有可逆性特征，在停止接触数周或数月后往往可恢复。但在大强度长期射频辐射作用下，心血管系统的症候持续时间较长，并有进行性倾向。

（2）红外线辐射

在生产环境中，加热金属、熔融玻璃及强发光体等可成为红外线辐射源。炼钢工、铸造工、轧钢工、锻钢工、玻璃熔吹工、烧瓷工及焊接工等可受到红外线辐射。红外线辐射对机体的影响主要是皮肤和眼睛。

（3）紫外线辐射

生产环境中，物体温度达 1 200 ℃以上的辐射电磁波谱中即可出现紫外线。随着物体温度的升高，辐射的紫外线频率增高，波长变短，其强度也增大。常见的辐射源有冶炼炉（如高炉、平炉、电炉等）、电焊、氧乙炔气焊、氩弧焊和等离子焊接等。

强烈的紫外线辐射作用可引起皮炎，表现为弥漫性红斑，有时可出现小水泡和水肿，并有发痒、烧灼感。在作业场所比较多见的是紫外线对眼睛的损伤，即由电弧光照射所引起的职业病——电光性眼炎。此外在雪地作业、航空航海作业时，受到大量太阳光中紫外线照射，可引起类似电光性眼炎的角膜、结膜损伤，称为太阳光眼炎或雪盲症。

（4）激光

激光不是天然存在的，而是用人工激活某些活性物质，在特定条件下受激发光的。激光也是电磁波，属于非电离辐射。被广泛应用于工业、农业、国防、医疗和科研等领域。在工业生产中主要利用激光辐射能量集中的特点，用于焊接、打孔、切割和热处理等。在农业中，激光可应用于育种、杀虫。

激光对人体的危害主要是由它的热效应和光化学效应造成的。激光对皮肤损伤的程度取决于激光强度、频率、肤色深浅、组织水分和角质层厚度等。

3. 非电离辐射的防护措施

（1）场源屏蔽

利用可能的方法，将电磁能量限制在规定的空间内，阻止其传播扩散。要寻找屏蔽辐射源，如高频感应加热介质，电磁场的辐射源为振荡电容器组、高频变压器、感应线圈、馈线和工作电极等；又如高频淬火的主要辐射源是高频变压器，金属熔炼的辐射源是感应炉，黏合塑料作业的辐射源是工作电极。通常振荡电路系统均设置在机壳内，只要接地良好且不打开机壳，发射出的场强一般很小。

屏蔽材料要选用铜、铝等金属材料，利用金属的吸收和反射作用，使操作地点的电磁场强度减低。屏蔽罩应有良好的接地，以免成为二次辐射源。

微波辐射多为机器内的磁控管、调速管、导波管等因屏蔽不好或连接不严密而泄漏。因此微波设备应有良好的屏蔽装置。

（2）远距离操作

在屏蔽辐射源有困难时，可采用自动或半自动的远距离操作，在场源周围设有明显标志，禁止人员靠近。根据微波发射有方向性的特点，工作地点应置于辐射强度最小的部位，避免在辐射流的正前方工作。

（3）个人防护

在难以采取其他措施时，短时间作业可穿戴专用的防护衣帽和眼镜。

【知识拓展】

预防电磁辐射

电磁辐射是由电子或电子周围的粒子加速而产生的一种能量传播，无论是来自电视、电脑等常见的电器设备，都会向周围空间释放电磁辐射。为了减少电磁辐射对人体的影响，可以采取以下措施进行屏蔽。

1. 选择低辐射电器

在购买家用电器时，要选择低辐射的产品，尽量选用有辐射测试合格证书的产品。

2. 远离电器

在使用电器设备时，尽量保持距离，减少暴露在辐射源附近的时间。

3. 减少使用无线通信设备

尽量减少使用手机、无线网络等无线通信设备，或者改用耳机、免提等辐射较小的方式进行通信。

4. 使用防辐射材料

可以在家庭、办公室环境中，使用一些混合材料的防辐射隔离产品，如防辐射窗帘、防辐射床品等。

5. 种植绿植

因为绿植可以吸收一部分电磁辐射，所以可以在家庭和办公室中种植一些绿植，如吊兰、常春藤等。

6. 屏蔽电磁波干扰

使用电磁屏蔽材料，如银纤维纱、铜纤维纱等，制作电磁屏蔽窗帘等，减少电磁波的干扰。

通过上述方法，可以有效减少电磁辐射对人体的影响，保护自己和家人的健康。也应该从根源上减少使用电器设备，避免不必要的电磁辐射暴露。

思考与练习

一、单项选择题

1. 以下物质不属于化学灼伤的范畴的是（　　）。

A. 强酸　　B. 强碱　　C. 重金属盐　　D. 酒精

2. 从电离辐射产生的来源可将辐射源分为天然辐射和（　　）。

A. 核电厂　　B. 医疗照射　　C. 氡照射　　D. 人工辐射

3. 化学灼伤后，以下处理措施错误的是（　　）。

A. 立即用大量清水冲洗　　B. 尽快就医

C. 用布擦拭　　D. 使用中和剂

4. 下列辐射是电离辐射的是（　　）。

A. γ 射线　　B. 无线电波　　C. 可见光　　D. 微波

5. 下列辐射防护方法错误的是（　　）。

A. 增加与辐射源的距离　　B. 采用屏蔽材料

C. 提高辐射检测设备的灵敏度　　D. 直接面对辐射源

二、填空题

1. 灼伤按发生原因的不同分为________、________和________。

2. 按照辐射粒子能否引起传播介质的电离，把辐射分为________和________两大类。

3. 电离辐射的防护措施包括________、________和________。

三、简答题

1. 举例说明常见化学灼伤致伤物的种类。

2. 简述电离辐射的防护措施。

项目五

危险化学品基本知识

化学品在工业、农业、国防、科技等领域得到了广泛的应用，目前全世界已有的化学品多达700万种，现在每年全世界新出现的化学品有1 000多种。由于当今社会使用化学品种类及数目不断增加，其中的危险化学品在生产、经营、存储、运输、使用和废弃的过程中，若处理不当、疏于管理，会对人类和环境造成危害。

任务一　危险化学品的分类和特性

学习目标

1. 掌握危险化学品的分类。
2. 掌握危险化学品的特性。
3. 能正确判断危险化学品的种类及其危险性。

任务引入

你是某化工企业的现场操作员，某天接到班组长下发的任务，需要在巡检过程中对现场危险化学品进行风险辨识，工作场地是现场装置，工作对象是装置中的介质，在辨识之前，需要对各种危险化学品进行前期学习，了解相关的知识。

任务分析

危险化学品早已广泛应用于民众生活的方方面面，在一定条件下它们是安全的，但是当

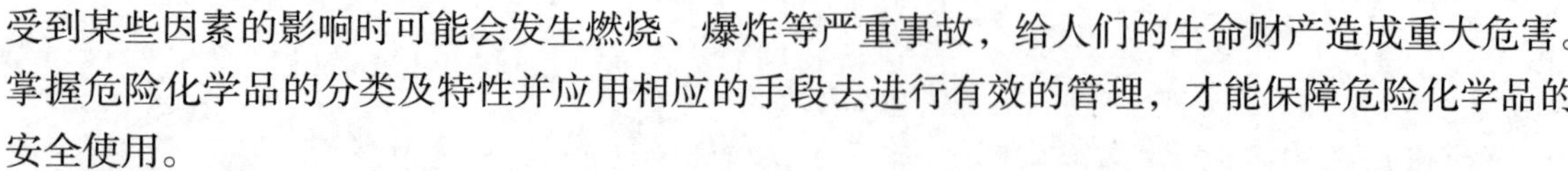

受到某些因素的影响时可能会发生燃烧、爆炸等严重事故，给人们的生命财产造成重大危害。掌握危险化学品的分类及特性并应用相应的手段去进行有效的管理，才能保障危险化学品的安全使用。

》相关知识

现行的《危险化学品安全管理条例》中，危险化学品是指具有毒害、腐蚀、爆炸、燃烧、助燃等性质，对人体、设施、环境具有危害的剧毒化学品和其他化学品。

一、危险化学品的分类

目前，我国对危险化学品的分类主要有两种：一是根据《危险货物分类和品名编号》(GB 6944—2012)分类，这是我国传统使用的分类方法。二是根据《化学品分类和危险性公示　通则》(GB 13690—2009)的分类方法。随着社会经济的发展，我国危险化学品的管理体制、制度、规范将逐渐与世界接轨。

1. 国际通行分类方式的起源

联合国环境与发展会议(UNCED)与国际化学品安全论坛(IFCS)于 1992 年通过决议，建议各国开展国际间化学品分类标签协调工作，以减少化学品对人类环境造成的危害，并同时减少化学品跨国贸易必须符合各国不同标准规定的成本。为此，国际劳工组织(ILO)、经济合作与发展组织(OECD)、联合国危险货物运输专家委员会(UNCETDG)联合制定了全球化学品统一分类和标签制度——《全球化学品统一分类和标签制度》(简称 GHS)，该系统文件由联合国于 2003 年通过并正式公告，2003 年 7 月联合国经济和社会委员会会议正式采用 GHS，每两年更新一次，并要求各国 2008 年前通过立法实施 GHS。

2. 实行国际通行的分类方式的优点

多年来，联合国有关机构以及美国、日本、欧洲等工业发达国家都通过立法对化学品的危险性分类、包装和标签作出明确规定，但各国对化学品危险性的定义有差异，这种差异造成某种化学品在一国被认为是易燃品，而在另一国则认为是非易燃品，从而导致该化学品在不同国家管理制度的不同。在国际贸易中，由于要遵守各国法规的不同要求，会增加贸易成本和时间消耗。为了健全危险化学品的安全管理，保护人类健康和生态环境，同时为尚未建立化学品分类制度的发展中国家提供安全管理化学品的框架，有必要统一各国化学品分类和标签制度，消除各国分类标准、方法学和术语学上存在的差异，建立全球化学品统一分类。

3. 新分类方法在我国的推行

为执行 GHS 第二修订版(ST/SG/AC.10/30/Rev.2)对危险化学品危险性分类及公示的要求，我国于 2009 年 6 月将《常用危险化学品分类及标志》(GB 13690—1992)修订为《化学品分类和危险性公示　通则》(GB 13690—2009)，并于 2013 年发布了《化学品分类和标签规范》(GB 30000.X)系列国家标准，从理化危险、健康危险和环境危险三个方面，将危险化学品分为 28 大类，其中包括 16 个理化危险分类种类，10 个健康危险分类种类以及 2 个环境危害分类种类，见表 5-1。

表 5－1　**危险化学品分类**

<table>
<tr><th>编号</th><th>类别</th><th colspan="2">种类</th><th>项</th><th>分类标准</th></tr>
<tr><td>1</td><td rowspan="16">理化危险</td><td colspan="2">爆炸物</td><td>不稳定爆炸物、1.1、1.2、1.3，1.4</td><td>GB 30000.2—2013</td></tr>
<tr><td>2</td><td colspan="2">易燃气体</td><td>类别 1、类别 2、化学不稳定性气体类 A、化学不稳定性气体类别 B</td><td>GB 30000.3—2013</td></tr>
<tr><td>3</td><td colspan="2">气溶胶</td><td>类别 1</td><td>GB 30000.4—2013</td></tr>
<tr><td>4</td><td colspan="2">氧化性气体</td><td>类别 1</td><td>GB 30000.5—2013</td></tr>
<tr><td>5</td><td colspan="2">加压气体</td><td>压缩气体、液化气体、冷冻液化气体、溶解气体</td><td>GB 30000.6—2013</td></tr>
<tr><td>6</td><td colspan="2">易燃液体</td><td>类别 1、类别 2、类别 3</td><td>GB 30000.7—2013</td></tr>
<tr><td>7</td><td colspan="2">易燃固体</td><td>类别 1、类别 2</td><td>GB 30000.8—2013</td></tr>
<tr><td>8</td><td colspan="2">自反应物质和混合物</td><td>A 型、B 型、C 型、D 型、E 型</td><td>GB 30000.9—2013</td></tr>
<tr><td>9</td><td colspan="2">自燃液体</td><td>类别 1</td><td>GB 30000.10—2013</td></tr>
<tr><td>10</td><td colspan="2">自燃固体</td><td>类别 1</td><td>GB 30000.11—2013</td></tr>
<tr><td>11</td><td colspan="2">自热物质和混合物</td><td>类别 1、类别 2</td><td>GB 30000.12—2013</td></tr>
<tr><td>12</td><td colspan="2">遇水放出易燃气体的物质和混合物</td><td>类别 1、类别 2、类别 3</td><td>GB 30000.13—2013</td></tr>
<tr><td>13</td><td colspan="2">氧化性液体</td><td>类别 1、类别 2、类别 3</td><td>GB 30000.14—2013</td></tr>
<tr><td>14</td><td colspan="2">氧化性固体</td><td>类别 1、类别 2、类别 3</td><td>GB 30000.15—2013</td></tr>
<tr><td>15</td><td colspan="2">有机过氧化物</td><td>A 型、B 型、C 型、D 型、E 型、F 型</td><td>GB 30000.16—2013</td></tr>
<tr><td>16</td><td colspan="2">金属腐蚀物</td><td>类别 1</td><td>GB 30000.17—2013</td></tr>
<tr><td>17</td><td rowspan="10">健康危险</td><td colspan="2">急性毒性</td><td>类别 1、类别 2、类别 3</td><td>GB 30000.18—2013</td></tr>
<tr><td>18</td><td colspan="2">皮肤腐蚀 / 刺激</td><td>类别 1A、类别 1B、类别 1C、类别 2</td><td>GB 30000.19—2013</td></tr>
<tr><td>19</td><td colspan="2">严重眼损伤 / 眼刺激</td><td>类别 1、类别 2A、类别 2B</td><td>GB 30000.20—2013</td></tr>
<tr><td>20</td><td colspan="2">呼吸道或皮肤致敏</td><td>呼吸道致敏物 1A、呼吸道致敏物 1B、皮肤致敏物 1A、皮肤致敏物 1B</td><td>GB 30000.21—2013</td></tr>
<tr><td>21</td><td colspan="2">生殖细胞致突变性</td><td>类别 1A、类别 1B、类别 2</td><td>GB 30000.22—2013</td></tr>
<tr><td>22</td><td colspan="2">致癌性</td><td>类别 1A、类别 1B、类别 2</td><td>GB 30000.23—2013</td></tr>
<tr><td>23</td><td colspan="2">生殖毒性</td><td>类别 1A、类别 1B、类别 2、附加类别</td><td>GB 30000.24—2013</td></tr>
<tr><td>24</td><td colspan="2">特异性靶器官毒性—一次接触</td><td>类别 1、类别 2、类别 3</td><td>GB 30000.25—2013</td></tr>
<tr><td>25</td><td colspan="2">特异性靶器官毒性—反复接触</td><td>类别 1、类别 2</td><td>GB 30000.26—2013</td></tr>
<tr><td>26</td><td colspan="2">吸入危害</td><td>类别 1</td><td>GB 30000.27—2013</td></tr>
<tr><td rowspan="2">27</td><td rowspan="3">环境危险</td><td rowspan="2">对水生环境的危害</td><td>急性危害</td><td>类别 1、类别 2</td><td rowspan="2">GB 30000.28—2013</td></tr>
<tr><td>长期危害</td><td>类别 1、类别 2、类别 3</td></tr>
<tr><td>28</td><td colspan="2">对臭氧层的危害</td><td>类别 1</td><td>GB 30000.29—2013</td></tr>
</table>

二、危险化学品的特性

1. 理化危险

（1）爆炸物

爆炸物质（或混合物）是一种固态或液态物质（或混合物），其本身会通过化学反应产生气体，而产生气体的温度、压力和速度会对周围环境造成破坏。烟火物质无论是否产生气体都属于爆炸物，如叠氮钠、黑索金、2, 4, 6- 三硝基甲苯（TNT）、三硝基苯酚等。爆炸品是包含一种或多种爆炸物质或其混合物的物品。

1）爆炸性是所有爆炸品的主要特征。这类物质都具有化学不稳定性，在一定外界因素的作用下，会发生猛烈的化学反应，主要有以下特点。

①猛烈的爆炸性。当受到高热摩擦、撞击、震动等外来因素的作用或与其他性能相抵触的物质接触，就会发生剧烈的化学反应，产生大量的气体和热量，引起爆炸。这类物质主要有三硝基甲苯（TNT）、苦味酸（三硝基苯酚）、硝酸铵（NH_4NO_3）、叠氮化合物（RN_3）、雷汞［$Hg(ONC)_2$］、乙炔银（Ag—C≡C—Ag）及其他超过三个硝基的有机化合物等。

②化学反应速度极快。爆炸品的化学反应一般在万分之一秒内完成，由于产生的能量在极短时间内放出，因此具有巨大的破坏力。爆炸产生大量气体，造成高压，形成的冲击波对周围建筑物有很大的破坏性。

2）对撞击、摩擦、温度等非常敏感。任何一种爆炸品的爆炸都需要外界供给它一定的能量，即起爆能。某一爆炸品所需的最小起爆能，即为该爆炸品的敏感度。敏感度是确定爆炸品爆炸危险性的一个非常重要的标志，敏感度越高，则爆炸危险性越大。

3）某些爆炸品还有一定的毒性。如三硝基甲苯（TNT）、硝化甘油（又称硝酸甘油）、雷汞［$Hg(ONC)_2$］等都具有一定的毒性。

4）与酸、碱、盐、金属发生反应。有些爆炸品与某些化学品（酸、碱、盐）发生化学反应，生成更容易爆炸的化学品。例如，苦味酸遇某些碳酸盐能反应生成更易爆炸的苦味酸盐；苦味酸受铜、铁等金属撞击，立即发生爆炸。

由于爆炸品具有以上特性，因此在储运中要避免摩擦、撞击、颠簸、震荡，严禁与氧化剂、酸、碱、盐类、金属粉末和钢材料器具等混储、混运。

（2）易燃气体

易燃气体是指在 20 ℃和标准压力 101.3 kPa 时，与空气混合有一定易燃范围的气体。如甲烷、氢气、乙炔等。

易燃气体极易燃烧，与空气混合能形成爆炸性混合物，常见易燃气体的燃爆特征见表 5-2。

表 5-2　常见易燃气体的燃爆特征

名称	特征	相对密度	自燃点 / ℃	爆炸极限 / %（体积分数）
氢气	无色，无味，非常轻，与氯气混合遇光即爆炸	0.089 9（0 ℃）	560	4.1～75

续表

名称	特征	相对密度	自燃点 / ℃	爆炸极限 / %（体积分数）
磷化氢	无色，有蒜臭味，微溶于水，能自燃，极毒	1.529（0 ℃）	100	2.12～15.3
硫化氢	无色，有臭鸡蛋味，有毒，与铁生成硫化亚铁，能自燃	1.539（0 ℃）	260	4～44
甲烷（沼气）	无色，无味，与空气混合见火发生爆炸，与氯气混合遇光能爆炸	0.415②（−164 ℃）	540	5.3～15
乙烷	无色，无臭	0.446②（0 ℃）	500～522	3.1～15
丙烷		0.585 2②（−44.5 ℃）	446	2.3～9.5
丁烷	无色	0.599①（0 ℃）	405	1.5～8.5
乙烯	无色，有特殊甜味及臭味，与氯气混合受日光作用能爆炸	0.610①（0 ℃）	490	2.75～34
丙烯	无色	0.581②（0 ℃）	455	2～11
丁烯	无色，遇酸，碱，氯化物时能爆炸，与空气混合易爆炸	0.668①（0 ℃）	465	1.7～9
氯乙烯	无色，似三氯乙烯香味，甜味，有麻醉性	0.919 5②（−15 ℃）	472	4～33
焦炉气	无色，主要成分为一氧化碳，氢气、甲烷等，有毒	<空气	640	5.6～30.4
乙炔（电石气）	无色，有臭味，加压加热起聚合加成反应，与氯气混合遇光即爆炸	1.173（0 ℃）	335	2.53～82
一氧化碳	无色，无臭，极毒	1.25（0 ℃）	610	12.5～79.5
氯甲烷	无色，有麻醉性	0.918①（20 ℃）	632	8.2～19.7
氯乙烷	无色，微溶于水，燃烧时发绿色火焰，会形成光气，易液化	0.921 4②（0 ℃）	518.9	3.8～15.4
环氧乙烷	无色，易燃，有毒，溶于水	0.871①（20 ℃）	429	3～80
石油气	无色，有特臭，成分有丙烯，丁烷等气体		350～480	1.1～11.3
天然气	无色，有味，主要成分是甲烷及其他碳氢化合物	<空气	570～600	5.0～16
水煤气	无色，主要成分为一氧化碳、氢气，有毒	<空气	550～600	6.9～69.5
发生炉煤气	无色，主要成分为一氧化碳、氢气、甲烷、二氧化碳等，有毒	<空气	700	20.7～73.7
煤气	无色，有特臭，主要成分是一氧化碳、甲烷、氯气，有毒	<空气	648.9	4.5～40
甲胺	无色气体或液体，有氨味，溶于水、乙醇，易燃、有毒	0.662①（20 ℃）	430	4.95～20.75

注：①相对于空气的密度。②相对于水的密度。

（3）气溶胶

气溶胶是指气溶胶喷雾罐，该容器由金属、玻璃或塑料制成，不可重新罐装。内装压缩、液化或加压溶解的气体（包含或不包含液体、膏剂或粉末），配有释放装置，可使所装物质喷射出来，在气体中形成悬浮的固体或液态微粒或形成泡沫、膏剂或粉末，或者以液态或气态形式出现。

易燃气溶胶根据实验结果可以分为两个类别，即极易燃气溶胶和易燃气溶胶。易燃成分不包括自燃、自热物质或遇水反应物质，因为这些成分从来不用作气溶胶内装物。易燃气溶胶具有易燃液体、易燃气体、易燃固体物质所具有的特性。

（4）氧化性气体

氧化性气体是指本身未必燃烧，但通过提供氧气，比空气更能导致或促使其他物质燃烧的任何气体。如二氧化氮。

（5）加压气体

加压气体是指在 20 ℃下，压力≥200 kPa（表压）下装入储器的气体，或液化气体或冷冻液化气体。按包装的物理状态，加压气体可分为以下四类，见表 5-3。

表 5-3　加压气体的分类

类别	分类
压缩气体	在 −50 ℃加压封装时完全是气态的气体；包括所有临界温度不大于 −50 ℃的气体
液化气体	在高于 −50 ℃的温度下加压封装时部分是液体的气体，它分为：①高压液化气，临界温度在 −50 ℃和 65 ℃之间的气体；②低压液化气，临界温度高于 65 ℃的气体
冷冻液化气体	封装时由于其低温而部分成为液体的气体
溶解气体	加压封装时溶解于液相溶剂中的气体

注：临界温度是指高于此温度无论怎样压缩，气态物质都不能被液化的温度。

加压气体的主要特性有以下几种。

1）可压缩性。一定量的气体在温度不变时，受到的压力越大，其体积就越小，如果继续加压就会变为液态。气体通常以压缩或液化状态储存于钢瓶中，不同的气体液化时所需要的压力、温度亦不同。临界温度高于常温的气体，仅用的压缩方法就会使其液化，如氯气、氨气、二氧化硫等。而临界温度低于常温的气体，就必须在加压的同时降温至临界温度以下才能使其液化，如氮气、氧气、一氧化碳等。由于这类气体在常温下无论加多大压力均为气态，很难液化，因此人们将此类气体又称为永久性气体，其难以液化的原因与气体分子间引力、结构和分子热运动能量有关。

2）膨胀性。一般压缩气体和液化气体都盛装在密闭的容器内，如果受到高温或日晒，分子间的热运动加剧，气体体积发生膨胀，但由于容器体积不变，相应的气体受到的压力变大，温度越高，其膨胀后形成的压力越大。当压力超过容器的耐压强度时，就会造成爆炸事故。

各种储存压缩气体的钢瓶，应根据气体的种类涂上不同的颜色以示标识。压缩气体钢瓶漆色见表 5-4。

表 5-4　　压缩气体钢瓶漆色

钢瓶名称	体色	字样	字色
氧气瓶	淡（酞）蓝	氧	黑
氢气瓶	淡绿	氢	大红
氮气瓶	黑	氮	白
压缩空气瓶	黑	压缩气体	白
乙炔气瓶	白	乙炔　不可近火	大红
二氧化碳气瓶	铝白	液化二氧化碳	黑

（6）易燃液体

易燃液体是指闪点不高于 93 ℃的液体。这类液体极易挥发成气体，遇明火即燃烧，其评定火灾危险性的主要根据是闪点，闪点越低，危险性越大。

易燃液体的主要特性有以下几种。

1）易燃性。易燃液体的主要特性是具有高度易燃性，遇火、受热以及和氧化剂接触都有发生燃烧的危险。

2）易爆性。由于易燃液体的沸点一般较低，挥发出来的蒸气与空气混合后的浓度很容易达到爆炸极限，遇火源往往会发生爆炸。

3）易流动扩散性。易燃液体的黏度一般都很小，极易流动，还因渗透、浸润及毛细现象等作用，即使容器只有极细微裂纹，也会渗出容器壁外。泄漏后蒸发形成的易燃蒸气比空气重，能在坑洼地带积聚，从而增加了燃烧爆炸的危险性。

4）易积聚电荷。部分易燃液体，如苯、甲苯、汽油等，电阻率都很大，很容易积聚静电而产生静电火花，造成火灾事故。

5）受热膨胀性。易燃液体的膨胀系数比较大，受热后体积膨胀，同时其蒸气压也随之升高，从而使密封容器内压力增大，造成“鼓桶”，甚至爆裂，容器爆裂时产生的火花会引起燃烧爆炸。因此易燃液体应避热存放，灌装时容器内应留有 5% 以上的空隙。

6）毒性。大多数易燃液体及其蒸气均有不同程度的毒性，在操作过程中，须做好防护工作。

（7）易燃固体

易燃固体是指容易燃烧的或可通过摩擦引起或促进着火的固体。

易燃固体一般为粉状、颗粒状或糊状物质，它们在与燃烧源短暂接触即可点燃，火焰迅速蔓延，非常危险，如赤磷、硫黄、萘、硝化纤维素等。

易燃固体着火点低，如果发生受热、遇火星、受撞击、摩擦或氧化剂作用等情况，可能会引起急剧的燃烧或爆炸，同时放出大量毒害气体。

易燃固体的主要特性有以下几种。

1）易燃固体的主要特性是容易被氧化，受热易分解或升华，遇明火常会引起强烈、连续的燃烧。

2）与氧化剂、酸类等接触，反应剧烈而发生燃烧爆炸。

3）对摩擦、撞击、振动敏感。

4）许多易燃固体有毒，或者燃烧产物有毒或腐蚀性。

（8）自反应物质和混合物

自反应物质和混合物是在没有氧（空气）的情况下也容易发生激烈放热分解的热不稳定液态或固态物质或者混合物。本定义不包括根据 GHS 分类为爆炸物、有机过氧化物或氧化性物质和混合物。

自反应物质或混合物如果在实验室试验中，其组分容易起爆、迅速爆燃或在封闭条件下加热时显示剧烈效应，应视为具有爆炸性质。

自反应物质和混合物按下列原则分为“A 型～G 型”七个类型。

1）任何自反应物质或混合物，如在运输包件中可能起爆或迅速爆燃，则定为 A 型自反应物质。

2）具有爆炸性质的任何自反应物质或混合物，如在运输包件中不会起爆或迅速爆燃，但在该包件中可能发生热爆炸，则定为 B 型自反应物质。

3）具有爆炸性质的任何自反应物质或混合物，如在运输包件中不可能起爆或迅速爆燃或发生热爆炸，则定为 C 型自反应物质。

4）任何自反应物质或混合物，在实验室中试验时发生如下情况，则定为 D 型自反应物质：

①部分起爆，不迅速爆燃，在封闭条件下加热时不呈现任何剧烈效应；

②根本不起爆，缓慢爆燃，在封闭条件下加热时不呈现任何剧烈效应；

③根本不起爆或爆燃，在封闭条件下加热时呈现中等效应。

5）任何自反应物质或混合物，在实验室中试验时，既绝不起爆也绝不爆燃，在封闭条件下加热时呈现微弱效应或无效应，则定为 E 型自反应物质。

6）任何自反应物质或混合物，在实验室中试验时，既绝不在空化状态下起爆也绝不爆燃，在封闭条件下加热时只呈现微弱效应或无效应，而且爆炸力弱或无爆炸力，则定为 F 型自反应物质。

7）任何自反应物质或混合物，在实验室中试验时，既绝不在空化状态下起爆也绝不爆燃，在封闭条件下加热时显示无效应，而且无任何爆炸力，则定为 G 型自反应物质。但该物质或混合物必须是热稳定的（50 kg 包件的自加速分解温度为 60～75 ℃），对于液体混合物，所用脱敏稀释剂的沸点不低于 150 ℃。如果混合物不是热稳定的，或所用脱敏稀释剂的沸点低于 150 ℃，则定为 F 型自反应物质。

（9）自燃液体

自燃液体也叫发火液体，是指即使数量小也能与空气接触后 5 min 内着火的液体。如三乙基锑。

（10）自燃固体

自燃固体是指即使数量小也能在与空气接触后 5 min 内着火的固体。

燃烧性是自燃固体的主要特性，自燃固体在化学结构上无规律性，所以就有各自不同的

自燃特性。例如，黄磷性质活泼，极易氧化，自燃点又特别低，一经暴露在空气中很快引起自燃。但黄磷不和水发生化学反应，所以通常放置在水中保存。另外黄磷本身有毒，其燃烧的产物五氧化二磷也为有毒物质，遇水还能生成剧毒的偏磷酸。因此在扑灭磷着火的过程中应注意防止中毒。再如，二乙基锌、三乙基铝等有机金属化合物，不但在空气中能自燃，遇水还会分解生成易燃的氢气，引起燃烧爆炸。因此，储存和运输时必须用充有惰性气体或特定的容器包装，失火时亦不可用水扑救。

（11）自热物质和混合物

自热物质是指除自燃液体或自燃固体外，与空气接触不需要能量供应就能够自热的固态或液态物质或混合物。该物质或混合物与自燃液体或自燃固体不同之处在于仅在大量（公斤级）并经过较长时间（数小时或数天）才会发生自燃，如动植物油、潮湿的棉花。

自热物质或混合物导致自发燃烧，是由于该物质或混合物与空气中的氧气反应产生的热不能迅速地传导到周围环境中引起的。当产生热的速度超过散失热的速度且达到了自燃温度时就会发生自燃。

（12）遇水放出易燃气体的物质和混合物

遇水放出易燃气体的物质和混合物是指通过与水作用，容易具有自燃性或放出危险数量的易燃气体的固体或液体物质和混合物，如钠、钾、氢化钾、电石等。

（13）氧化性液体

氧化性液体是指本身未必可燃，但通常因放出氧气可能引起或促使其他物质燃烧的液体，如过氧化氢、发烟硝酸等。

（14）氧化性固体

氧化性固体是指本身未必可燃，但通常因放出氧气可能引起或促使其他物质燃烧的固体，如氯酸铵、高锰酸钾等。氧化性物质具有强烈的氧化性，按其不同的性质遇酸、碱、受潮、强热或与易燃物、有机物、还原剂等性质有抵触的物质混存能发生分解，引起燃烧和爆炸。对这类物质可以分为以下几种。

1）一级无机氧化性物质。性质不稳定，容易引起燃烧爆炸，如碱金属（第一主族元素）和碱土金属（第二主族元素）的氯酸盐、硝酸盐、过氧化物、高氯酸及其盐、高锰酸盐等。

2）二级无机氧化性物质。性质较一级氧化剂稳定，如重铬酸盐、亚硝酸盐等。

（15）有机过氧化物

有机过氧化物是指含有二价 -O-O- 结构或可视为过氧化氢的一个或两个氢原子已被有机基团取代的衍生物或固态有机物。有机过氧化物是热不稳定物质或混合物，容易放热加速自分解。另外它们可能具有下列一种或几种性质：

1）易于爆炸分解；

2）迅速燃烧；

3）对撞击或摩擦敏感；

4）与其他物质发生危险反应。

有机过氧化物具有强烈的氧化性，按其不同的性质遇酸、碱、受潮、强热或与易燃物、

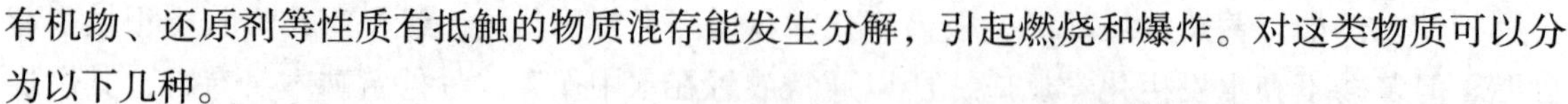

有机物、还原剂等性质有抵触的物质混存能发生分解，引起燃烧和爆炸。对这类物质可以分为以下几种。

1）一级有机氧化性物质。既具有强烈的氧化性，又具有易燃性，如过氧化二苯甲酰。

2）二级有机氧化性物质。既具有强的氧化性，又具有强烈的腐蚀性，如过乙酸、过氧苯甲酸等。

（16）金属腐蚀物

金属腐蚀物是指通过化学作用会显著损伤或毁坏金属的物质或混合物。

2. 健康危险

（1）急性毒性

急性毒性是指经口或经皮肤给予物质的单次剂量或在 24 h 内给予的多次剂量，或者 4 h 的吸入接触发生的急性有害影响。

以化学品的急性经口、经皮肤和吸入毒性划分五类危害，即按其经口、经皮肤（大致）LD_{50}、吸入 LC_{50} 值的大小进行危害性的基本分类见表 5－5。

表 5－5　　急性毒性危险类别 LD_{50}/LC_{50} 值

<table>
<tr><th>接触途径</th><th>单位</th><th>类别 1</th><th>类别 2</th><th>类别 3</th><th>类别 4</th><th>类别 5③</th></tr>
<tr><td>经口</td><td>mg/kg</td><td>5</td><td>50</td><td>300</td><td>2 000</td><td rowspan="5">5 000</td></tr>
<tr><td>经皮肤</td><td>mg/kg</td><td>50</td><td>200</td><td>1 000</td><td>2 000</td></tr>
<tr><td>气体①</td><td>mL/L</td><td>0.1</td><td>0.5</td><td>2.5</td><td>20</td></tr>
<tr><td>蒸气①、②</td><td>mL/L</td><td>0.5</td><td>2.0</td><td>10</td><td>20</td></tr>
<tr><td>粉尘和烟雾</td><td>mL/L</td><td>0.05</td><td>0.5</td><td>1.0</td><td>5</td></tr>
</table>

注：①表中吸入的最大值是基于 4 h 接触试验得出的。如现有 1 h 接触的吸入毒性数据，对于气体和蒸气应除以 2，对于粉尘和烟雾应除以 4 加以转换。

②对于某些化学品所试气体不会正好是蒸气，而会由液相与蒸气相的混合物组成，对于另一些化学品所试气体可由几乎为气相的蒸气组成。对后者，应根据如下的 mL/L 进行危害分类：类别 1（0.1 mL/L），类别 2（0.5 mL/L），类别 3（2.5 mL/L），类别 4（20 mL/L）。

③类别 5 的指标是指在能够识别急性毒性危害相对较低的，但在某些情况下，对敏感群体可能存在危害的物质。这些物质预期它的经口或经皮肤 LD_{50} 的范围为 2 000～5 000 mg/kg 体重和相应的吸入剂量。类别 5 的具体准则为：

a. 如果现有可靠的证据表明 LD_{50}（或 LC_{50}）在类别 5 的数值范围内，或者其他动物研究或人体毒性效应表明对人体健康有急性影响，那么该物质应被分为这一类别。

b. 通过数据的推断、评估或测定，如果不能分类到更危险的类别，并有如下情况时，该物质分到此类别：现有的可靠信息说明对人类有显著的毒性效应；通过经口吸入或经皮肤接触试验直至类别 4 的剂量水平时观察到死亡；在试验至类别 4 的数值时，除了出现腹泻、被毛蓬松、外观污秽之外，专家判断确定有明显的临床毒性征象；判定来自其他动物研究的明显急性毒性效应的可靠信息。

评价化学品经口和吸入途径的急性毒性时最常用的试验动物是大鼠，而评价经皮肤急性毒性较佳的是大鼠或兔。

（2）皮肤腐蚀／刺激

皮肤腐蚀是指对皮肤造成不可逆损害的结果，即施用试验物质 4 h 内，可观察到表皮和真皮坏死。典型的腐蚀反应具有溃疡、出血、血痂的特征，而且在 14 d 观察期结束时，皮肤、完全脱发区域和结痂处由于漂白而褪色。应通过组织病理学检查来评估可疑的病变。

皮肤刺激是指施用试验物质达到 4 h 后对皮肤造成可逆性损害的结果。皮肤腐蚀 / 刺激的类别分别见表 5－6 和表 5－7。

表 5－6　　皮肤腐蚀的类别

类别	腐蚀子类别	3 只试验动物中≥1 只出现腐蚀性	
		涂皮时间	观察时间
腐蚀（类别 1）	1A	≤3 min	≤1 h
	1B	>3 min 且≤1 h	≤14 d
	1C	>1 h 且≤4 h	≤14 d

注：人类经验表明对皮肤能造成不可逆伤害的化学品应划入该类。

表 5－7　　皮肤刺激的类别

类别	分类
刺激（类别 2）	① 3 只试验动物至少 2 只在斑贴物除去后，于 24 h、48 h 和 72 h 分级实验中，或者如果反应是延迟的，在皮肤反应开始后的连续 3 d的分级实验中，红斑 / 焦痂或浮肿的平均值为≥2.3 且<4.0。 ②至少 2 只动物保持炎症至观察期末（正常为 14 d），尤其考虑到脱毛症，表皮角化症，增生和脱皮。 ③在某些情况下，动物中间的反应会明显不同，只有 1 只动物有很明确的与化学品接触的有关阳性反应，但低于阳性实验结果的平均分值标准
轻度刺激（类别 3）	3 只试验动物中至少 2 只在斑贴物除去后，于 24 h、48 h 和 72 h 分级实验中，或者如果反应是延迟的，在皮肤反应开始后的连续 3 d 的分级实验中（当不包括在上述刺激类别时），红斑 / 焦痂或浮肿的平均值为≥1.5 且<2.3

注：人类经验表明皮肤接触 4 h 后，对皮肤能造成可逆伤害的化学品应划入刺激（类别 2）。

（3）严重眼损伤 / 眼刺激

严重眼损伤是指将受试物施用于眼睛前部表面进行暴露接触，引起了眼部组织损伤，或出现严重的视觉衰退，且在暴露后 21 d 内不能完全恢复。

眼刺激是指将受试物用于眼睛前部表面进行暴露接触后，眼睛发生的改变，且在暴露后 21 d 内出现的改变可完全消失，恢复正常。严重眼损伤和眼刺激分为不可逆效应影响和可逆效应影响，其类别见表 5－8。

表 5－8　　眼睛不可逆效应影响和可逆效应影响的类别

眼睛不可逆效应影响的类别（类别 1）	试验物质有以下情况，分类为眼睛刺激类别 1（对眼不可逆效应）： ①至少 1 只动物影响到角膜、虹膜或结膜，并预期不可逆或在正常 21 d 观察期内没有完全恢复。 ② 3 只试验动物，至少 2 只有如下阳性反应：角膜浑浊度≥3；虹膜炎 >1.5。 ③在受试物质施加后按 24 h、48 h 和 72 h 分级试验的平均值计算
眼睛可逆效应影响的类别（类别 2）	受试物质产生如下情况，分类为眼睛刺激类别 2A： ① 3 只试验动物中至少 2 只有如下项目的阳性反应：角膜浑浊度≥1；虹膜炎≥1；结膜红度≥2；结膜浮肿≥2。 ②在受试物施加后按 24 h、48 h、72 h 分别计算平均得分数。 ③在正常 21 d 观察期内完全恢复。 在本类别范围，如以上所列效应在 7 d 观察期内完全恢复，则被认为是对眼睛的轻度刺激

（4）呼吸道或皮肤致敏

呼吸道致敏物是指吸入后会导致呼吸道过敏的物质。

皮肤致敏物是指皮肤接触后会导致过敏的物质。

致敏包含两个阶段：第一阶段是个体因接触某种过敏原而诱发特定免疫记忆。第二阶段是引发，即某一过敏个体因接触某种过敏原而产生细胞介导或抗体介导的过敏反应。

就呼吸道致敏而言，诱发之后是引发阶段，其形态与皮肤致敏相同。对于皮肤致敏，需要有一个让免疫系统能作出反应的诱发阶段；此后，可出现临床症状，这时的接触就足以引发可见的皮肤反应（引发阶段）。因此，预测性的试验通常采取这种形态，其中有一个诱发阶段，对该阶段的反应则通过标准化的引发阶段加以测量，典型做法是使用斑贴试验。直接测量诱发反应的局部淋巴结试验则是例外做法。人体皮肤致敏的证据通常通过诊断性斑贴试验加以评估。

就皮肤致敏和呼吸道致敏而言，对于引发所需的数值一般低于诱发所需数值。呼吸道或皮肤致敏分类见表 5-9。

表 5-9　　呼吸道或皮肤致敏分类

危险类别	分类原则
呼吸道致敏物	①物质和已试验过的混合物： a. 如果有人类证据显示物质可导致特定呼吸致敏反应； b. 如果适当的动物试验取得阳性结果。 ②如果不拥有混合物整体数据，则适用架桥原则。 ③架桥原则不适用时，混合物如至少含有一种被划为呼吸道致敏物的组分并有以下浓度，将划为呼吸道致敏物： a. 固体或液体 不小于 0.1%（质量分数） 不小于 1.0%（质量分数） b. 气体 不小于 0.1%（体积分数） 不小于 0.2%（体积分数）
皮肤致敏物	①物质和已试验过混合物 a. 如果有人类证据表明，个别物质可以在相当多的人中通过皮肤接触导致过敏作用； b. 如果适当的动物试验取得阳性结果。 ②在不掌握混合物整体数据的情况下，则适用架桥原则。 ③架桥原则不适用时，混合物如至少含有一种可被划为皮肤致敏物的组分并且有以下浓度，则划为皮肤致敏物： a. 不小于 0.1%（固体 / 液体 / 气体） b. 不小于 1.0%（固体 / 液体 / 气体）

（5）生殖细胞致突变性

生殖细胞致突变性是指化学品引起人类生殖细胞发生可遗传给后代的突变。然而，在将物质和混合物划归这一危害类别时，还要考虑体外致突变性 / 遗传毒性试验和哺乳动物体细胞体内致突变性和遗传毒性试验。

突变是指细胞中遗传物质的数量或结构发生的永久性改变。突变适用于可遗传的基因变异，包括显示在表型改变和发现的重要的 DNA 改型两方面（例如，包括异性碱基对改变和染色体易位)。“致突变”和“致突变物”适用于在细胞和/或有机体群落内引起突变发生率增加的物质。

“遗传毒性”适用于导致DNA的结构、信息内容的改变，或DNA的分离，包括通过干扰正常复制过程，或以非生理方式(暂时地)改变其复制物质所致DNA损害。遗传毒性试验结果通常被用作致突变效应的指标。生殖细胞突变的分类见表5-10。

表5-10　　生殖细胞突变的分类

类别1	已知引起人类生殖细胞发生可遗传性突变或被认为可能引起人类生殖细胞可遗传突变的物质
类别1A	已知引起人类生殖细胞可遗传突变的物质。 判断标准：人类流行病学研究的阳性证据
类别1B	应被认为可能引起人类生殖细胞可遗传突变的物质。 判断标准： ①哺乳动物体内可遗传的生殖细胞突变试验的阳性结果； ②哺乳动物体内细胞突变性试验的阳性结果，结合一些证据表明该物质具有引起生殖细胞突变的可能。例如，这种支持数据可由体内生殖细胞致突变性/遗传毒性试验，或由该物质或其代谢物与生殖细胞的遗传物质相互作用； ③从人类生殖细胞试验显示出致突变效应的阳性结果，而无须证明突变是否遗传给后代，例如，接触该物质的人群精子细胞的非整倍性频率增加
类别2	由于可能导致人类生殖细胞可遗传性突变而引起人们关注的物质。 判断标准： ①来自哺乳动物试验和/或在某些情况来自体外试验得到的阳性结果； ②可得自哺乳动物体内的体细胞突变性试验； ③其他体外突变性试验的阳性结果支持的体内体细胞遗传毒性试验

注：体外哺乳动物细胞突变性试验为阳性，并且从化学结构活性关系已知为生殖细胞突变的化学品，应考虑分为类别2致突变物。

(6)致癌性

致癌物是指可导致癌症或增加癌症发病率的物质或混合物。在操作良好的动物实验研究中，诱发良性或恶性肿瘤的物质和混合物通常被认为是假定的或可疑的人类致癌物，除非有确切证据表明形成肿瘤的机制与人体无关。

具有致癌危害的化学物质的分类是以该物质的固有性质为基础的，而不提供使用化学物质中发生人类致癌的危险度。对于致癌性的分类目的而言，化学物质根据其证据的充分程度和其他的参考因素被分成两个类别，见表5-11。

表5-11　　致癌物危害类别

类别1	已知或假定的人类致癌物。 根据流行病学和/或动物的致癌性数据，可将化学品划分在类别1中。个别的化学品可以进一步分类。 已知对人类具有致癌能力，化学品分类主要根据人类的证据；假定对人类有致癌能力，化学品分类主要根据动物的证据。 分类根据证据力度和其他参考因素，这样的证据由人类的研究得出，确定人类接触化学品与癌症发病间的因果关系，为已知人类的致癌物。或者，研究证据由动物实验得出，有充分的证据证明动物致癌性(为可疑人类致癌物)。此外，在逐个分析证据的基础上，从人体致癌性的有限证据结合动物试验的致癌性有限证据中经过科学判断可以合理地确定可疑人类致癌物

续表

类别 2	可疑的人类致癌物。 某化学品被分在类别 2 中是根据人类和／或动物研究得到的证据进行的，但没有充分证据可将该化学品分在类别 1 中。根据证据力度与其他参考因素，这些证据可来源于人类研究的有限致癌性证据或来自动物研究的有限致癌性证据

（7）生殖毒性

生殖毒性是指对成年雄性和雌性的性功能和生育力的有害影响，以及对子代的发育毒性。

在此分类系统中，生殖毒性被细分为两个主要部分，即对生殖或生育能力的有害效应和对后代发育的有害效应。

1）化学品干扰性功能和生殖能力的任何效应，包括（但不仅限于）雌性和雄性生殖系统的改变，对青春期的开始、生殖细胞产生和输送、生殖周期正常状态、性行为、生育能力、分娩、怀孕结果的有害影响、生殖能力的早衰或与生殖系统完整性有关的其他功能的改变。对哺乳期的有害影响或通过哺乳期产生的有害影响也属于在生殖毒性的范围，因为希望能将化学品对哺乳的有害效应提供给哺乳的母亲，因此将作专门分类。

2）从广义上来说，发育毒性包括在出生前后干扰胎儿正常发育的任何影响，这种影响的产生无论来自在妊娠前其父母接触这类物质的结果，还是子代在出生前的发育过程中，或出生后至性成熟时期前因接触导致的结果。然而，对发育毒性的分类，其主要目的是对孕妇及有生育能力的男性与女性提供危险性警告。因此，发育毒性主要指怀孕期间的有害影响，或由于父母的接触造成有害影响的结果。这些影响能在生物体生存时间的任何阶段显露出来。生育毒性的主要表现形式包括正在发育的生物体死亡、结构畸形、生长不良、功能缺陷。对于生殖毒性分类目的而言，化学物质被分为两个类别，对生殖、生育能力的影响和对发育的影响被分别考虑。此外，对哺乳的影响被单独分为一个危害类别，分别见表 5－12 和表 5－13。

表 5－12　　生殖毒物的危害类别

类别 1	已知或假定的人类的生殖或发育毒物。 此类别包括对人类的生殖能力或发育已产生有害效应的物质，或动物研究证据（可能有其他信息作补充）提供其具有妨碍人生殖能力的物质。根据其分类的证据来源可作进一步区分，主要来自人的数据（类别 1A）或来自动物的数据（类别 1B）。 类别 1A：已知对人类的生殖能力、生育或发育造成有害效应的，该物质分类在这一类别主要根据人的数据。 类别 1B：推测对人的生殖能力或对发育的有害影响，该物质分类在这一类别主要根据实验动物的数据。动物研究数据应提供清楚的、没有其他毒性作用的情况下，对性功能和生育能力或对发育有有害影响，或者当有害生殖效应与其他毒性效应一起发生时，对生殖的有害效应不被认为是其他毒性效应的非特异继发结果。然而，当存在怀疑这种效应对人类的相关性时，将其分类至类别 2 会更合适
类别 2	可疑的人类的生殖毒物或发育毒物。 此类别的物质应有人或动物试验研究的某些证据（可能还有其他补充材料）表明对生殖能力、发育的有害效应而不伴发其他毒性效应；但如果生殖毒性效应伴发其他毒性效应时，这种生殖毒性效应不被认为是其他毒性效应的继发的非特异性结果；同时，没有充分证据支持分为类别 1。例如，实验研究中的欠缺导致证据的说服力较差，基于此原因，分类于类别 2 可能更合适

表 5-13 哺乳效应的危害类别

虽然目前许多物质并没有信息显示它们有可能通过哺乳对子代产生有害影响，但是一些物质被妇女吸收后显示干扰哺乳，或该物质（包括代谢物）可能出现于乳汁中，而且其含量足以影响哺乳婴儿的健康，那么应将该物质划为此分类，以表明对母乳喂养婴儿造成的影响，这一分类可根据如下情况确定： ①对该物质吸收、代谢、分布和排泄的研究应指出该物质在乳汁中存在，且其含量达到可能产生毒性的水平； ②在动物实验中一代或二代的研究结果表明，物质转移至乳汁中对子代的有害影响或对乳汁质量的有害影响的清楚证据； ③对人的实验证据包括对哺乳期婴儿的危害

（8）特异性靶器官毒性——一次接触

特异性靶器官毒性——一次接触是指一次接触物质和混合物引起的特异性、非致死性的靶器官毒性作用，包括所有明显的健康效应、可逆的和不可逆的、即时的和迟发的功能损害。

基本要素：

1）分类将物质或混合物划为特异性靶器官毒物，则接触该化学物质的人可能会产生有害健康的效应。

2）分类取决于现有可靠证据，一次接触该物质后能对人引起一致的、可辨认的毒性效应。或对实验动物引起组织／器官功能或结构的毒理学变化，或者使生物体的生物化学或血液发生严重变化，而且这些变化与人体的健康有相关性。人体数据是这种危害类别的首选证据来源。

3）评估应不仅考虑单一器官或生物系统的显著变化，而且也应考虑涉及多个器官不太严重的一般变化。

4）特异性靶器官毒性可以通过与人类相关的任何接触途径产生，主要经口、皮肤或吸入。

根据全部现有证据进行权衡，包括使用推荐的指导值，通过专家判断，分别根据即时或延迟效应对物质进行分类，依据观察到的效应的本质和严重程度将物质分为以下两个类别，见表 5-14。

表 5-14 特异性靶器官毒性——一次接触类别

类别 1	一次接触对人体造成明显特异性靶器官毒性的物质，或根据实验动物研究的证据推定可能对人体造成明显特异性靶器官毒性的物质。 将物质分入类别 1 的根据是：人类的病例报告或流行病学研究的可靠和高质量的证据；或实验动物研究的观察资料，其中在一般低浓度接触时产生与人类健康有关的明显和／或严重的特异性靶器官毒性效应。表 5-15 提供的指导值范围可用于证据权衡评价
类别 2	根据实验动物研究的证据，可以推定一次接触可能对人体的健康产生危害的物质。 根据实验动物研究的观察资料将物质分类于类别 2，其中在一般中等接触浓度时即会产生与人类健康相关的明显的特异性靶器官毒性，为了有助于分类，表 5-15 提供了指导值范围。 在特殊情况下，人类的证据也能用于将物质分类于类别 2

注：对于特异性靶器官的两个类别的鉴定易受到已被分类物质的影响，可将物质确定为一般的系统毒物。应设法确定毒性的主要靶器官并据此分类，例如肝脏毒物和神经毒物。在可能的情况下不考虑次要效应，例如肝脏毒物能够产生神经系统或胃肠系统的次要效应。

表 5-15　一次接触剂量的指导值范围

接触途径	单位	指导值 C	
		类别 1	类别 2
经口（大鼠）	mg/kg	$C \leqslant 300$	$300 < C \leqslant 2\ 000$
经皮肤（大鼠或兔）	mg/kg	$C \leqslant 1\ 000$	$1\ 000 < C \leqslant 2\ 000$
吸入气体（大鼠）	mL/(L · 4 h)	$C \leqslant 2.5$	$2.5 < C \leqslant 20$
吸入蒸气（大鼠）	mg/(L · 4 h)	$C \leqslant 10$	$10 < C \leqslant 20$
吸入粉尘 / 烟 / 雾（大鼠）	mg/(L · 4 h)	$C \leqslant 1.0$	$1.0 < C \leqslant 5.0$

（9）特异性靶器官毒性——反复接触

特异性靶器官毒性——反复接触是指反复接触物质和混合物引起特异性、非致死性的靶器官系统毒性作用，包括所有明显的健康效应、可逆的和不可逆的、即时的和迟发的功能损害。

1）分类可以说明该物质或混合物是一种特异性靶器官毒物，因此，接触该化学物质对人类会产生有害健康效应。

2）分类取决于现有可靠依据，该物质反复接触后能对人或试验动物引起组织 / 器官功能或结构的明显变化。对生物体的生物化学或血液学发生严重变化并与人的健康有相关性。

3）评估不仅应考虑单一器官或生物系统发生的显著变化，而且应涉及几个器官不太严重的一般性变化。

4）可以通过与人类有关的各种途径产生特异性靶器官毒性，即主要为经口、经皮肤或吸入。

5）不包括一次接触后观察到的非致死毒性效应在化学品中的分类，也不包括其他特异性的毒性效应，如急性中毒、严重眼损伤 / 眼刺激和皮肤腐蚀 / 刺激、皮肤或呼吸道致敏性、致癌性、致突变性和生殖毒性。

根据全部现有证据的权衡，包括使用推荐的指导值，还应考虑所致效应的接触期限和剂量 / 浓度，并根据所见效应的性质和严重程度将物质分为两个类别，见表 5-16。类别 1 和类别 2 分类的指导值（90 d 反复接触），分别见表 5-17 和表 5-18。

表 5-16　特异性靶器官毒性——反复接触类别

类别 1	反复接触对人体已产生明显特异性靶器官毒性的物质，或根据现有实验动物研究的证据能推定对人体有可能产生明显特异性靶器官毒性的物质。 将物质分入类别 1 是根据：人类的病例报告或流行病学研究的可靠和高质量的证据；实验动物研究的观察资料，其中在低接触浓度时产生与人类健康有关的明显和 / 或严重的特异性靶器官毒性效应，表 5-17 提供的指导值范围可用于证据权衡评价
类别 2	反复接触根据实验动物研究得来的证据能推定对人类健康可能产生危害的物质。 将物质分类于类别 2 是根据实验动物研究的观察资料，其中在中等接触浓度时产生与人类健康有关的明显特异性靶器官毒性。为了有助于分类表 5-18 提供了指导值范围。 在特殊情况下，分至类别 2 也可使用人类证据

注：对于特异性靶器官的两个类别的鉴定易受已被分类物质的影响或可将物质确定为一般的系统毒物。应设法确定毒性的主要靶器官并为此分类。例如肝脏毒物和神经毒物应认真评估数据，在可能容许的场合下不考虑次要效应，例如肝脏毒物能够产生神经系统或胃肠系统的次要效应。

表 5-17　　类别 1 分类的指导值范围（90 d 反复接触）

接触途径	单位	指导值 C
经口（大鼠）	mg/(kg · d)	$C \leqslant 10$
经皮肤（大鼠或兔）	mg/(kg · d)	$C \leqslant 20$
吸入气体（大鼠）	(mL/L)/(6 h/d)	$C \leqslant 0.05$
吸入蒸气（大鼠）	(mg/L)/(6 h/d)	$C \leqslant 0.2$
吸入粉尘 / 烟 / 雾（大鼠）	(mg/L)/(6 h/d)	$C \leqslant 0.02$

注：对于类别 1 分类而言，在对实验动物进行的 90 d 反复接触研究中可以观察到明显毒性效应，并且以等于或小于在表 5-17 中说明的建议指导值时观察到发生该效应，便可进行分类。

表 5-18　　类别 2 分类的指导值范围（90 d 反复接触）

接触途径	单位	指导值 C
经口（大鼠）	mg/(kg · d)	$10 < C \leqslant 100$
经皮肤（大鼠或兔）	mg/(kg · d)	$20 < C \leqslant 200$
吸入气体（大鼠）	(mL/L)/(6 h/d)	$0.05 < C \leqslant 0.25$
吸入蒸气（大鼠）	(mg/L)/(6 h/d)	$0.2 < C \leqslant 1.0$
吸入粉尘 / 烟 / 雾（大鼠）	(mg/L)/(6 h/d)	$0.02 < C \leqslant 0.2$

注：对于类别 2 分类而言，在实验动物进行的 90 d 重复剂量研究中观察到明显毒性影响并且以等于或小于表 5-18 中的（建议的）指导值发生的毒性影响时，便可进行分类。

（10）吸入危害

本类的目的是对可能对人类造成吸入毒性危险的物质或混合物分类。

吸入特指液态或固态化学品通过口腔或鼻腔直接进入或者因呕吐间接进入气管和下呼吸系统。

吸入毒性是指吸入一种物质或混合物后发生的，包括化学性肺炎、不同程度的肺损伤或吸入后死亡等严重急性效应。

吸入危害分为两个类别，见表 5-19。

表 5-19　　吸入危害的类别

类别	分类原则
第 1 类 已知引起人体吸入毒性危险的化学品或被看作会引起人类吸入毒性危险的化学品	以下物质被划入第 1 类： ①根据可靠的优质人类证据； ②如果是烃类物质，在 40 ℃时运动黏度不大于 20.5 mm^2/s
第 2 类 因假定它们会引起人体吸入毒性危险而令人担心的化学品	现有动物研究数据表明以及经专家考虑到表面张力、水溶性、沸点和挥发性作出判断，在 40 ℃时运动黏度不大于 14 mm^2/s 的物质，已划入第 1 类的物质除外

3. 环境危害

（1）对水生环境的危害

急性水生毒性是指物质可对在水中短期接触该物质的生物体造成伤害，是物质本身的性质；慢性水生毒性是指可对在水中接触该物质的生物体造成有害影响，接触时间根据生物体的生命周期确定，是物质本身的性质。

GHS 的核心部分是由三个急性分类类别和四个慢性分类类别组成，见表 5-20。急性和慢性分类类别单独使用。将物质划为急性水生毒性一般使用 96 hLC_{50}（鱼类）、48 hEC_{50}（甲壳纲）和／或 72 h 或 96 $hErC_{50}$ 确定，因为这些物种被认为可以代表所有水生生物。将物质划为慢性类别的原则结合了两种类型的信息，即急性毒性信息和环境后果数据（降解性和生物积累数据）。要将混合物划为慢性类别，可从组分试验中获得降解和生物积累性质。

表 5-20　危害水环境物质的类别

急性分类类别	类别：急性 1 96 hLC_{50}（鱼类）≤1 mg/L 和／或 48 hEC_{50}（甲壳纲）≤1 mg/L 和／或 72 h 或 96 $hErC_{50}$（藻类或其他水生植物）≤1 mg/L 一些管理制度可能将急性 1 细分，纳入 $L(E)C_{50}$≤0.1 mg/L 的更低范围
	类别：急性 2 96 hLC_{50}（鱼类）＞1 mg/L 且≤10 mg/ ／ L 和／或 48 hEC_{50}（甲壳纲）＞1 mg/L 且≤10 mg/L 和／或 72 h 或 96 $hErC_{50}$（藻类或其他水生植物）＞1 mg/L 且≤10 mg/L
	类别：急性 3 96 hLC_{50}（鱼类）＞10 mg/L 且≤100 mg/L 和／或 48 hEC_{50}（甲壳纲）＞10 mg/L，且≤100 mmg ／ L 和／或 72 h 或 96 $hErC_{50}$（藻类或其他水生植物）＞10 mg/L，且≤100 mg/L 一些管理制度可能通过引入另一个类别，将这一范围扩展到 $L(E)C_{50}$＞100 mg/L 以外
慢性分类类别	类别：慢性 1 96 hLC_{50}（鱼类）≤1 mg/L 或 48 hEC_{50}（甲壳纲）≤1 mg/L 且≤100 mg/L 和／或 72 b 或 96 $hErC_{50}$（藻类或其他水生植物）≤1 mg/L 该物质不能快速降解和／或 1 g K_{OW}≥4（除非试验确定 BCF＜500）
	类别：慢性 2 96 hLC_{50}（鱼类）＞1 mg/L 且≤10 mg/L 和／或 48 hEC_{50}（甲壳纲）＞1 mg/L 且≤10 mg/L 和／或 72 h 或 96 $hErC_{50}$（藻类或其他水生植物）>1 mg/L 且≤10 mg/L 该物质不能快速降解和／或 lg K_{OW}≥4（除非试验确定 BCF＜500），除非慢性毒性 NOEC＞1 mg/L
	类别：慢性 3 96 hLC_{50}（鱼类）＞10 mg/L 且≤100 mg/L 和／或 48 hEC_{50}（甲壳纲）＞10 mg/L 且≤100 mg/L 和／或 72 h 或 96 $hErC_{50}$（藻类或其他水生植物）＞10 mg/L 且≤100 mg/L 该物质不能快速降解和／或 lg K_{OW}≥4（除非试验确定 BCF＜500），除非慢性毒性 NOEC＞1 mg/L
	类别：慢性 4 在水溶性水平之下没有显示急性毒性，而且不能快速降解，lg K_{OW}≥4，表现出生物积累潜力的不易溶解物质可划为本类别，除非有其他科学证据表明不需要分类，这样的证据包括经试验确定的 BCF＜500，或者慢性毒性 NOECs＞1 mg/L，或者在环境中快速降解的证据

续表

表中符号说明	EC_{50} 是指半效应浓度，对于亚致死或模糊不清的致死效应，在预定的时间内，如 96 h，影响 50% 被暴露个体的浓度。 ErC_{50} 是指生长速率下降方面的 EC_{50}。 LC_{50} 是指空气中或水中某种化学品造成一组试验动物 50%（半数）死亡的浓度。 LD_{50} 是指如果一次杀毒，某种化学品造成一组试验动物 50%（半数）死亡的剂量。 HCF 是指生物富集因子，按经济合作与发展组织（OECD）化学品试验准则 305 确定 lg K_{OW} 是指生物积累潜能，通常用辛醇 / 水分配系数确定，通常按 OECD 化学品试验准则 107 或 117 确定 NOEC（NOECs）指无可观察效应浓度

（2）对臭氧层的危害

化学品是否危害臭氧层通过臭氧消耗潜能值（ODP）确定。臭氧消耗潜能值（ODP）是指某种化合物的差量排放相对于同等质量的三氯氟甲烷而言，对整个臭氧层的综合扰动的比值。

危害臭氧层的分类见表 5－21。

表 5－21　　危害臭氧层的分类

分类	标准
1	《蒙特利尔议定书》附件中列出的任何受管制物质。 混合物中还有至少一种被列入《蒙特利尔议定书》附件中列出的任何受管制物质，且至少有一种物质的浓度＞0.1%

【知识拓展】

常见危险化学品安全信息获取渠道

安全生产信息主要来自中华人民共和国应急管理部官方网站、各省政府网站、各有关大专院校、科研单位、设计单位、专业信息公司以及国外相关行业等网站、订阅报刊、开展调研、参加会议（如展览会、论坛、研讨会）等。

1. 政府公告和官方渠道

（1）根据《危险化学品安全管理条例》，县级以上人民政府会建立危险化学品安全监督管理工作协调机制。因此，可以关注当地政府或相关监管部门发布的有关化学品安全的公告或信息。

（2）访问国家及地方安全生产监督管理局、生态环境局等官方网站，这些网站上通常会发布最新的化学品安全法规、标准以及相关的安全信息。

2. 专业机构和行业协会

（1）化学工业协会、安全生产协会等行业组织经常会发布行业内的安全标准、操作指南以及化学品安全数据表（MSDS）等信息。

（2）专业机构如化学品登记中心，也提供了大量关于化学品安全的数据和信息。

3. 化学品生产商和供应商

（1）化学品生产商和供应商通常会提供详细的安全数据表（MSDS），其中包含有关化学品的危险性、安全操作指南、应急处理措施等信息。

（2）在购买或使用特定化学品时，可以向供应商索取相关的安全信息和操作建议。

4. 公开出版的资料和数据库

（1）可以查阅化学工业专业期刊、杂志以及相关的技术手册，这些资料中经常包含有关化学品安全的最新研究成果和实践经验。

（2）一些在线数据库和信息服务平台也提供了丰富的化学品安全信息和查询服务。

思考与练习

一、填空题

1. ________是指在 20 ℃和标准压力 101.3 kPa 时，与空气混合有一定易燃范围的气体。

2. 易燃气溶胶根据实验结果可以分为两个类别，即________和________。

3. 按包装的物理状态，加压气体可分为________、________、________和________四类。

4. 各种储存压缩气体的钢瓶，应根据气体的种类涂上不同的颜色以示标识。氧气瓶的颜色为________，二氧化碳气瓶的颜色为________。

5. ________是指容易燃烧的或可通过摩擦引起或促进着火的固体。

6. 自燃液体也叫________，是指即使数量小也能与空气接触后 5 min 之内引燃的液体。

二、判断题

1. 易燃气体极易燃烧，与空气混合能形成爆炸性混合物。(　　)

2. 易燃气溶胶具有易燃液体、易燃气体、易燃固体物质所具有的特性。(　　)

3. 气体通常以压缩或液化状态储存于钢瓶中，不同的气体液化时所需要的压力、温度亦不同。(　　)

三、简答题

1. 什么是危险化学品？所有的化学品都是危险化学品吗？

2. GHS 的含义是什么？

3. 根据《化学品分类和危险性公示　通则》(GB 13690—2009)，危险化学品分为几大类？

4. 爆炸品属于第几类？爆炸品的特点是什么？

任务二　危险化学品安全储运

学习目标

1. 熟悉危险化学品的储存、运输安全要求。
2. 能正确判断危险化学品的储存、运输是否安全。

任务引入

你是某化工企业的危险品安全管理员，某天接到安全环保处下发的任务，需要对危险化学品的储运过程进行新员工安全培训，工作场地是安全培训室，工作对象是新员工，在培训之前，新员工需要对危险化学品储运进行前期学习，了解相关的知识。

任务分析

危险化学品的储存、运输属于危险化学品非生产性环节，具有数量集中，位置移动，自然环境复杂多变，安全防范措施相对较弱，与人们社会生活的相关性更加密切、更加直接等特点，较生产性事故发生的频率更高，事故的危害性更大。据统计，发生在危险化学品储运等非生产性环节的事故占全部危险化学品事故的 90% 以上。

相关知识

一、危险化学品储存安全防范措施及注意事项

危险化学品的存储相比于一般的商品来说需要更为严格和科学的管理措施，以免由于储存方式的不当造成不必要的损害。按照《危险化学品仓库储存通则》（GB 15603—2022），危险化学品的储存方式应采用隔离储存、隔开储存、分离储存；需要根据危险品性能分区、分类、分库储存；各类危险品不得与禁忌物料混合储存，灭火方法不同的危险化学品不能同库储存等。隔离储存示意图和分离储存示意图分别如图 5－1 和图 5－2 所示。

1. 危险化学品储存风险分析

（1）危险化学品混合储存风险分析

混合储存是指两种或两种以上的危险化学品混合在同一个仓库或同一仓间储存。各种危险化学品具有不同的危险性，有些具有易燃易爆危险性，有些具有氧化性，如果这些性质不同的禁忌物质存放在一起，在储存或搬运过程中可能互相接触而发生事故。

图 5-1 隔离储存示意图

图 5-2 分离储存示意图

1）两种或两种以上的危险化学品混合接触有以下三种情况的危险性。

①危险化学品经过混合接触，在室温条件下，立即或经过一段时间发生急剧化学反应。

②两种或两种以上危险化学品混合接触后，形成爆炸性混合物或比原来物质敏感性强的混合物。

③两种或两种以上危险化学品在加热、加压或在反应锅内搅拌不匀的情况下，发生急剧反应，造成冲料、着火或爆炸。

2）混合接触有危险性的三类危险化学品组合。

①具有强氧化性的物质和具有强还原性的物质，以上两类物质混合后会成为爆炸性混合物。例如，甘油和高锰酸钾混合后，由于发生剧烈的化学反应引起燃烧爆炸。

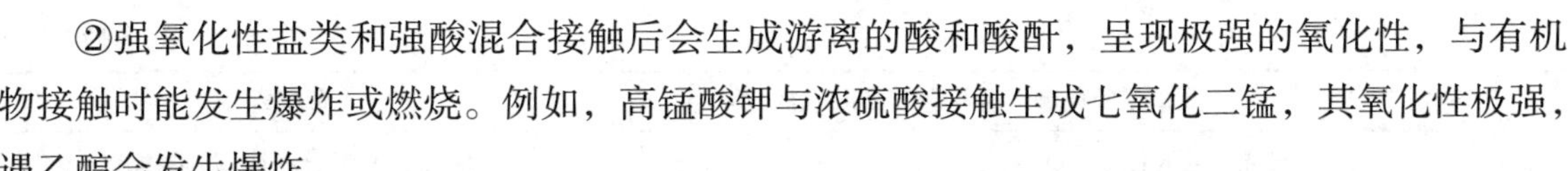

②强氧化性盐类和强酸混合接触后会生成游离的酸和酸酐，呈现极强的氧化性，与有机物接触时能发生爆炸或燃烧。例如，高锰酸钾与浓硫酸接触生成七氧化二锰，其氧化性极强，遇乙醇会发生爆炸。

③混合接触后会生成不稳定物质的两种或两种以上危险化学品，例如，液氯和液氨混合，在一定条件下会生成极不稳定的三氯化氮，有爆炸危险。

常见的典型混合接触有危险性的化学品见表 5－22。

表 5－22　常见的典型混合接触有危险性的化学品

品名	常见的典型混合接触有危险性的化学品	危险性摘要
乙醛 CH_3CHO	氯酸钠、高氯酸钠、亚氯酸钠、过氧化氢（浓）、硝酸铵、硝酸钠、硝酸、溴酸钠	混合后有激烈放热反应的危险性
	乙酸、乙酐、氢氧化钠、氨	混合后有聚合反应的危险性
	醋酸钴＋氧气	由于放热的氧化反应，生成不稳定的物质，有爆炸的危险性
乙酸（醋酸）CH_3COOH	铬酸酐、过氧化钠、硝酸铵、高氯酸、高锰酸钾	混合后，有着火燃烧，或在加热条件下发生燃烧、爆炸的危险性
	过氧化氢（浓）	能生成不稳定的爆炸性酸
	氯酸钠、高氯酸钠、亚氯酸钠、硝酸钠、硝酸	混合后有激烈放热反应的危险性
乙酐 $(CH_3CO)_2O$	高氯酸、过氧化钠、浓硝酸、高锰酸钾（加热）	混合后摩擦、冲击有爆炸的危险性
	铬酸酐（在酸催化作用下）、四氧化二氮	有激烈沸腾和爆炸的危险性
丙酮 CH_3COCH_3	铬酸酐、重铬酸钾（＋硫酸）	有着火的危险性
	硝酸（＋乙酸）、硫酸（密闭条件下）、次溴酸钠	有激烈分解爆炸的危险性
	三氯甲烷（＋酸）、氯仿	混合后有聚合放热反应的危险性
	氯酸钠、高氯酸钠、亚氯酸钠、硝酸铵、硝酸钠、溴酸钠	混合后有激烈放热反应的危险性
氨 NH_3	硝酸	接触气体有着火的危险性
	亚硝酸钾、亚硝酸钠、次氯酸	接触后能生成对冲击敏感的亚氯酸铵；对次氯酸有爆炸的危险性
苯胺 $C_6H_5NH_2$	过氧化钠、硝酸、硫酸（在二氧化碳、硝酸共存下）	有着火或立即着火的危险性
	氯酸钠、高氯酸钠、过氧化氢（浓）、过甲酸、高锰酸钾、硝基苯、硝酸铵、硝酸钠	有激烈放热反应的危险性
	硝基甲烷、臭氧	能生成敏感爆炸性混合物
苯 C_6H_6	硝酸铵、高锰酸、氟化溴、臭氧	有起火或爆炸的危险性
	氯酸钠、高氯酸钠、过氧化氢（浓）、过氧化钠、高锰酸钾、硝酸、亚氯酸钠、溴酸钠	有激烈放热反应的危险性
二硫化碳 CS_2	过氧化氢（浓）、高锰酸钾（＋硫酸）	有着火或爆炸的危险性
	氯（在铁的催化作用下）	有爆炸或着火的危险性
	氯酸钠、高氯酸钠、硝酸铵、硝酸钠、亚氯酸钠、硝酸、锌	有激烈放热反应的危险性
乙醚 $(C_2H_5)_2O$	氯酸钠、高氯酸钠、硝酸铵、硝酸钠、亚氯酸钠、硝酸、过氧化氢（浓）、过氧化钠、铬酸酐、溴酸钠	混合后有激烈放热反应的危险性

续表

品名	常见的典型混合接触有危险性的化学品	危险性摘要
乙醇 CH_3CH_2OH	过氧化氢（浓）+浓硫酸	受热，冲击有爆炸的危险性
	氯酸钠、高氯酸钠、硝酸铵、硝酸钠、亚氯酸钠	混合后有激烈放热反应的危险性
	硝酸银	在一定条件下能生成爆炸性雷酸
乙烯 $CH_2=CH_2$	氯、四氯化碳、三氯一溴甲烷、四氯乙烯、氯化铝、过氧化二苯甲酰	在一定条件下混合后有发生爆炸的危险性
	臭氧	有爆炸反应的危险性
环氧乙烷 C_2H_4O	氯酸钠、高氯酸钠、硝酸铵、硝酸钠、亚氯酸钠、硝酸、过氧化氢（浓）、过氧化钠、重铬酸钾、溴酸钠、硫酸、镁、铁、铝（包括氧化物、氯化物）	混合后有激烈放热反应的危险性，有可能发生爆炸性分解
乙酸甲酯 CH_3COOCH_3	氯酸钠、高氯酸钠、硝酸铵、硝酸钠、亚氯酸钠、硝酸、过氧化氢（浓）、溴酸钠	混合后有激烈放热反应的危险性
硝酸 HNO_3	苯胺、丁硫醇、二乙烯醚、呋喃甲醇	有着火的危险性
	钠、镁、乙腈、丙酮、乙醇、环已胺、乙酐、硝基苯	有爆炸或激烈分解反应的危险性
	乙醚、甲苯、乙烷、苯酚、硝酸甲酯、二硝基苯	混合后有激烈放热反应的危险性
苯酚 C_6H_5OH	氯酸钠、高氯酸钠、硝酸铵、硝酸钠、亚氯酸钠、硝酸、过氧化氢（浓）、溴酸钠	混合后有激烈放热反应的危险性
丙烷 C_3H_8	氯酸钠、高氯酸钠、硝酸铵、硝酸钠、亚氯酸钠、硝酸、过氧化氢（浓）、溴酸钠	混合后有激烈的放热反应或有着火的危险性
氢氧化钠 NaOH	铝	发生反应生成大量氢气
	乙醛、丙烯腈	有激烈聚合反应的危险性
	氯硝基甲苯、硝基乙烷、硝基甲烷、顺丁烯二酸酐、氢醌、三氯硝基甲烷	有发热分解爆炸的危险性，对撞击引起爆炸有敏感性
	三氯乙烯、氯仿+甲醇	有激烈放热反应的危险性，三氯乙烯加热可生成爆炸性物质
硫酸 H_2SO_4（遇水发热）	氯酸钾、氯酸钠	接触时激烈反应、有引燃的危险性
	环戊二烯、硝基苯胺、硝酸甲酯、苦味酸	有爆炸反应的危险性
	磷、钠、二亚硝基戊次甲基四胺	有着火的危险性

（2）危险化学品储存场所布置和操作危险性分析

危险化学品必须储存在专用仓库，仓库选址及库区布置不合理、储存量过大、管理不到位、违章作业等是必须关注的危险因素。

1）危险化学品仓库选址及库区布置。正确地选择危险化学品仓库库址，可以减少发生事故时与周围居住区、工矿企业和交通线之间的相互影响；合理布置库区，可以保证危险化学品有个安全的储存环境，也有利于事故后的应急救援。

2）危险化学品仓库内危险化学品的储存量。危险化学品仓库中储存的危险化学品数量应符合规范的要求，否则也会给安全生产带来隐患。

3）危险化学品仓库作业人员违章作业。在搬运危险化学品时没有轻装轻卸，堆垛过高由于不稳妥发生倒桩，在库内改装打包、封焊修理，易燃液体、气体装卸违反安全操作规程等，均可能发生各类事故。

2. 危险化学品储存基本安全要求

危险化学品储存需满足以下基本要求和安排。

（1）危险化学品的储存必须遵照国家法律法规和其他有关的规定。

（2）危险化学品必须储存在经有关部门批准设置的专门的危险化学品仓库中，经销部门自管仓库储存危险化学品及储存数量必须经有关部门批准。未经批准不得随意设置危险化学品储存仓库。

（3）危险化学品露天堆放，应符合防火、防爆的安全规定，爆炸品、一级易燃物品、遇湿燃烧物品、剧毒物品不得露天堆放。

（4）储存危险化学品的仓库必须配备有专业知识的技术人员，其库房及场所应设专人管理，同时必须配备可靠的个体防护装备。

（5）储存危险化学品分类可按爆炸品、气体、易燃液体、易爆固体、易于自燃的物质和遇水放出易燃气体的物质、氧化性物质和有机过氧化物、毒害性物质、腐蚀性物质等分类。

1）爆炸品不准和其他类物品同储，必须单独隔离限量储存。

2）气体必须与爆炸品、氧化性物质、易燃物质、易于自燃的物质、腐蚀性物质隔离储存；易燃气体不得与助燃气体、剧毒气体同储；氧气不得与油脂混合储存。

3）易燃液体、遇水放出易燃气体的物质、易燃固体不得与氧化性物质混合储存，具有还原性的氧化剂，应单独存放。

4）有毒物质应储存在阴凉、通风、干燥的场所，不要露天存放，不要接近酸类物质。

5）腐蚀性物质包装必须严密，不允许泄漏，严禁与液化气体和其他物质共存。

6）储存危险化学品应有明显的标志，标志应符合国标的规定。如同一区域储存两种以上不同级别的危险品，应按最高等级危险物品的性能标示。

7）储存危险化学品应根据危险品性能分区、分类、分库储存。各类危险品不得与禁忌物料混合储存。

8）储存危险化学品的建筑物、区域内严禁吸烟和使用明火。

9）危险化学品的储存量及储存安排见表 5－23。

表 5－23　危险化学品的储存量及储存安排

储存类别	储存要求			
	露天储存	隔离储存	隔开储存	分离储存
平均单位面积储存量 /（t/m^2）	1.0～1.5	0.5	0.7	0.7
单一储存区最大储量 /t	2 000～2 400	200～300	200～300	400～600
垛距限制 /m	2	0.3～0.5	0.3～0.5	0.3～0.5
通道宽度 /m	4～6	1～2	1～2	5
墙距宽度 /m	2	0.3～0.5	0.3～0.5	0.3～0.5
与禁忌品距离 /m	10	不得同库储存	不得同库储存	7～10

二、危险化学品运输防护措施及注意事项

我国关于危险化学品的运输实行行政许可制度，未经许可，任何单位或个人不允许从事危险化学品的运输。

1. 危险化学品运输风险分析

（1）危险化学品道路运输风险分析

目前，我国危险化学品的最主要运输方式是道路运输，道路运输相比其他运输方式的最大优势是灵活性强，尤其是随着高速公路网不断密集，信息网络、通信技术以及计算机技术迅速发展，促使了危险化学品道路运输的发展。危险化学品道路运输的风险表现在管理风险和技术风险两方面。

1）危险化学品道路运输管理风险。

①运量大，运输品种多，风险基数大。所有机动车可以通达的地方几乎都适于道路运输。近年来，我国危险货物道路运输行业管理不断规范，发展形势持续向好，但仍存在一些漏洞和问题，如非法托运、违规运输、运输车辆违规挂靠等重大安全风险仍在一定范围内存在，不合格罐车流入运输市场并“带病”运行，危险化学品运输车辆通行管控措施亟待规范等。

②危险化学品道路运输管理方面的相关规章制度多，管理要求严格。危险化学品运输除须遵守道路货物运输共同的规章制度，还要遵守许多特殊规定，如《关于危险货物运输的建议书》《国际公路运输危险货物协议》《危险货物运输包装通用技术条件》《危险货物道路运输规则》等。而且这些规章制度要根据社会经济发展和科技的进步经常更新、修订，承运的人员、设备、管理部门往往不能很快适应，出现违章、违规的风险。

③危险化学品道路运输专业性强，管理难度大。危险品运输要根据货物的物理和化学性质，满足特殊的运输条件。在这方面，国家有专门的规定和限制。如业务专营，国家规定只有符合规定资质并办理相关手续的经营者才能从事道路危险货物运输经营业务；车辆专用，《汽车运输危险货物规则》和《道路运输车辆技术等级划分和评定要求》对装运危险货物的车辆技术状况和设施作了特别的规定。驾驶人员、押运人员和装卸人员等必须掌握危险货物运输的有关专业知识和技能，并做到持证上岗。但由于目前危险化学品道路运输行业入门起点较低，很多危险化学品承运单位不能全面系统落实各项安全管理要求，从而产生运营、作业的风险。

2）危险化学品道路运输技术风险。

①危险化学品自身风险。危险化学品的性质决定着事故的严重程度以及破坏程度。如爆炸性的物质受到撞击或者受热的情况下易引起爆炸事故；毒性或腐蚀性的危险化学品泄漏后，可能导致危险化学品事故和环境污染；放射性物质其屏障保护欠缺、损坏或包装不严密，造成放射性射线泄漏，对装运人员及周围人员造成伤害。

②驾乘人员的操作风险。如从业人员对危险化学品的性质、相关的法律法规未掌握，违章、非法运输；驾驶人员、押运人员责任心和安全保护意识不强，疲劳驾驶，极容易引起撞车、翻车事故；装卸人员违反操作规程野蛮装卸，破坏包装，也容易导致事故发生。

③设备的运输和装卸风险。主要指行驶部件、装卸系统、安全附件、储运容器的安全性、可靠性能的风险。如载有粉尘危险化学品的车辆装卸系统不能达到防爆要求，使整个装卸区受到粉尘爆炸的威胁；车辆灭火器、防火帽、三角灯、危险标识、拖地带等安全附件不齐全、不合理，维护管理不落实等，设备老化、带故障运行；储运容器不符合要求，液体储运容器受到挤压、撞击和挤破，没有良好的防腐措施，导致腐蚀泄漏。

④道路基础设施风险。道路设施主要包括交通安全设施、交通管理设施、防护设施、照明设施、停车设施、其他沿线相关设施及绿化设施等。如事故多发地带无明显警示、危险路段无防撞护栏等；道路狭窄、不平整，弯道过急，坡道过陡等；道路周边环境（居民、商业布点、其他设施等）复杂、自然地理条件不佳、交通流量过大等情况也是使事故扩大的重要因素。

⑤环境风险。运输环境对道路运输的影响最大，大雪、大雾、雷暴、大雨、沙尘暴等恶劣的天气环境不仅遮挡驾驶人员的视野，影响驾驶人员对安全距离等的判断，也使路面的摩擦力减小，驾驶人员操作不当容易发生交通事故进而导致危险化学品事故，而且雨雪天气还会给应急救援带来困难，会使事故影响范围扩大。

⑥应急救援的风险。危险化学品道路运输的事故发生地点分散、时间不定，应急救援难度大，需要多方配合。在事故初发地点、初发时刻迅速组织起高效的应急队伍，调动充足的应急资源进行应急处置，是减少危险道路运输事故损失的关键。

（2）危险化学品管道运输风险分析

与铁路、公路、水路运输等方式相比，管道运输具有许多明显优势，管道运输连续性强、平稳、不间断。运输安全，保证质量，管道运输密闭性强，具有极高的安全性，同时物料不挥发，质量不受影响。建设周期短、投资少、运营成本低，管道运输系统的建设周期与相同运输量的铁路相比，可以缩短 1/3 以上；资料表明，管道建设费用比铁路低 60% 左右；管道占用的土地很少，仅为公路的 3%、铁路的 10% 左右。

但是危险化学品输送管道事故的频发，也成为伴随着我国油气管道行业高速发展的阴影。危险化学品管道运输风险主要表现为管道失效、系统运行故障、违章作业、第三方破坏及自然环境破坏等。

1）管道失效风险。管道失效是造成长输管道泄漏而导致火灾、爆炸、中毒等事故的重要原因。造成管道失效的原因很多，常见的有材料缺陷、机械损伤、各种腐蚀、焊缝缺陷、外力破坏等。如选择的管道强度、韧性等不达标；法兰、垫片等材料质量缺陷或形式不正确；金属管道焊接时环形焊缝处未焊透，存在熔蚀、错边等缺陷，在应力作用下焊缝缺陷处产生应力集中，从而导致脆性断裂；埋地管道长期浸泡在地下电解质中，腐蚀速度比地面管道、管沟管道快得多。

2）系统运行故障风险。误操作使机泵、管道及附件、安全设施损坏；未定期对泵、管道及附件、安全设施进行检查、维护保养。这些存在事故隐患的设备、管道及安全设施在正常及异常情况下运行都有可能发生泄漏、火灾、爆炸事故。

3）违章作业风险。在管道的工艺控制中，由于调节控制不当使原油、天然气管道发生爆管、泄漏事故，发生泄漏后，导致火灾、爆炸、中毒等二次事故的发生。

4）第三方破坏风险。该风险主要包括管道附近进行的施工、采挖、耕种、偷盗等人为活动行为而造成的管道结构或性能破坏的风险。

5）自然环境破坏风险。管道在运输过程中会受到不同的地形、地质、水文条件、地区气候以及各种人工障碍物（如铁路、公路等）和天然障碍（如河流、湖泊等）等因素的影响，从而影响管道的强度和稳定，特别是处在不良地质地段时，管道会因受到自然作用力而破裂。

（3）危险化学品铁路运输风险分析

1）作业风险。部分铁路危险货物运输从业人员为了局部利益违章作业，造成超重、超高装载；部分押运人员对有关危险化学品安全运输的规定、危险化学品的危险性知之甚少，一旦发生危险化学品泄漏等事故往往不能在第一时间采取有效措施。有些托运人员为了降低运费，用非危险货物的品名冒充代替危险货物，车站受理承运未认真查验，造成误承运。

2）运输车辆风险。运输车辆状况不好，如罐车罐体有漏裂，阀、盖、垫及仪表等附件、配件不齐全或状态不良，造成货物泄漏，引发火灾等事故。

3）运输设施风险。运输设施多数未配备现代化报警、自动灭火、检（监）测、个人防护等相关设备。在综合性办理站，多数危险货物的装卸作业未使用防爆叉车或手推车，仍用普通叉车和手推车进行。

4）运输管理风险。制度建设未跟上，安全协议、共用协议、运输协议缺乏科学性、针对性和可操作性；铁路运输各级管理部门受理承运把关不严，以致部分托运人员或专用线、专用铁路等在没有危险品运输资质的情况下仍从事危险品的承运等。

（4）危险化学品水上运输风险分析

我国危险化学品水上运输主要是指内河运输。基于我国江河干支线路相连畅通、便利的优势，水上运输日益成为危险化学品运输的重要渠道。但是，由于受气象、水文、船况、货物性质等因素影响较大，危险化学品内河运输存在诸多风险。

1）船舶及航行风险。船舶设备落后，船舱内通风条件不完善、夜间作业船舶照明设施老旧昏暗；内河水域航道复杂，水面船舶众多，极易发生船舶碰撞事故，从而引发危险化学品爆炸、泄漏等恶性事故，并给生态环境及水产养殖业带来灾难性后果。

2）人员作业风险。部分危险化学品运输从业人员驾驶船只技术不够熟练，驾船操作不当，易导致危险化学品船舶碰撞、搁浅、倾覆，从而引发次生事故；船舶经营者为获取更高的利润，装载危险化学品的船舶出现超装、混装、超类别运输等的情况，这种行为造成了极大的事故隐患。

3）危险化学品风险。危险化学品的固有特性，会造成水上运输风险。甲类易燃液体船舶输送时，一旦发生液体泄漏，易燃液体流淌在河面上，极易酿成大火。遇湿易燃的危险化学品，遇到水或湿空气会产生可燃气体而发生点火爆炸。故上述两类危险化学品均不应内河输送。

4）事故应急处置风险。目前，我国水上运输应急管理体系尚不够完善，管理要素不够协调，影响了应急处置能力的有效发挥。一旦发生泄漏事故，应急处置工作将会涉及交通、医疗卫生、公安、生态环境等多个部门的联合行动，如果不能采取及时有效的应急措施，将会导致事故扩大。

5）水上运输监管漏洞风险。水上运输船舶分散，监管人员需要登船检查，监管难度较大。同时水上危险化学品运输监管部门、机构设置不合理，出现一些项目没人管，而另一些项目重复管的现象，导致承运单位冒险作业或无所适从。

（5）危险化学品航空运输风险分析

在运输危险品的各类交通方式中，航空运输因其通达性强、速度快、安全的优势而日益受到青睐。如何加强危险品航空运输管理、保证危险品航空运输安全，成为世界范围内共同关注和研究的课题。

为了确保危险品航空运输的安全，中国民航局制定了一系列法律法规，并要求各相关部门严格遵循，同时遵循国际通行的技术细则和危险品规则。

航空运输对于危险品包装、申报、存储、装卸等都有着严格的要求，一旦某一环节出现疏忽或纰漏，后果将不堪设想。危险品航空运输的风险主要在于违规运输，如谎报、瞒报、漏报，或在普通货物中夹带危险品等。

2. 危险化学品运输基本安全要求

《危险化学品安全管理条例》对危险化学品运输提出了基本安全要求，主要包括以下几个方面。

（1）资格和制度要求

从事危险化学品道路运输、水路运输的，应当分别依照有关道路运输、水路运输的法律、行政法规的规定，取得危险货物道路运输许可、危险货物水路运输许可，并配备专职安全管理人员。

危险化学品道路运输企业、水路运输企业的驾驶人员、船员、装卸管理人员、押运人员、申报人员、集装箱装箱现场检查员应当经交通运输主管部门考核合格，取得从业资格。具体办法由国务院交通运输主管部门制定。

危险化学品的装卸作业应当遵守安全作业标准、规程和制度，并在装卸管理人员的现场指挥或者监控下进行。水路运输危险化学品的集装箱装箱作业应当在集装箱装箱现场检查员的指挥或者监控下进行，并符合积载、隔离的规范和要求；装箱作业完毕后，集装箱装箱现场检查员应当签署装箱证明书。

（2）设备和人员能力要求

运输危险化学品，应当根据危险化学品的危险特性采取相应的安全防护措施，并配备必要的防护用品和应急救援器材。用于运输危险化学品的槽罐以及其他容器应当封口严密，能够防止危险化学品在运输过程中因温度、湿度或者压力的变化发生渗漏、洒漏；槽罐以及其他容器的溢流和泄压装置应当设置准确、启闭灵活。

运输危险化学品的驾驶人员、船员、装卸管理人员、押运人员、申报人员、集装箱装箱现场检查员，应当了解所运输的危险化学品的危险特性及其包装物、容器的使用要求和出现危险情况时的应急处置方法。

（3）道路运输安全要求

通过道路运输危险化学品的，托运人员应当委托依法取得危险货物道路运输许可的企业承运；应当按照运输车辆的核载质量装载危险化学品，不得超载。

危险化学品运输车辆应当符合国家标准要求的安全技术条件，并按照国家有关规定定期进行安全技术检验；应当悬挂或者喷涂符合国家标准要求的警示标志；应当配备押运人员，并保证所运输的危险化学品处于押运人员的监控之下。

运输危险化学品途中因住宿或者发生影响正常运输的情况，需要较长时间停车的，驾驶人员、押运人员应当采取相应的安全防范措施；运输剧毒化学品或者易制爆危险化学品时，还应当向当地公安机关报告。

未经公安机关批准，运输危险化学品的车辆不得进入危险化学品运输车辆限制通行的区域。危险化学品运输车辆限制通行的区域由县级人民政府公安机关划定，并设置明显的标志。

通过道路运输剧毒化学品时，托运人员应当向运输始发地或者目的地县级人民政府公安机关申请剧毒化学品道路运输通行证。

（4）水路运输安全要求

通过水路运输危险化学品时，应当遵守法律、行政法规以及国务院交通运输主管部门关于危险货物水路运输安全的规定。

禁止通过内河封闭水域运输剧毒化学品以及国家规定禁止通过内河运输的其他危险化学品。

通过内河运输危险化学品，应当由依法取得危险货物水路运输许可的水路运输企业承运；应当使用依法取得危险货物适装证书的运输船舶。水路运输企业应当制定运输船舶危险化学品事故应急救援预案，并为运输船舶配备充足、有效的应急救援器材和设备。

通过内河运输危险化学品，危险化学品包装物的材质、型式、强度以及包装方法应当符合水路运输危险化学品包装规范的要求。作业的内河码头、泊位应当符合国家有关安全规范，与饮用水取水口保持国家规定的距离。

在内河港口内进行危险化学品的装卸、过驳作业，应当将危险化学品的名称、危险特性、包装和作业的时间、地点等事项报告港口行政管理部门。港口行政管理部门接到报告后，应当在国务院交通运输主管部门规定的时间内作出是否同意的决定，通知报告人，同时通报海事管理机构。

（5）托运人员的安全要求

危险化学品托运人员应当向承运人说明所托运的危险化学品的种类、数量、危险特性以及发生危险情况的应急处置措施，并按照国家有关规定对所托运的危险化学品妥善包装，在外包装上设置相应的标志。不得在托运的普通货物中夹带危险化学品，不得将危险化学品匿报或者谎报为普通货物托运。

【知识拓展】

危险化学品储运行业现状

我国是全球规模最大的危险化学品制造国和消费国，主要危险化学品生产量、消耗量均

居世界第一。随着产量与需求的快速增长，危险化学品储运规模不断扩大。近年来，危险化学品物流市场规模仍然保持增长，截至2022年底，市场规模已经超过2.41万亿元，2023—2025年增速维持在9.4%左右。

1. 危险化学品仓储行业发展现状

根据中国化工学会数据显示，截至2020年全国共有5 000家危险化学品仓储企业，其中以储罐为主的企业约占55%、以立体仓为主的企业约占25%、以平仓为主的企业约占15%，其他类型仓储约占5%。

从我国危险化学品仓储能力分布看，我国东南沿海、长三角、珠三角、环渤海湾地区占我国危险化学品仓储业的70%以上，中西部地区不足30%，且大多分布在大中城市和能源产地，地域性集中分布的特点非常明显。

2. 危险化学品运输行业发展现状

近年来我国危险化学品运输总量稳步增长，从2015年的14.5亿t增长至2022年的18.1亿t，期间复合年增长率为3.22%。我国危险化学品运输70%集中在道路运输领域，道路基础设施建设以及危险品运输罐车、挂车对我国危险化学品运输行业起到关键作用。据统计，截至2022年我国危险化学品运输行业市场规模约为24 500亿元，其中道路运输规模约为18 613.1亿元，水路运输规模约为3 665.2亿元，铁路及其他运输规模约为2 221.7亿元。

思考与练习

一、填空题

1. ________是指两种或两种以上的危险化学品混合在同一个仓库或同一仓间储存。

2. 具有强氧化性的物质和具有强还原性的物质，以上两类物质混合后会成为________。

3. 危险化学品运输车辆应当符合国家标准要求的安全技术条件，并按照国家有关规定定期进行________；应当悬挂或者喷涂符合国家标准要求的________；应当配备押运人员，并保证所运输的危险化学品处于押运人员的监控之下。

二、判断题

1. 危险化学品仓库应采用隔离储存、隔开储存、分离储存的方式对危险化学品进行储存。(　　)

2. 爆炸品不准和其他类物品同储，必须单独隔离限量储存。(　　)

三、简答题

1. 两种或两种以上的危险化学品混合接触有哪些危险?

2. 危险化学品储存场所布置和操作危险性有哪些?
3. 简述危险化学品运输基本安全要求。

任务三　危险化学品应急处置

学习目标

1. 熟悉危险化学品着火爆炸事故的常见原因。
2. 掌握危险化学品着火爆炸事故、泄漏事故的处理措施。
3. 能正确处理危险化学品着火爆炸事故。

任务引入

你是某化工企业的现场操作员，某天接到班组长下发的任务，需要进行事故处置演练，工作场地是现场区域，工作对象是危险化学品事故处置，在演练之前，需要对危险化学品应急处置进行前期学习，了解相关的知识。

任务分析

危险化学品的相关事故不但对人民群众的生命安全造成严重的威胁和影响，而且会造成不可估量的经济损失，对我们生存的环境也会造成严重破坏，此类事故危险性大，控制困难。发生危险化学品的相关事故后如何应急处置就显得尤为重要。

相关知识

一、危险化学品着火爆炸事故应急处置措施

爆炸的一个重要特征是在爆炸瞬间会产生大量高压、高温气体，并骤然膨胀，使得爆炸点周围发生急剧的压力突变，从而形成强大的冲击波，使人、设备、建（构）筑物遭受巨大伤害和破坏，引发严重的事故及经济损失。

1. 发生危险化学品着火爆炸事故的常见原因

一般情况下，发生危险化学品着火爆炸事故的常见原因有以下九个方面。

（1）用火管理不当。无论对生产用火（如焊接、锻造、铸造和热处理等工艺），还是对生活用火（如吸烟、使用炉灶等），火源管理不善。

（2）易燃物品管理不善，库房不符合防火安全标准，没有根据物质的性质分类储存。例如，将性质互相抵触的化学物品混放在一起，灭火要求不同的物质堆放在一起，遇水燃烧的

物质置于潮湿地点等。

（3）电气设备绝缘不良，安装不符合规程要求，发生短路、超负荷、接触电阻过大等。

（4）工艺布置不合理，易燃易爆场所未采取相应的防火防爆措施，设备缺乏维护、检修，或检修质量低劣。

（5）违反安全操作规程，设备超温超压，或在易燃易爆场所违章动火、吸烟或违章使用汽油等易燃液体。

（6）通风不良，生产场所的可燃蒸气、气体或粉尘在空气中达到爆炸极限并遇火源。

（7）避雷设备装置不当，缺乏检修或没有避雷装置，发生雷击引起失火。

（8）易燃易爆生产场所的设备管线没有采取消除静电措施，发生放电火花。

（9）棉纱、油布、沾油铁屑等放置不当，在一定条件下自燃起火。

2. 危险化学品着火爆炸事故的应急处置

（1）立即向企业主要负责人汇报并向有关部门报警。

（2）对发生事故的设备、装置、管道等做紧急停车处理。

（3）查明发生化学品爆炸的物质品名、爆炸区域、爆炸范围、周边物资情况、发生爆炸原因等，迅速判断再次发生爆炸的可能性和危险性，抓住再次爆炸之前的有利时机，采取一切可能的措施，防止再次爆炸的发生。

（4）在安全保障前提下，应迅速组织力量抢救现场的受伤人员和被困人员，及时将有可能会再次发生爆炸和燃烧的危险化学品迅速转移到安全区域，使着火区周围形成一个隔离带。

（5）切忌用砂土覆盖爆炸物品，以免增强再次爆炸时的威力。如用水扑救堆垛的爆炸物品，应采用吊射，不能用强力水流平射冲击，以免堆垛倒塌引发其他事故。

（6）扑救人员应积极采取自我保护措施，尽量利用现场的地形、地物作为掩体。如采用水扑救，宜采用远距离卧姿等低姿方式喷水，以免爆炸物伤及人体。扑救人员一旦衣帽等着火时，应迅速脱掉衣帽等着火物，如来不及脱掉，可将衣物撕破扔掉，切记不能奔跑。消防设备、设施及车辆不要停靠离爆炸品太近的水源处。

（7）在现场扑救的人员要密切关注灾情的发展。对有可能会再次发生爆炸或喷溅等危险情况时，应及时撤离现场。危险化学品爆炸事故的应急处置流程如图 5-3 所示。

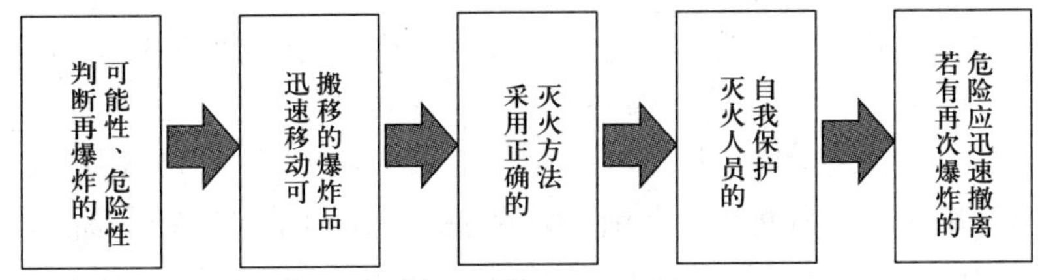

图 5-3　危险化学品爆炸事故的应急处置流程

二、危险化学品泄漏应急处置措施

危险化学品泄漏是指危险化学品从业单位在生产、经营、使用、储存、运输或废弃物处置过程中，因物质的不安全状态、人的不安全行为或管理上的缺陷使危险化学品从设备、机泵、管道、储罐、包装容器等盛器内向外泄漏出来，这些泄漏物或以气态、液态或固态形式出现，无论哪种形式，都将使企业遭受物质上的损失以及对人员的生命安全构成威胁，还可能对环境造成较大影响。

1. 发生危险化学品泄漏事故的常见原因

（1）企业的工艺技术较落后，缺乏机械化运作，有些企业仍依靠人力在搬运物料，人工投卸料，靠人操作，危险化学品暴露机会多，造成危险化学品泄漏事故的概率也高。

（2）生产上使用的是淘汰设备或落后设备，密闭性能差，跑、冒、滴、漏现象普遍。

（3）工艺配置不合理，生产工艺流程中缺少有关环节，相应地也缺少有关设备、设施，而是靠人工来转驳或替代机械化输送，增加危险化学品泄漏机会。

（4）平时缺乏对设备的维修保养和必要的检修，致使设备“带病”运行，物料跑、冒、滴、漏多。

（5）设备和管线上的排放口、取样口会产生物料的泄漏，如有毒、可燃气体的安全阀排放口等未连接到气体后处理设备中，而直接排入大气。对存在剧毒、高毒类物质的取样口未设计为密闭取样系统，也会造成危险化学品的泄漏。

（6）未按工艺特性和介质的理化性质选择动设备的密封介质和密封件也会造成介质的泄漏。

（7）对危险化学品储存装置未采取高、低液位报警和高高、低低液位联锁及紧急切断装置设计，会造成溢料、跑料等泄漏事故。

（8）如在生产、储存等场所接到可燃及有毒气体泄漏报警系统报警后，未按应急处置要求采取果断措施，会造成可燃、有毒气体的进一步泄漏。

（9）因企业发生生产事故，如火灾、爆炸等使生产系统内的危险化学品流出或溢出。

（10）化工操作人员因违反安全操作规程，不遵守安全规章制度，造成危险化学品泄漏。

（11）从业人员因违反劳动纪律擅自脱岗、睡岗、串岗等，容易造成生产事故而使物料泄漏。

（12）因交通事故，使运输车辆上的危险化学品泄漏。

2. 危险化学品泄漏事故的处置原则

一旦发生危险化学品泄漏事故后，为尽量减少其损失、危害和影响，从业人员应立即采取有效的应急处置措施，处置过程中应掌握好以下几项原则。

（1）如泄漏物为液体或固体，且泄漏量较大，此时应先在泄漏处四周设置围护物阻挡泄漏物流散，然后将围护内的泄漏物转移到收集容器中。如泄漏物无法转移到收集容器中，可对围护内的泄漏物进行无害化处理。如酸类泄漏物可投入生石灰中和等。

（2）如泄漏物数量较少，对液体泄漏物可用木屑或细砂、干燥泥土拌和吸附，再将吸附有危险化学品液体的木屑、细砂、泥土集中销毁。对固体泄漏物应直接收集到专用容器中。以上两类泄漏物洒在地上后绝不能用水将其冲入下水道内。

（3）如泄漏物为有毒气体，处置人员应佩戴有效的防毒呼吸器和其他防护用品进行工作。

如确认该泄漏已无法控制，应选择正确的逃生方向（毒气源的上风或侧风向）快速撤离现场。

【知识拓展】

危险化学品应急救援的基本任务

1. 控制事故源

及时控制事故源，是应急救援工作的首要任务，只有及时控制住事故源，才能及时防止事故的继续扩展，有效地进行救援。

2. 抢救受害人员

这是应急救援的重要任务，在应急救援行动中，及时、有序、有效地实施现场急救与安全转送受害人员是降低伤亡率、减少事故损失的关键。

3. 指导群众防护，组织群众撤离

由于化学事故发生突然、扩展迅速、涉及面广、危害大，应及时指导和组织群众采取各种措施进行自身防护，并向上风向迅速撤离出危险区域或可能受到危害的区域。在撤离过程中应积极组织群众开展自救和互救工作。

4. 做好现场清洁，消除危害后果

对事故外溢的有毒、有害物质和可能对人及环境继续造成危害的物质，应及时组织人员予以清除，消除危害后果，防止对人的继续危害和对环境的污染。对于由此发生的火灾，应及时组织力量扑救、洗消。

5. 查清事故原因，估算危害程度

事故发生后应及时调查事故的发生原因和事故性质，估算出事故的危害波及范围和危险程度，查明受害人员的伤亡情况，做好事故调查。

思考与练习

一、判断题

1. 如果化学品为液体，泄漏到地面上时会四处蔓延扩散，难以收集处理。为此需要筑堤堵截或者引流到安全地点。对于储罐区发生液体泄漏时，要及时关闭雨水阀，防止物料沿明沟外流。（　　）

2. 如果化学品为液体，泄漏到地面上时会四处蔓延扩散，难以收集处理。为此当泄漏量小时，可用沙子、吸附材料、中和材料等吸收中和。（　　）

二、简答题

1. 危险化学品发生着火爆炸事故的常见原因有哪些？

2. 危险化学品着火爆炸事故的应急处置方法有哪些？

3. 危险化学品发生泄漏事故的常见原因有哪些？

4. 危险化学品泄漏事故的处置原则有哪些？

任务四　重大危险源管理

学习目标

1. 熟悉重大危险源辨识的依据和方法。
2. 掌握重大危险源安全防护措施。
3. 能正确辨识危险化学品企业的重大危险源。

任务引入

你是某化工企业的现场操作员，某天接到班组长下发的任务，需要在巡检过程中对现场重大危险源进行风险辨识，工作场地是现场，工作对象是现场装置和设施，在辨识之前，需要对重大危险源进行前期学习，了解相关的知识。

任务分析

危险化学品重大危险源安全风险防控是危险化学品安全生产工作的重中之重，为了有效遏制化工生产中的特重大事故，保障人民群众生命财产安全，必须对重大危险源进行有效管理。

相关知识

一、重大危险源

重大危险源是指长期地或者临时地生产、搬运、使用或者储存危险物品，且危险物品的数量等于或者超过临界量的单元（包括场所和设施）。

《危险化学品重大危险源辨识》（GB 18218—2018）规定了辨识危险化学品重大危险源的依据和方法。

危险化学品重大危险源的辨识依据是危险化学品的危险特性及其数量，危险化学品临界量的确定见表 5－24 和表 5－25。

在表 5－24 中的危险化学品，临界量按表 5－24 确定；未在表 5－24 范围内的危险化学品，按表 5－25 确定临界量；如果一种危险化学品具有多种危险性，按其中最低的临界量确定。

表 5-24　　危险化学品临界量的确定

序号	类别	危险化学品名称和说明	临界量 /t
1	爆炸品	叠氮化钡	0.5
2		叠氮化铅	0.5
3		雷汞	0.5
4		三硝基苯甲醚	5
5		2, 4, 6- 三硝基甲苯	5
6		硝化甘油	1
7		硝化纤维素	10
8		硝酸铵（含可燃物＞0.2%）	5
9	易燃气体	丁二烯	5
10		二甲醚	50
11		甲烷，天然气	50
12		氯乙烯	50
13		氢	5
14		液化石油气（含丙烷，丁烷及其混合物）	50
15		一甲胺	5
16		乙炔	1
17		乙烯	50
18	毒性气体	氨	10
19		二氟化氧	1
20		二氧化氮	1
21		二氧化硫	20
22		氟	1
23		光气	0.3
24		环氧乙烷	10
25		甲醛（含量＞90%）	5
26		磷化氢	1
27		硫化氢	5
28		氯化氢	20
29		氯	5
30		煤气（CO 和 H_2，CH_4 的混合物等）	20
31		砷化三氢、胂	1
32		锑化氢	1
33		硒化氢	1
34		溴甲烷	10

续表

序号	类别	危险化学品名称和说明	临界量 /t
35	易燃液体	苯	50
36		苯乙烯	500
37		丙酮	500
38		丙烯腈	50
39		二硫化碳	50
40		环己烷	500
41		环氧丙烷	10
42		甲苯	500
43		甲醇	500
44		汽油	200
45		乙醇	500
46		乙醚	10
47		乙酸乙酯	500
48		正己烷	500
49	易于自燃的物质	黄磷	50
50		烷基铝	1
51		戊硼烷	1
52	遇水放出易燃气体的物质	电石	100
53		钾	1
54		钠	10
55	氧化性物质	发烟硫酸	100
56		过氧化钾	20
57		过氧化钠	20
58		氯酸钾	100
59		氯酸钠	100
60		硝酸（发红烟的）	20
61		硝酸（发红烟的除外，含硝酸＞70%）	100
62		硝酸铵（含可燃物≤0.2%）	300
63		硝酸铵基化肥	1 000
64	有机过氧化物	过氧乙酸（含量≥60%）	10
65		过氧化甲乙酮（含量≥60%）	10
66	毒性物质	丙酮合氰化氢	20
67		丙烯醛	20
68		氟化氢	1

续表

序号	类别	危险化学品名称和说明	临界量 /t
69	毒性物质	环氧氯丙烷（3- 氯 -1, 2- 环氧丙烷）	20
70		环氧溴丙烷	20
71		甲苯二异氰酸酯	100
72		氯化硫	1
73		氰化氢	1
74		三氧化硫	75
75		烯丙胺	20
76		溴	20
77		亚乙基亚胺	20
78		异氰酸甲酯	0.75

表 5－25　　危险化学品临界量的确定

类别	危险性分类及说明	临界量 /t
爆炸品	1.1A 项爆炸品	1
	除 1.1A 项外的其他 1.1 项爆炸品	10
	除 1.1 项外的其他爆炸品	50
气体	易燃气体：危险性属于 2.1 项的气体	10
	氧化性气体：危险性属于 2.2 项非易燃无毒气体且次要危险性为 5 类的气体	200
	剧毒气体：危险性属于 2.3 项且急性毒性为类别 1 的毒性气体	5
	有毒气体：危险性属于 2.3 项的其他毒性气体	50
易燃液体	极易燃液体：沸点≤35 ℃且闪点＜0 ℃的液体；或保存温度一直在其沸点以上的易燃液体	10
	高度易燃液体：闪点＜23 ℃的液体（不包括极易燃液体）；液态退敏爆炸品	1 000
	易燃液体：23 ℃≤闪点＜61 ℃的液体	5 000
易燃固体	危险性属于 4.1 项且包装为Ⅰ类的物质	200
易自燃物质	危险性属于 4.2 项且包装为Ⅰ或Ⅱ类的物质	200
遇水放出易燃气体的物质	危险性属于 4.3 项且包装为Ⅰ或Ⅱ的物质	200
氧化性物质	危险性属于 5.1 项且包装为Ⅰ类的物质	50
	危险性属于 5.1 项且包装为Ⅱ或Ⅲ类的物质	200
有机过氧化物	危险性属于 5.2 项的物质	50
毒性物质	危险性属于 6.1 项且急性毒性为类别 1 的物质	50
	危险性属于 6.1 项且急性毒性为类别 2 的物质	500

注：表中危险性类别及包装类别依据《危险货物品名表》（GB 12268—2012）确定。

二、重大危险源安全防护措施

安全监测监控系统是保障重大危险源安全、降低重大事故风险的重要措施。危险化学品重大危险源安全监控监测系统建设应满足以下要求。

1. 重大危险源配备温度、压力、液位、流量、组分等信息的不间断采集和监测系统以及可燃气体和有毒、有害气体泄漏检测报警装置，并具备信息远传、连续记录、事故预警、信息存储等功能；一级或者二级重大危险源，具备紧急停车功能。记录的电子数据的保存时间不少于30天。

2. 重大危险源的化工生产装置装备满足安全生产要求的自动化控制系统；一级或者二级重大危险源，装备紧急停车系统。

3. 对重大危险源中的毒性气体、剧毒液体和易燃气体等重点设施，设置紧急切断装置；毒性气体的设施，设置泄漏物紧急处置装置。涉及毒性气体、液化气体、剧毒液体的一级或者二级重大危险源，配备独立的安全仪表系统（SIS）。

4. 重大危险源中储存剧毒物质的场所或者设施设置视频监控系统。

5. 安全监测监控系统符合国家标准或者行业标准的规定。

此外，由于重大危险源本身的危险性及其生产条件的复杂性与苛刻性，为确认重大危险源中的安全设施和安全监测监控系统在运行一段时间后是否仍能满足当时设计条件，需要对其定期进行检测、检验，并进行经常性维护、保养，保证重大危险源的安全设施和安全监测监控系统有效、可靠运行。

【知识拓展】

重大危险源安全监控预警系统构成

重大危险源安全监控预警系统由数据采集装置、逻辑控制器、执行机构以及工业数据通信网络等仪表和器材组成，用于采集相关安全信息，并通过数据分析进行故障诊断和事故预警，确定现场安全状况，同时配备联锁装备，在危险出现时采取相应措施的重大危险源计算机数据采集与监控系统。

1. 技术要求

由于危险化学品重大危险源涉及生产、使用和储存大量易燃易爆及毒性物质，易发生燃烧、爆炸和中毒等重大事故，故进行重大危险源安全监控预警系统设计时，需特别注意以下要求。

（1）重大危险源应设有相对独立的安全监控预警系统，相关现场探测仪器的数据应直接接入系统控制设备中，系统应符合相关标准的规定。

（2）系统中的设备应符合有关国家法规、标准的规定，按照经规定程序批准的图样及文件，须经国家权威部门检测检验认证合格。

（3）系统所用设备应符合现场和环境的具体要求，具有相应的功能和使用寿命。在火灾和爆炸危险场所设置的设备，应符合国家有关防爆、防雷、防静电等标准和规范的要求。

（4）控制设备须设置在有人值班的房间或安全场所。

（5）系统报警等级的设置须同事故应急处置与救援相协调，不同级别的事故分别启动相对应的应急预案。

（6）对于高危险场所（如容易发生燃烧、爆炸和毒物泄漏等事故）、远距离传输、移动监测、无人值守或其他不宜采用有线数据传输的应用环境，应选用无线传输技术与装备。

2. 监控项目

对于储罐区、库区、生产场所三类重大危险源，因监控对象的不同，所需要的安全监控预警参数也不同，主要可分为以下几类。

（1）储罐以及生产装置内的温度、压力、液位、流量、阀位等可能直接引发安全事故的关键工艺参数。

（2）当易燃易爆及有毒物质为气态、液态或气液两相时，应监测现场的可燃/有毒气体浓度。

（3）气温、湿度、风速、风向等环境参数。

（4）音视频信号和人员出入情况。

（5）明火和烟气。

（6）避雷针、防静电装置的接地电阻以及供电状况。

对于储罐区，监测预警项目主要根据储罐的结构和材料、储存介质特性以及罐区环境条件等的不同进行选择。一般包括罐内介质的液位、温度、压力，罐区内可燃/有毒气体浓度、明火、环境参数以及音视频信号和其他危险因素等。

对于库区，监测预警项目主要根据储存介质特性、包装物和容器的结构形式和环境条件等的不同进行选择。一般包括库区室内的温度、湿度、烟气以及室内外的可燃/有毒气体浓度、明火、音视频信号以及人员出入情况和其他危险因素等。

对于生产场所，监测预警项目主要根据物料特性、工艺条件、生产设备及其布置条件等的不同进行选择。一般包括温度、压力、液位、阀位、流量以及可燃/有毒气体浓度、明火和音视频信号和其他危险因素等。

3. 系统组成

在架构上，重大危险源安全监控预警系统一般由监测器、隔离变送器、摄像机、二次仪表、现场监控器、执行机构（包括报警器等）、视频处理设备、监控计算机、传输接口、电源、线缆、防雷装置、防静电装置、其他必要设备等和软件组成。其中，监控中心硬件一般包括传输接口、监控计算机、显示设备、服务器、网络设备、大容量存储设备、UPS电源、打印机、空调等其他配套设备等；现场设备包括传感器、隔离变送设备、摄像机、二次仪表、现场监控器、执行机构等。

思考与练习

一、填空题

1. 重大危险源是指长期地或者临时地生产、搬运、使用或者储存危险物品，且危险物品的数量等于或者超过________。

2. ______________是保障重大危险源安全，降低重大事故风险的重要措施。

二、单项选择题

1. 重大危险源是指长期地或者临时地生产、搬运、使用或者储存危险物品，且危险物品的数量等于或者超过临界量的单元（　　）。

A. 包括场所和设施　B. 频率和后果　C. 可能性和后果　D. 概率和后果的严重性

2. 危险化学品重大危险源是指按照（　　）标准辨识确定的。

A.《危险化学品重大危险源辨识》(GB 18218—2018)

B.《危险化学品名录》(2015 版)

C.《中华人民共和国安全生产法》

D.《危险化学品重大危险源管理办法》

3. 危险化学品重大危险源配备的温度、压力、液位、流量、组分等信息的不间断采集和监测系统以及可燃气体和有毒气体泄漏检测报警装置，且记录的电子数据的保存时间不少于（　　）。

A. 10 天　B. 90 天　C. 30 天　D. 365 天

三、简答题

1. 什么是重大危险源？

2. 重大安全危险源的安全防护措施有哪些？

项目六

化工装置安全检修

化工装置在长周期运行中，由于外部负荷、内部应力和相互磨损、腐蚀、疲劳以及自然侵蚀等因素影响，使个别部件或整体改变原有尺寸、形状，机械性能下降、强度降低，造成生产安全隐患和缺陷，威胁着安全生产。所以，为了实现安全生产，提高设备效率，降低能耗，保证产品质量，要对化工装置、设备定期进行计划检修，及时消除缺陷和隐患，使化工装置能够“安、稳、长、满、优”运行。

任务一　化工装置检修前准备

学习目标

1. 熟悉化工装置检修的分类、特点。
2. 熟悉化工装置停车检修前准备工作的具体内容。
3. 能够制定相应岗位的停车方案，并制订停车计划。
4. 掌握停车过程中存在的安全隐患及其具体处理方法。

任务引入

你是化工企业某车间的员工，根据公司年度检修计划，公司检修部门要对你所在岗位化工装置进行检修，作为本岗位的主操，需要你提前做好岗位化工装置检修前的准备工作，你需要做哪些方面的准备工作？在本岗位停车时要做的安全处理工作有哪些？

任务分析

作为车间岗位的一名主操，首先要对化工装置的检修分类熟悉，并能够根据检修的类型确定检修所具有的特点，从而找出检修存在的安全风险。根据不同类型的化工装置检修特点及安全风险，结合岗位安全操作规程做好相应的准备工作。同时，为保证检修的顺利进行，必须做好化工装置停车的安全处理工作。

相关知识

一、化工装置检修的分类与特点

1. 化工装置检修的分类

化工装置检修可分为计划检修和非计划检修。

计划检修是指企业根据设备管理、使用的经验以及设备状况，制订设备检修计划，对设备进行有组织、有准备、有安排的检修。计划检修又可分为大修、中修、小修。由于化工装置为设备、机器、公用工程的综合体，因此化工装置检修比单台设备（或机器）检修要复杂得多。

非计划检修是指因突发性的故障或事故而造成设备或装置临时性停车进行的抢修。非计划检修事先无法预料，无法安排计划，而且要求检修时间短，检修质量高，检修的环境及工况复杂，故难度较大。

2. 化工装置检修的特点

化工装置检修与其他行业的检修相比，具有复杂性高、危险性大的特点。

化工装置中使用的设备（如炉、塔、釜、器、机、泵及罐槽、池等）大多是非定型设备，种类繁多，规格不一，要求从事检修作业的人员具有丰富的知识和技术，熟悉掌握不同设备的结构、性能和特点；化工装置检修因检修内容多、工期紧、工种多、上下作业、设备内外同时并进、多数设备处于露天或半露天布置，检修作业受到环境和气候等条件的制约，加之外来工、农民工等临时人员进入检修现场机会多，对作业现场环境又不熟悉，从而决定了化工装置检修的复杂性高。

化工生产的危险性大，决定了化工装置检修的危险性也大。加之化工装置和设备复杂，设备和管道中有易燃、易爆及有毒物质，尽管在检修前做过充分的吹扫置换，但是易燃、易爆及有毒物质仍有可能存在。检修作业又离不开动火、动土、受限空间等作业，客观上具备了发生火灾、爆炸、中毒、化学灼伤、高处坠落、物体打击等事故的条件。实践证明，化工装置在停车、检修施工、复工过程中最容易发生事故。据统计，在中石化总公司发生的重大事故中，化工装置检修过程的事故占事故总数的42.63%。由于化工装置检修作业复杂、安全教育难度较大，很难保证进入检修作业现场的人员都具备比较高的安全知识和技能，也很难使安全技术措施执行到位，因此化工装置检修具有危险性大的特点，同时也决定了化工装置检修的安全工作的重要地位。

二、化工装置停车检修前的准备工作

化工装置停车检修前的准备工作是保证化工装置停好、修好、开好的主要前提条件，必须做到集中领导、统筹规划、统一安排，并做好“四定”（定项目、定质量、定进度、定人员）和“八落实”（组织、思想、任务、物资、劳动力、工器具、施工方案、安全措施八个方面工作的落实）工作。除此以外，准备工作还应做到以下几点。

1. 设置检修指挥部

为了加强停车检修工作的集中领导和统一计划、统一指挥，形成一个信息畅通、决策迅速的指挥核心，确保停车检修的安全顺利进行。检修前要成立以厂长（经理）为总指挥，主管设备、生产技术、人事保卫、物资供应及后勤服务等的副厂长（副经理）为副总指挥，机动、生产、劳资、供应、安全、环保、后勤等部门参加的检修指挥部。检修指挥部下设施工检修组、质量验收组、停开车组、物资供应组、安全保卫组、政工宣传组、后勤服务组。针对化工装置检修项目及特点，明确分工，分片包干，各司其职，各负其责。

2. 制定安全检修方案

化工装置停车检修必须制定停车、检修、开车方案及安全措施。安全检修方案由检修单位的机械员或施工技术员负责编制。

安全检修方案，按设备检修任务书中的规定格式认真填写齐全，其主要内容应包括检修时间、设备名称、检修内容、质量标准、工作程序、施工方法、起重方案、采取的安全技术措施，并明确施工负责人、检修项目安全员、安全措施的落实人等。方案中还应包括设备的置换、吹洗、盲板流程示意图。尤其要制定合理工期，以确保检修质量。

方案编制后，编制人经检查确认无误并签字，经检修单位的设备主任审查并签字，送机动、生产、调度、消防队和安技部门，逐级审批，经补充修改使方案进一步完善。重大项目或危险性较大项目的检修方案、安全措施，由主管厂长或总工程师批准，书面公布，严格执行。

3. 制定检修安全措施

除了已制定的动火、动土、受限空间、高处、电气、起重等安全措施外，应针对检修作业的内容、范围，制定相应的安全措施；安全部门还应制定教育、检查、奖罚的管理办法。

4. 进行技术交底，做好安全教育

检修前，安全检修方案的编制人负责向参加检修的全体人员进行检修方案技术交底，使其明确检修内容、步骤、方法、质量标准、人员分工、注意事项、存在的危险因素和由此而采取的安全技术措施等，达到分工明确、责任到人。同时还要组织检修人员到检修现场，了解和熟悉现场环境，进一步核实安全措施的可靠性。技术交底工作结束后，由检修单位的安全负责人或安全员，根据本次检修的难易程度、存在的危险因素、可能出现的问题和工作中容易疏忽的地方，结合典型事故案例，进行系统全面的安全技术和安全思想教育，以提高执行各种规章制度的自觉性和落实安全技术措施重要性的认识，从思想上、劳动组织上、规章制度上、安全技术措施上进一步落实，从而为安全检修创造必要的条件。对参与关键部位或特殊技术要求的项目检修人员，还要进行专门的安全技术教育和考核，身体检查合格后方可参加化工装置检修工作。

5. 全面检查，消除隐患

化工装置停车检修前，应由检修指挥部统一组织，分组对停车前的准备工作进行一次全面细致的检查。

检修工作中，使用的各种工具、器具、设备，特别是起重工具、脚手架、高处用具、通风设备、照明设备、气体防护器具和消防器材，要有专人进行准备和检查。检修人员要将检查结果认真登记，并签字存档。同时，要落实好（可能存在的）以下几项工作。

（1）有腐蚀性介质的作业场所应配备应急冲洗设备及水源。

（2）对放射源采取相应的安全处置措施。

（3）作业现场消防通道、行车通道应保持畅通；影响作业安全的杂物应清理干净。

（4）作业现场的梯子、栏杆、平台、箅子板、盖板等设施应完备、牢固，采用的临时设施应确保安全。

三、化工装置停车的安全处理

1. 停车操作注意事项

停车方案一经确定，应严格按照停车方案确定的时间、停车步骤、工艺状态变化，以及确认的停车操作顺序图表，有秩序地进行。停车操作应注意下列问题。

（1）降温降压的速度应严格按工艺规定进行。高温部位要防止设备因温度梯度变化过大使设备产生泄漏。化工装置中多为易燃、易爆、有毒、腐蚀性介质，这些介质漏出会造成火灾爆炸、中毒窒息、腐蚀、灼伤事故。

（2）停车阶段执行的各种操作应准确无误，关键操作采取监护制度。必要时，应重复指令内容。执行每一种操作时都要注意观察是否符合操作意图。如开关阀门动作要缓慢等。

（3）化工装置停车时，所有的机、泵、设备、管线中的物料要清理干净，各种油品、液化石油气、有毒和腐蚀性介质严禁就地排放，以免污染环境或发生事故。可燃、有毒物料应排至火炬烧掉，对残留物料排放时，应采取相应的安全措施。停车操作期间，化工装置周围应杜绝一切火源。

（4）主要设备停车操作。

1）制定停车和物料处理方案，并经车间主管领导批准认可，停车操作前，要向化工操作人员进行技术交底，告知注意事项和应采取的防范措施。

2）停车操作时，车间技术负责人要在现场监视指挥，有条不紊，忙而不乱，严防误操作。

3）停车过程中，对发生的异常情况和处理方法，要随时做好记录。

4）对关键性操作，要采取监护制度。

四、吹扫与置换

化工设备、管线的抽净、吹扫、排空作业的好坏，是关系到检修工作能否顺利进行和人身、设备安全的重要条件之一。当吹扫仍不能彻底清除物料时，则需进行蒸汽吹扫或用氮气等惰性气体置换。

1. 吹扫作业注意事项

（1）吹扫时要注意选择吹扫介质。炼油装置的瓦斯线、高温管线以及闪点低于 130 ℃的油管线和装置内物料爆炸下限低的设备、管线，不得用压缩空气吹扫。空气容易与这类物料混合形成爆炸性混合物，并达到爆炸极限，吹扫过程中若产生静电火花或其他明火，易发生着火爆炸事故。

（2）吹扫时阀门开度应小（一般为两圈）。稍停片刻，使吹扫介质少量通过，注意观察畅通情况。采用蒸汽作为吹扫介质时，有时需用胶皮软管，胶皮软管要绑牢，同时要检查胶皮软管的承受压力情况。中压蒸汽吹扫作业禁止使用这类临时性的胶管。

（3）设有流量计的管线，为防止吹扫蒸汽流速过大及管内带有铁锈、垢片，损坏计量仪表内部构件，一般经由副线吹扫。

（4）机泵出口管线上的压力表根部阀门要全部关闭，防止吹扫时发生水击把压力表震坏。压缩机系统倒空置换原则，以低压到中压再到高压的次序进行，先倒净一段，如未达到目的且压力不足时，可先由二、三段补压倒空，然后依次倒空，最后将高压气体排入火炬。

（5）管壳式换热器、冷凝器在用蒸汽吹扫时，必须分段处理，并要放空泄压，防止液体气化，造成设备超压损坏。

（6）吹扫时，要按系统逐次进行，把所有管线（包括支路）都吹扫到，不能留有死角。吹扫完应先关闭吹扫管线阀门，后停气，防止吹扫介质倒流。

（7）精馏塔系统倒空吹扫，应先从塔顶回流罐、回流泵倒液、关阀，然后到塔釜、再沸器、中间再沸器液体，保持塔压一段时间，待盘板积存的液体全部流净后，最后由塔釜再次倒空放压。塔、容器段换冷设备吹扫时，蒸汽要通过最低点排空，直到蒸汽中不带油为止，关闭蒸汽，打开低点放空阀排空，要保证设备打开后无油、无瓦斯，确保检修动火安全。

（8）对低温化工装置，考虑到复工开车时系统内对露点指标要严格控制，所以不采用蒸汽吹扫，而要用氮气分片集中吹扫，最好用干燥后的氮气进行吹扫置换。

（9）吹扫采用本装置自产蒸汽，应检查蒸汽中是否带油。本装置内油、气、水等有互窜的可能，一旦发现互窜，蒸汽就不能用于置换或吹扫。

一般说来，较大的设备和容器在物料退出后，都应进行蒸煮水洗，如炼化厂塔、容器、油品储罐等。乙烯装置、分离热区脱丙烷塔、脱丁烷塔，由于物料中含有较高的双烯烃、炔烃，塔釜、再沸器提馏段物料极易聚合，并且有重烃类难挥发油，最好也采用蒸煮方法。蒸煮前必须采取防烫措施。处理时间视设备容积的大小，附着易燃、有毒介质残渣或油垢多少，清除难易，通风换气快慢而定，通常为 8～24 h。

2. 特殊置换

（1）存放酸性介质的设备、管线，应中和或加水冲洗。如硫酸储罐（铁质）用水冲洗，残留的浓硫酸变成腐蚀性的稀硫酸，与铁作用，生成氢气与硫酸亚铁，氢气遇明火会发生着火爆炸。所以硫酸储罐用水冲洗以后，还应用氮气吹扫，氮气保留在设备内，对着火爆炸起抑制作用。如果进入设备作业，则必须再用空气置换。

（2）丁二烯生产系统，停车后不宜用氮气吹扫，因氮气中有氧的成分，容易生成丁二烯自聚物。丁二烯自聚物很不稳定，遇明火和氧、受热、受撞击可迅速自行分解爆炸。检修这类设备前，必须认真确认是否有丁二烯过氧化自聚物存在，要采取特殊措施破坏丁二烯过氧化自聚物。目前多采用氢氧化钠水溶液处理法直接破坏丁二烯过氧化自聚物。

五、化工装置环境安全标准

通过各种处理工作，生产车间在设备交付检修前，必须对化工装置环境进行分析，达到下列标准。

在设备内检修、动火时，氧含量为19.5%～21.0%（体积分数），燃烧爆炸物质浓度应低于安全值，有毒物质浓度应低于职业接触限值。

设备外壁检修、动火时，设备内部的可燃气体含量应低于安全值。

检修场地水井、沟，应清理干净，加盖砂封，设备管道内无余压、无灼烫物、无沉淀物。

设备、管道物料排空后，加水冲洗，再用氮气、空气置换至设备内可燃物含量合格，氧含量为19.5%～21.0%（体积分数）。

六、抽堵盲板作业

化工装置之间、化工装置与储罐之间、厂际之间，有许多管线相互联通输送物料，因此化工装置停车检修，在该装置退料进行蒸、煮、水洗置换后，需要在检修的设备和运行系统管线相接的法兰接头之间插入盲板，以切断物料窜进正在检修装置的可能。盲板抽堵作业必须按照《危险化学品企业特殊作业安全规范》（GB 30871—2022）规范此项工作。

抽堵盲板应注意以下几点。

抽堵盲板工作必须填写盲板抽堵安全作业票，具体见表6-1。

表6-1　盲板抽堵安全作业票　　　　编号：

申请单位			作业单位			作业类别	□堵盲板 □抽盲板
设备、管道名称	管道参数			盲板参数			实际作业开始时间
	介质	温度	压力	材质	规格	编号	
							月　日　时　分

盲板位置图（可另附图）及编号：

编制人：　　年　　月　　日

续表

<table>
<tr><td colspan="2">作业负责人</td><td></td><td>作业人</td><td></td><td>监护人</td><td></td></tr>
<tr><td colspan="2">关联的其他特殊作业及安全作业票编号</td><td colspan="5"></td></tr>
<tr><td colspan="2">风险辨识结果</td><td colspan="5"></td></tr>
<tr><td>序号</td><td colspan="4">安全措施</td><td>是否涉及</td><td>确认人</td></tr>
<tr><td>1</td><td colspan="4">在管道、设备上作业时，降低系统压力，作业点应为常压或微正压</td><td></td><td></td></tr>
<tr><td>2</td><td colspan="4">有毒介质的管道、设备上作业时，作业人员应穿戴适合的个体防护装备</td><td></td><td></td></tr>
<tr><td>3</td><td colspan="4">火灾爆炸危险场所，作业人员穿防静电工作服、工作鞋；作业时使用防爆灯具和防爆工具</td><td></td><td></td></tr>
<tr><td>4</td><td colspan="4">火灾爆炸危险场所的气体管道，距作业地点 30 m 内无其他动火作业</td><td></td><td></td></tr>
<tr><td>5</td><td colspan="4">在强腐蚀性介质的管道、设备上作业时，作业人员已采取防止酸碱化学灼伤的措施</td><td></td><td></td></tr>
<tr><td>6</td><td colspan="4">介质温度较高、可能造成烫伤的情况下，作业人员已采取防烫措施</td><td></td><td></td></tr>
<tr><td>7</td><td colspan="4">介质温度较低、可能造成人员冻伤情况下，作业人员已采取防冻伤措施</td><td></td><td></td></tr>
<tr><td>8</td><td colspan="4">同一管道上未同时进行两处及两处以上的盲板抽堵作业</td><td></td><td></td></tr>
<tr><td>9</td><td colspan="4">其他相关特殊作业已办理相应安全作业票</td><td></td><td></td></tr>
<tr><td>10</td><td colspan="4">作业现场四周已设警戒区</td><td></td><td></td></tr>
<tr><td>11</td><td colspan="5">其他安全措施：
编制人：</td><td></td></tr>
<tr><td colspan="2">安全交底人</td><td colspan="2"></td><td colspan="2">接受交底人</td><td></td></tr>
<tr><td colspan="7">作业负责人意见：
签字：　年　月　日　时　分</td></tr>
<tr><td colspan="7">所在单位意见：
签字：　年　月　日　时　分</td></tr>
<tr><td colspan="7">完工验收：
签字：　年　月　日　时　分</td></tr>
</table>

作业前，危险化学品企业应预先绘制盲板位置图，对盲板进行统一编号，并设专人统一指挥作业。

在不同危险化学品企业共用的管道上进行盲板抽堵作业，作业前应告知上下游相关单位。

作业单位应根据管道内介质的性质、温度、压力和管道法兰密封面的口径等选择相应材料、强度、口径和符合设计、制造要求的盲板及垫片，高压盲板使用前应经超声波探伤；盲板选用应符合《管道用钢制插板、垫环、8 字盲板系列》（HG/T 21547—2016）或《阀门零部件　高压盲板》（JB/T 2772—2008）的要求。

作业单位应按盲板位置图进行盲板抽堵作业，并对每个盲板进行标识，标牌编号应与盲板位置图上的盲板编号一致，危险化学品企业应逐一确认并做好记录。

作业前，应降低系统管道压力至常压，保持作业现场通风良好，并设专人监护。

在火灾爆炸危险场所进行盲板抽堵作业时，作业人员应穿防静电工作服、工作鞋，并使用防爆工具；距盲板抽堵作业地点 30 m 内不应有动火作业。

在强腐蚀性介质的管道、设备上进行盲板抽堵作业时，作业人员应采取防止酸碱化学灼伤的措施。

在介质温度较高或较低、可能造成作业人员烫伤或冻伤的管道、设备上进行盲板抽堵作业时，作业人员应采取防烫、防冻措施。

在有毒介质的管道、设备上进行盲板抽堵作业时，作业人员应按《个体防护装备配备规范 第 1 部分：总则》（GB 39800.1—2020）的要求选用防护用具。在涉及硫化氢、氯气、氨气、一氧化碳及氰化物等毒性气体的管道、设备上进行作业时，除满足上述要求外，还应佩戴移动式气体检测仪。

不应在同一管道上同时进行两处或两处以上的盲板抽堵作业。

同一盲板的抽、堵作业，应分别办理盲板抽、堵安全作业票，一张安全作业票只能进行一块盲板的一项作业。

盲板抽堵作业结束，由作业单位和危险化学品企业专人共同确认验收。

【知识拓展】

盲板抽堵安全作业票填写要求

1. 盲板抽堵安全作业票的管理部门

盲板抽堵安全作业票由生产部负责管理。

2. 办理盲板抽堵安全作业票的施工范围

在设备抢修或检修过程中，设备、管道内存有物料（气、液、固态）及一定温度、压力，或设备、管道内物料经吹扫、置换、清洗后的检修作业。

3. 办理盲板抽堵安全作业票的条件

（1）办理盲板抽堵安全作业票时，持设备检修安全作业票到设备所在单位进行办理。无设备检修安全作业票或设备检修安全作业票填写不规范拒绝办理盲板抽堵安全作业票。

（2）办理盲板抽堵安全作业票时，生产单位应预先绘制盲板位置图，制作符合标准要求的盲板，并对盲板进行统一编号，设专人负责。

（3）在作业复杂、危险性大的场所进行盲板抽堵作业，应制定应急预案。

4. 盲板抽堵安全作业票办理程序及分工

（1）盲板抽堵安全作业票由生产单位负责办理填写，并负责盲板抽堵作业施工过程中的管理。

（2）生产单位工艺技术员负责填写盲板抽堵安全作业票，绘制盲板位置图、编制安全措施，并在编制人处签字确认。

（3）“安全措施”栏一般由所在单位经理审核并签字确认；关系到公用工程运行、危险较大的盲板抽堵由生产单位主管领导审核并签字确认。

（4）“作业负责人意见”栏由作业单位负责人填写意见并签字确认。

（5）“所在单位意见”栏一般由生产单位主管领导审批。关系到公用工程、危险较大的盲板抽堵作业由生产部经理审批。

（6）盲板抽堵安全作业票一式三份，经审批好的盲板抽堵安全作业票。

第一联交盲板抽堵作业单位（现场作业人员应随身携带并认真学习、检查、执行票证上的各项内容，票证不得有空项，严格按照盲板位置图进行盲板抽堵作业）。

第二联生产单位存查。

第三联生产管理部门存查（所有审批后的第三联盲板抽堵安全作业票交生产部存查）。

（7）盲板抽堵安全作业票保存期限至少为 1 年。

（8）作业结束，由盲板抽堵作业单位、生产一线领导和生产部共同确认。

5. 其他事项

（1）盲板抽堵作业实行一块盲板一张作业票的管理方式。

（2）严禁随意涂改、转借盲板抽堵安全作业票，变更盲板位置或增减盲板数量时，应重新办理盲板抽堵安全作业票。

思考与练习

一、填空题

1. 化工装置检修可分为________和________。计划检修又可分为________、中修、________。

2. 化工装置停车检修前的准备工作的“四定”是指________、________、________和________。

3. 吹扫完应先关闭吹扫管线阀门，后停气，防止________。

4. 在设备内检修、动火时，氧含量应________，燃烧爆炸物质浓度应低于安全值，有毒物质浓度应低于职业接触限值。

二、简答题

1. 化工装置检修准备工作中的“四定”和“八落实”具体内容是什么？

2. 化工装置停车过程中盲板抽堵的注意事项有哪些？

任务二　化工装置的安全检修

学习目标

1. 熟悉化工装置安全检修的安全管理要求。

2. 掌握化工装置安全检修的技术措施。

3. 掌握化工装置特殊作业的安全要求。

4. 掌握动火安全作业、高处安全作业、临时用电安全作业、受限空间安全作业的办理要求。

任务引入

当前你所在岗位的化工装置已经按照生产调度计划完成了停车，并做好了检修前的准备工作，检修人员进驻工作现场。今天的检修任务分为两项：一是在 5 m 高的管廊上进行某个泄漏点的焊接工作；二是某个储罐内部构件发生了脱落，需要重新焊接上。作为该岗位的主操，你需要协助检修人员完成泄漏点的补漏工作及储罐内部构件的焊接工作。

任务分析

作为岗位的一名主操，你需要协助检修人员完成你所在岗位管廊上一个漏点的补漏工作。其中任务一管廊高度 5 m，属于高处作业，需要你及时办理高处安全作业票；同时由于需要使用电焊及气焊，属于动火作业及临时用电作业；任务二需要检修人员进入罐内进行焊接，除属于临时用电及动火作业外还包括受限空间作业。以上特殊作业需要你办理高处安全作业票、临时用电安全作业票、动火安全作业票以及受限空间安全作业票，同时在检修时需要你作为检修监督人员进行现场监督。

相关知识

一、检修许可制度

化工装置停车检修，尽管经过全面吹扫、蒸煮水洗、置换、抽堵盲板等工作，但检修前仍需对化工装置系统内部进行取样分析、测爆，进一步核实空气中可燃或有毒物质是否符合安全标准，认真执行安全检修票证制度。

二、检修作业安全要求

为保证检修安全工作顺利进行，应做好以下几个方面的工作。

1. 参加检修的一切人员都应严格遵守检修指挥部发布的检修安全规定。

2. 开好检修班前会，向参加检修的人员进行“五交”，即交施工任务、交安全措施、交安全检修方法、交安全注意事项、交遵守有关安全规定，认真检查施工现场，落实安全技术措施。

3. 严禁使用汽油等易挥发性物质擦洗设备或零部件。

4. 进入检修现场人员必须按要求着装。

5. 认真检查各种检修工器具，发现缺陷，立即消除，不能凑合使用，避免发生事故。

6. 消防井、栓周围 5 m 内禁止堆放废旧设备、管线、材料等物件，确保消防、救护车辆的通行。

7. 检修施工现场，严禁存放可燃、易燃物品。

8. 严格贯彻谁主管谁负责的检修原则和安全监察制度。

三、安全作业票的管理

1. 安全作业票的区分

有分级的特殊作业，安全作业票应根据特殊作业的等级以明显标记加以区分。

2. 安全作业票的办理、审批

安全作业票的办理、审批内容见表 6-2。

表 6-2　　安全作业票的办理、审批内容

<table>
<tr><th colspan="2">安全作业票种类</th><th>办理部门</th><th>审核或会签</th><th>审批部门（人）</th></tr>
<tr><td rowspan="3">动火安全作业票</td><td>特级动火作业</td><td rowspan="16">危险化学品企业</td><td></td><td>主管领导</td></tr>
<tr><td>一级动火作业</td><td></td><td>安全管理部门</td></tr>
<tr><td>二级动火作业</td><td></td><td>所在基层单位</td></tr>
<tr><td colspan="2">受限空间安全作业票</td><td></td><td>所在基层单位</td></tr>
<tr><td colspan="2">盲板抽堵安全作业票</td><td></td><td>所在基层单位</td></tr>
<tr><td rowspan="3">高处安全作业票</td><td>Ⅰ级高处作业</td><td></td><td>所在基层单位</td></tr>
<tr><td>Ⅱ级、Ⅲ级高处作业</td><td></td><td>所在单位专业部门</td></tr>
<tr><td>Ⅳ级高处作业</td><td></td><td>主管厂长或总工程师</td></tr>
<tr><td rowspan="2">吊装安全作业票</td><td>一级吊装作业</td><td></td><td>主管厂长或总工程师</td></tr>
<tr><td>二级、三级吊装作业</td><td></td><td>所在单位专业部门</td></tr>
<tr><td colspan="2">临时用电安全作业票</td><td>配送电单位</td><td>配送电单位</td></tr>
<tr><td colspan="2">动土安全作业票</td><td>水、电、汽、工艺、设备、消防、安全管理等动土涉及单位</td><td>所在单位专业部门</td></tr>
<tr><td colspan="2">断路安全作业票</td><td>断路涉及单位消防、安全管理部门</td><td>所在单位专业部门</td></tr>
</table>

说明：1. 安全作业票的审核或会签人员根据危险化学品企业具体管理机构设置情况参照执行。

2. Ⅰ级高处作业还包括在坡度大于 45° 的斜坡上面实施的高处作业。

Ⅱ级、Ⅲ级高处作业还包括下列情形的高处作业：

a）在升降（吊装）口、坑、井、池、沟、洞等上面或附近进行的高处作业；

续表

b）在易燃、易爆、易中毒、易灼伤的区域或转动设备附近进行的高处作业； c）在无平台、无护栏的塔、釜、炉、罐等化工容器、设备及架空管道上进行的高处作业； d）在塔、釜、炉、罐等设备内进行的高处作业； e）在邻近排放有毒、有害气体、粉尘的放空管线或烟囱及设备的高处作业。 Ⅳ级高处作业还包括下列情形的高处作业： a）在高温或低温环境下进行的异温高处作业； b）在降雪时进行的雪天高处作业； c）在降雨时进行的雨天高处作业； d）在室外完全采用人工照明进行的夜间高处作业； e）在接近或接触带电体条件下进行的带电高处作业； f）在无立足点或无牢靠立足点的条件下进行的悬空高处作业。 3. 吊装质量小于 10 t 的作业可不办理吊装票，但应进行风险分析，并确保措施可靠

3. 安全作业票的持有及保存

安全作业票一式三联，其持有及保存内容见表 6–3。安全作业票应至少保存一年，作业过程影像记录应至少留存一个月。

表 6–3　安全作业票的持有及保存内容

安全作业票种类		持有及保存情况		
		第一联	第二联	第三联（存档）
动火安全作业票	特级和一级动火	监护人	作业单位（动火人）	安全管理部门
	二级动火		作业单位（动火人）	所在基层单位
受限空间安全作业票			作业单位负责人	所在基层单位
盲板抽堵安全作业票			作业单位实施人	所在基层单位
高处安全作业票			作业单位实施人	所在基层单位
吊装安全作业票			吊装指挥	所在基层单位
临时用电安全作业票			作业单位（作业时）配送电执行人（作业结束后注销）	电气管理部门
动土安全作业票			作业单位负责人	所在单位专业部门
断路安全作业票			作业单位负责人	所在单位专业部门
说明：安全作业票的持有及保存部门根据危险化学品企业具体管理机构设置情况参照执行				

四、动火作业

在化工装置中，凡是动用明火或可能产生火种的作业都属于动火作业。如电焊、气焊、切割、熬沥青、烘砂、喷灯等明火作业；凿水泥基础、打墙眼、电气设备的耐压试验、锌烙铁、锡焊等易产生火花或高温的作业。因此凡检修动火部位和地区，必须按《危险化学品企业特殊作业安全规范》（GB 30871—2022）的要求，采取措施并办理审批手续。

1. 动火安全要点

（1）审证：在禁火区内动火应办理动火证的申请、审核和批准手续，明确动火地点、时间、动火方案、安全措施、现场监护人等。审批动火应考虑两个问题：一是动火设备本身，二是动火的周围环境。要做到“三不动火”，即没有动火证不动火，防火措施不落实不动火，监护人不在现场不动火。

（2）联系：动火前要和生产车间、工段联系，明确动火的设备、位置。事先由专人负责做好动火设备的置换、清洗、吹扫、隔离等解除危险因素的工作，并落实相关安全措施。

（3）隔离：动火设备应与其他生产系统可靠隔离，防止运行中设备、管道内的物料泄漏到动火设备中来；将动火地区与其他区域采用临时隔火墙等措施加以隔开，防止火星飞溅而引起事故。

（4）移去可燃物：将动火周围 10 m 范围以内的一切可燃物，如溶剂、润滑油、未清洗的盛放过易燃液体的空桶、木筐等移到安全场所。

（5）灭火措施：动火期间动火地点附近的水源要保证充分，不能中断；动火场所准备好足够数量的灭火器具；在危险性大的重要地段动火，消防车和消防人员要到现场，做好充分准备。

（6）检查与监护：工作准备就绪后，根据动火制度的规定，厂、车间或安全、保卫部门的负责人应到现场检查，对照动火方案中提出的安全措施检查是否落实，并再次明确和落实现场监护人和动火现场指挥，交代安全注意事项。

（7）动火分析：动火分析不宜过早，一般不要早于动火前的半小时。如果动火中断半小时以上，应重做动火分析。分析试样要保留到动火之后，分析数据应做记录，分析人员应在分析化验报告单上签字。

（8）动火：动火作业应由经安全考核合格的人员担任，压力容器的焊补工作应由锅炉压力容器考试合格的工人担任。无合格证者不得独自从事焊接工作。动火作业出现异常时，监护人员或动火指挥人员应果断命令停止动火，待恢复正常、重新分析合格并经批准部门同意后，方可重新动火。高处动火作业应戴安全帽、系安全带，遵守高处作业的安全规定。氧气瓶和移动式乙炔瓶发生器不得有泄漏，应距明火 10 m 以上，氧气瓶和乙炔发生器的间距不得小于 5 m，有五级以上大风时不宜高处动火。电焊机应放在指定的地方，火线和接地线应完整无损、牢靠，禁止用铁棒等物代替接地线和固定接地点。电焊机的接地线应接在被焊设备上，接地点应靠近焊接处，不准采用远距离接地回路。

（9）善后处理：动火结束后应清理现场，熄灭余火，做到不遗漏任何火种，切断动火作业所用电源。

2. 动火作业安全要求

（1）油罐带油动火：油罐带油动火除了检修动火应做到的安全要点外，在油面以上不准动火；补焊前应进行壁厚测定，根据测定的壁厚确定合适的焊接方法；动火前用铅或石棉绳等将裂缝塞严，外面用钢板补焊。罐内带油油面下动火补焊作业危险性很大，只在万不得已的情况下才能采用，作业时要求稳、准、快，现场监护和补救措施比一般检修动火更应该加强。

（2）油管带油动火：油管带油动火处理的原则与油罐带油动火相同，只是在油管破裂、生产无法进行的情况下，抢修堵漏才采用。带油管路动火应注意：测定焊补处管壁厚度，决定焊接电流和焊接方案，防止烧穿；清理周围现场，移去一切可燃物；准备好消防器材，并利用难燃或不燃挡板严格控制火星飞溅方向；降低管内油压，但需保持管内油品的不停流动；对泄漏处周围的空气要进行分析，合乎动火安全要求才能进行；若是高压油管，要降压后再打卡子焊补；动火前与生产部门联系，在动火期间不得卸放易燃物资。

（3）带压不置换动火：带压不置换动火指可燃气体设备、管道在一定的条件下未经置换直接动火补焊。带压不置换动火的危险性极大，一般情况下不主张采用。必须采用带压不置换动火时应注意：整个动火作业必须保持稳定的正压；必须保证系统内的含氧量低于安全标准（除环氧乙烷外一般规定可燃气体中氧体积分数不得超过 1%）；焊前应测定壁厚，保证焊补时不烧穿才能工作；动火焊补前应对泄漏处周围的空气进行分析，防止动火时发生爆炸和中毒；作业人员进入作业地点前穿戴好防护用品，作业时作业人员应选择合适位置，防止火焰外喷烧伤。整个作业过程中，监护人、扑救人员、医务人员及现场指挥都不得离开，直至工作结束。

五、临时用电作业

检修使用的电气设施有两种：一是照明电源，二是检修施工器具电源（如卷扬机、空压机、电焊机）。以上电气设施的接线工作须由电工操作，其他工种不得私自乱接。

电气设施要求线路绝缘良好，没有破皮漏电现象。线路敷设整齐不乱，埋地或架高敷设均不能影响施工作业、行人和车辆通过。线路不能与热源、火源接近。移动或局部式照明灯要有铁网罩保护。光线阴暗、设备内以及夜间作业要有足够的照明，临时照明灯具悬吊时，不能使导线承受张力，必须用附属的吊具来悬吊。行灯应用导线预先接地。检修化工装置现场禁用闸刀开关板。正确选用熔断丝，不准超载使用。

电气设备，如电钻、电焊机等手拿电动工具，在正常情况下，外壳没有电，当内部线圈年久失修，腐蚀或机械损伤，其绝缘遭到破坏时，它的金属外壳就会带电，如果人站在地上、设备上、手接触到带电的电动工具外壳或人体接触到带电导体上，人体与脚之间产生了电位差，并超过 40 V，就会发生触电事故。因此使用电动工具，其外壳应可靠接地，并安装漏电保护器，避免触电事故发生。国外工厂检修一台直径 1 m 的溶解锅时，检修人员在锅内作业使用 220 V 电源，功率仅 0.37 kW 的电动砂轮机打磨焊缝表面，因砂轮机绝缘层破损漏电，背脊碰到锅壁，触电死亡。

电气设备着火、触电，应切断电源。不能用水灭电气火灾，宜用干粉灭火器扑救；如触电，用木棍将电线挑开，当触电人员停止呼吸时，进行人工呼吸并送医院急救。

电气设备检修时，应先切断电源，并挂上“禁止合闸，有人工作”的警告牌。停电作业应履行停、复用电手续。停用电源时，应在开关箱上加锁或取下熔断器。

在化工装置运行过程中，临时抢修用电时，应办理用电审批手续。电源开关要采用防爆型，电线绝缘要良好，宜空中架设，远离传动设备、热源、酸碱等。抢修现场使用临时照明灯具宜为防爆型，严禁使用无防护罩的行灯，不得使用220 V电源，手持电动工具应使用安全电压。

六、高处作业

凡在坠落高度基准2 m以上（含2 m）有可能坠落的高处进行作业，称为高处作业。在化工企业，作业虽在2 m以下，但属下列作业的，仍视为高处作业：有护栏的框架结构装置，但进行的是非经常性工作，有可能发生意外的工作；在无平台、无护栏的塔、釜、炉、罐等化工设备和架空管道上的作业；高大独立化工设备容器内进行的高处作业；作业地段的斜坡（坡度大于45°）下或附近有坑、井和风雪袭击、机械振动以及有机械转动或堆放物易伤人的地方作业等。

一般情况下，高处作业按作业高度可分为四个等级。作业高度在2～5 m时，称为一级高处作业；作业高度在5～15 m时，称为二级高处作业；作业高度在15～30 m时，称为三级高处作业；作业高度在30 m以上时，称为四级高处作业。

化工装置多数为多层布局，高处作业的机会比较多。如设备、管线拆装，阀门检修更换，仪表校对，电缆架空敷设等。高处作业的事故发生率高，伤亡率也高。发生高处坠落事故的主要原因包括洞、坑无盖板或检修中移去盖板；平台、扶梯的栏杆不符合安全要求，临时拆除栏杆后没有防护措施，不设警告标志；高处作业不系安全带、不戴安全帽、不挂安全网；梯子使用不当或梯子不符合安全要求；不采取任何安全措施，在石棉瓦之类不坚固的结构上作业；脚手架有缺陷；高处作业用力不当、重心失稳；工器具失灵，配合不好，危险物料伤害坠落；作业附近对电网设防不妥触电坠落等。一名体重为60 kg的人，从5 m高处向下坠落地面，经计算可产生300 kg冲击力，会致人死亡。

1. 高处作业的一般安全要求

（1）作业人员：患有精神病等职业禁忌证的人员不准参加高处作业。检修人员饮酒、精神不振时禁止高处作业。作业人员必须持有作业票。

（2）作业条件：高处作业必须戴安全帽、系安全带；作业高度2 m以上应设置安全网，并根据位置的升高随时调整；高度超15 m时，应在作业位置垂直下方4 m处，架设一层安全网，且安全网数不得少于3层。

（3）现场管理：高处作业现场应设有围栏或其他明显的安全界标，除有关人员外，不准其他人在作业点的下面通行或逗留。

（4）防止工具材料坠落：高处作业应一律使用工具袋；粗、重工具用绳拴牢在坚固的构件上，不准随便乱放；在格栅式平台上工作，为防止物件坠落，应铺设木板；递送工具、材料不准上下投掷，应用绳系牢后上下吊送；上下层同时进行作业时，中间必须搭设严密牢固的防护隔板、罩棚或其他隔离设施；工作过程中除指定的、已采取防护围栏处或落料管槽可以倾倒废料外，任何作业人员严禁向下抛掷物料。

（5）防止触电和中毒：脚手架搭设时应避开高压电线，无法避开时，作业人员在脚手架上活动范围及其所携带的工具、材料等与带电导线的最短距离要大于安全距离（电压等级≤110 kV，安全距离≥2 m；110 kV＜电压等级≤220 kV，安全距离≥3 m；220 kV ＜电压等级≤330 kV，安全距离≥4 m）；高处作业地点靠近放空管时，事先与生产车间联系，保证高处作业期间化工装置不向外排放有毒、有害物质，并事先向高处作业的全体人员交代明白，万一有毒、有害物质排放时，应迅速采取撤离现场等安全措施。

（6）气象条件：六级以上大风、暴雨、打雷、大雾等恶劣天气，应停止露天高处作业。

（7）注意结构的牢固性和可靠性：在槽顶、罐顶、屋顶等设备或建（构）筑物上作业时，除了临空一面应装安全网或栏杆等防护措施外，事先应检查其牢固可靠程度，防止失稳或破裂等可能出现的危险；严禁直接站在油毛毡、石棉瓦等易碎裂材料的结构上作业；为防止误登，应在这类结构的醒目处挂上警告牌；高处作业人员不准穿塑料底等易滑的或硬性厚底的鞋子；冬季严寒作业应采取防冻防滑措施或轮流进行作业。

2. 脚手架的安全要求

高处作业使用的脚手架和吊架必须能够承受站在上面的人员、材料等的重量。禁止在脚手架和脚手板上放置超过计算荷重的材料。一般脚手架的荷载量不得超过 270 kg/m²。脚手架使用前，应经有关人员检查验收，认可后方可使用。

（1）脚手架材料：脚手架的杆柱可采用竹、木或金属管，木杆应采用剥皮杉木或其他坚韧的硬木，禁止使用杨木、柳木、桦木、油松和其他腐朽、折裂、枯节等易折断的木料；竹竿应采用坚固无伤的毛竹；金属管应无腐蚀，各根管子的连接部分应完整无损，不得使用弯曲、压扁或者有裂缝的管子；木质脚手架、踏脚板的厚度应不小于 4 cm。

（2）脚手架的连接与固定：脚手架要与建（构）筑物连接牢固。禁止将脚手架直接搭靠在楼板的木楞上及未经计算荷重的构件上，也不得将脚手架和脚手架板固定在栏杆、管子等不十分牢固的结构上；立杆或支杆的底端宜埋入地下；遇松土或者无法挖坑时，必须绑设地杆。

金属管脚手架的立竿应垂直稳固地放在垫板上，垫板安置前需把地面夯实、整平。立竿应套上由支柱底板及焊在底板上管子组成的柱座，连接各个构件间的铰链螺栓一定要拧紧。

（3）脚手板、斜道板和梯子：脚手板和脚手架应连接牢固；脚手板的两头都应放在横杆上，固定牢固，不准在跨度间有接头；脚手板与金属脚手架则应固定在其横梁上。

斜道板要满铺在架子的横杆上；斜道两边、斜道拐弯处和脚手架工作面的外侧应设 1.2 m 高的栏杆，并在其下部加设 18 cm 高的挡脚板；通行手推车的斜道坡度应不大于 1 ∶ 7，其宽度单方向通行应大于 1 m，双方向通行大于 1.5 m；斜道板厚度应大于 5 cm。

脚手架一般应装有牢固的梯子，以便作业人员上下和运送材料。使用起重装置吊重物时，不准将起重装置和脚手架的结构相连接。

（4）临时照明：脚手架上禁止乱拉电线。必须装设临时照明时，木、竹脚手架应加绝缘卡，金属脚手架应另设横担。

（5）冬季、雨季防滑：冬季、雨季施工应及时清除脚手架上的冰雪、积水，并要撒上沙子、锯末、炉灰或铺上草垫。

（6）拆除脚手架：拆除前，应在其周围设围栏，通向拆除区域的路段挂警告牌；高层脚手架拆除时应有专人负责监护；敷设在脚手架上的电线和水管首先切断电源、水源，然后拆除，电线拆除由电工承担；拆除工作应由上而下分层进行，拆下来的配件用绳索捆牢，用起重设备或绳子吊下，不准随手抛掷；不准用整个推倒的办法或先拆下层主柱的方法来拆除；栏杆和扶梯不应先拆掉，而要与脚手架的拆除工作同时配合进行；在电力线附近拆除应停电作业，若不能停电应采取防触电和防碰坏电路的措施。

（7）悬吊式脚手架和吊篮：悬吊式脚手架和吊篮应经过设计和验收，所用的钢丝绳及吊绳的直径要由计算决定。计算时安全系数包括吊物用不小于 6；吊人用不小于 14；钢丝绳和其他绳索使用前应作 1.5 倍静荷重试验，吊篮还需作动荷重试验。动荷重试验的荷重为 1.1 倍工作荷重，作等速升降，记录试验结果；每天使用前应由作业负责人进行挂钩，并对所有绳索进行检查；悬吊式脚手架之间严禁用跳板跨接使用；拉吊篮的钢丝绳和大绳，应不与吊篮边沿、房檐等棱角相摩擦；升降吊篮的人力卷扬机应有安全制动装置，以防止因化工操作人员失误使吊篮落下；卷扬机应固定在牢固的地锚或建（构）筑物上，固定处的抗拉力必须大于吊篮设计荷重的 5 倍；升降吊篮由专人负责指挥。使用吊篮作业时应系安全带，安全带拴在建（构）筑物的可靠处。

根据《危险化学品企业特殊作业安全规范》（GB 30871—2022）的规定，高处作业必须办理高处安全作业票，持证作业。

七、受限空间作业

受限空间作业是指进入或探入受限空间进行的作业。这里的受限空间是指进出口受限，通风不良，可能存在易燃易爆、有毒有害物质或缺氧，对进入人员的身体健康和生命安全构成威胁的封闭、半封闭设施及场所，如反应器、塔、釜、槽、罐、炉膛、锅筒、管道以及地下室、窨井、坑（池）、下水道或其他封闭、半封闭场所。化工装置受限空间作业频繁，危险因素多，是容易发生事故的作业。人在氧含量为 19.5%～21.0%（体积分数）的空气中，表现正常；如果氧含量降到 13.0%～16.0%（体积分数），人会突然晕倒；降到 13%（体积分数）以下，人会死亡。在受限空间内的富氧环境下，氧含量也不能超过 23.5%（体积分数），更不能用纯氧通风换气，因为氧是助燃物质，万一作业时有火星，会着火伤人。受限空间作业还会受到爆炸、中毒的威胁。可见在受限空间作业，缺氧与富氧、毒害物质超过安全浓度都会造成事故。

凡是用过惰性气体（氮气）置换的设备，进入受限空间前必须用空气置换，并对空气中的氧含量进行分析。如在受限空间内动火作业，除了空气中的可燃物含量符合规定外，氧含量应在 19.5%～21.0%（体积分数）范围内。若受限空间内具有毒性，还应分析空气中有毒物质含量，保证在允许浓度以下。

值得注意的是，动火分析合格不等于不会发生中毒事故。因此，应对受限空间内的气体浓度进行严格监测，监测要求如下。

1. 作业前 30 min，应对受限空间进行气体采样分析，分析合格后作业人员方可进入；如现场条件不允许，间隔时间可以适当放宽，但应不超过 60 min。

2. 监测点应有代表性，容积较大的受限空间，应对上、中、下各部位进行监测分析。

3. 分析仪器应在校验有效期内，使用前应保证其处于正常工作状态。

4. 监测人员进入或探入受限空间采样时应采取个体防护措施。

5. 作业中应定时监测，至少每 2 h 监测一次，如监测结果有明显变化，应立即停止作业，撤离人员，对现场进行处理，分析合格后方可恢复作业。

6. 对可能释放有害物质的受限空间，应连续监测，情况异常时应立即停止作业，撤离人员，对现场进行处理，分析合格后方可恢复作业。

7. 涂刷具有挥发性溶剂的涂料时，应连续监测分析，并采取强制通风措施。

8. 作业中断 30 min 时，应重新进行取样分析。

为确保受限空间空气流通良好，可采取如下措施。

1. 打开人孔、手孔、料孔、风门、烟门等与大气相通的设施进行自然通风。

2. 必要时，应采用风机进行强制通风或管道送风，管道送风前应对管道内介质和风源进行分析确认。

进入下列受限空间作业，应采取如下防护措施。

1. 缺氧或有毒的受限空间经清洗或置换仍达不到要求的，应佩戴隔绝式呼吸防护器，必要时应拴带救生绳。

2. 易燃易爆的受限空间经清洗或置换仍达不到要求的，应穿防静电工作服及防静电工作鞋，使用防爆型低压灯具及防爆工具。

3. 酸碱等腐蚀性介质的受限空间，应穿戴防酸碱服、防护鞋、防护手套等防腐蚀性防护用品。

4. 有噪声的受限空间，应佩戴耳塞或耳罩等防噪声护具。

5. 有粉尘产生的受限空间，应佩戴防尘口罩、眼罩等防尘护具。

6. 高温的受限空间，进入时应穿戴高温防护用品，必要时采取通风、隔热、佩戴通信设备等防护措施。

7. 低温的受限空间，进入时应穿戴低温防护用品，必要时采取供暖、佩戴通信设备等防护措施。

8. 进入酸、碱储罐作业时，要在储罐外准备大量清水。人体接触浓硫酸，需先用布、棉花擦净，然后迅速用大量清水冲洗，并送医院处理。如果先用清水冲洗，后用布类擦净，则浓硫酸将变成稀硫酸，而稀硫酸则会造成更严重的灼伤。

进入受限空间内作业，与电气设施接触频繁，照明灯具、电动工具如果漏电可能导致人员触电伤亡，所以照明电源应小于或等于 36 V，潮湿部位应小于或等于 12 V。在潮湿容器中作业时，作业人员应站在绝缘板上，同时保证金属容器接地可靠。检修带有搅拌机械的设备，作业前应把传动皮带卸下，切除电源，如取下熔断器的熔丝、拉下闸刀等，并上锁，使机械装置不能启动，再在电源处挂上“禁止合闸、有人工作”的警告牌。上述措施采取后，还应有人检查确认。

罐内作业时，一般应指派两人以上做罐外监护。监护人应了解介质的各种性质，并位于能经常看见罐内全部化工操作人员的位置，视线不能离开化工操作人员，更不准擅离岗位。发现罐内有异常时，应立即召集急救人员，设法将罐内受害人员救出，监护人员应从事罐外的急救工作。如果没有其他急救人员在场，即使在非常时候，监护人也不得自己进入罐内。凡是进入罐内抢救的人员，必须根据现场情况穿戴防毒面具或氧气呼吸器、安全带等防护用具，决不允许不采取任何个人防护而冒险入罐救人。

为确保进入受限空间作业安全，必须严格按照《危险化学品特殊作业安全规范》（GB 30871—2022）要求，办理受限空间安全作业票，持证作业。

思考与练习

一、填空题

1. 开好检修班前会，向参加检修的人员进行“五交”，即________、________、________、________、________，认真检查施工现场，落实安全技术措施。

2. “三不动火”，即________、________、________。

3. 动火分析不宜过早，一般不要早于动火前的________。

4. 电气设备检修时，应先切断电源，并挂上“________”的警告牌。

二、简答题

1. 特殊作业共分为哪几类？

2. 特殊作业中，需要化工操作人员实施的作业是哪类？

3. 总结不同特殊作业监护人的注意事项有哪些。

任务三　化工装置检修后开车

学习目标

1. 掌握化工装置检修后安全检查的内容及方法。

2. 掌握化工装置检修后安全验收的内容及方法。

3. 掌握化工装置检修后安全开车存在的安全问题及解决方法。

任务引入

车间检修结束，现接到生产调度的开车计划，需要在两个工作日后进行检修后的开车操作。

任务分析

作为车间岗位的主操，需要在化工装置开车前进行检修的检查工作，确保检修任务的圆满完成，同时需要进行化工装置检修后开车操作。

相关知识

一、化工装置开车前安全检查

化工装置经过停工检修后，在开车运行前要进行一次全面的安全检查验收。目的是检查检修项目是否全部完工，质量是否全部合格，职业安全卫生设施是否全部恢复完善，设备、容器、管道内部是否全部吹扫干净、封闭，盲板是否按要求撤除完毕、确保无遗漏，检修现场是否工完料尽场地清，检修人员、工具是否撤出现场，是否达到了安全开工条件。

检修质量检查和验收工作，必须安排责任心强、有丰富实践经验的设备、工艺管理人员和一线生产人员参加。这项工作，既是评价检修施工效果，又是为安全生产奠定基础，一定要消除各种隐患，未经验收的设备不能开车投产。

1. 焊接检验

凡化工装置使用易燃、易爆、剧毒介质以及特殊工艺条件的设备、管线及经过动火检修的部位，都应按相应的规程要求进行 X 射线拍片检验和残余应力处理。如发现焊缝有问题，必须重焊，直到验收合格，否则将导致严重后果。某厂焊接气分装置脱丙烯塔与再沸器之间一条直径 80 mm 丙烷抽出管线，因焊接质量问题，开车后断裂跑料，发生重大爆炸事故。事故的直接原因是焊接质量低劣，有严重的夹流和未焊透现象，断裂处整个焊缝有几个气孔，其中一个气孔直径达 2 mm，有的焊缝厚度仅为 1～2 mm。

2. 试压和气密试验

任何设备、管线在检修复位后，为检验施工质量，应严格按有关规定进行试压和气密试验，防止生产时跑、冒、滴、漏，造成各种事故。

一般来说，压力容器和管线试压用水作介质，不得采用有危险的液体，也不准用生产性气体（如二氧化碳）或氮气作耐压试验。气压试验危险性比水压试验大得多，曾有用气压代替水压试验而发生事故的教训。

安全检查的要点有以下几个方面。

（1）检查设备、管线上的压力表、温度计、液位计、流量计、热电偶、安全阀是否调校安装完毕，灵敏好用。

（2）试压前所有的安全阀、压力表应关闭，有关仪表应隔离或拆除，防止起跳或超程损坏。

（3）对被试压的设备、管线要反复检查，流程是否正确，防止系统与系统之间相互串通，必须采取可靠的隔离措施。

（4）试压时，试压介质、压力、稳定时间都要符合设计要求，并严格按有关规程执行。

（5）对于大型、重要设备和中、高压及超高压设备、管道，在试压前应缩制试压方案，制定可靠的安全措施。

（6）特殊情况下，采用气压试验时，试压现场应加设围栏或警告牌，管线的输入端应装安全阀。

（7）带压设备、管线，在试验过程中严禁强烈冲撞或外来气串人，升压和降压应缓慢进行。

（8）在检查受压设备和管线时，法兰、法兰盖的侧面和对面都不能站人。

（9）在试压过程中，受压设备、管线如有异常情况，如压力下降、表面油漆剥落、压力表指针不动或来回不停摆动，应立即停止试压，并卸压查明原因，视具体情况再决定是否继续试压。

（10）高处检查时应设平台围栏，系好安全带，试压过程中发现泄漏，不得带压紧固螺栓、补焊或修理。

3. 吹扫、清洗

在检修化工装置开工前，应对全部管线和设备彻底清洗，把施工过程中遗留在管线和设备内的焊渣、泥沙、锈皮等杂质清除掉，使所有管线都贯通。如吹扫、清洗不彻底，杂物易堵塞阀门、管线和设备，对泵体、叶轮产生磨损，严重时还会堵塞泵过滤网。如不及时检查，将使泵抽空，造成泵或电机损坏。

一般处理液体管线用水冲洗，处理气体管线用空气或氮气吹扫，蒸汽管线等特殊管线除外。如仪表风管线应用干燥的压缩空气吹扫，蒸汽管线按压力等级不同使用相应的蒸汽吹扫等。吹扫、清洗中应拆除易堵卡物件（如孔板、调节阀、阻火器、过滤网等），安全阀加盲板隔离，关闭压力表与阀及液位计联通阀，严格按方案执行；吹扫、清洗要严格按照系统、介质的种类、压力等级分别进行，并应符合现行规范要求；在吹扫过程中，要有防止噪声和静电产生的措施，冬季用水清洗应有防冻结措施，以防阀门、管线、设备冻坏；放空口要设置在安全的地方或有专人监视；化工操作人员应配齐个体防护装备，与吹扫无关的部位要关闭或加盲板隔绝；用蒸汽吹扫管线时，要先慢慢暖管，并将冷凝水引到安全位置排放干净，以防水击，并有防止检查人烫伤的安全措施；对低点排凝、高点放空，要顺吹扫方向逐个打开和关闭，待吹扫达到规定时间要求时，先关阀后停气；吹扫后要用氮气或空气吹干，防止蒸汽冷凝液造成真空而损坏管线；输送气体管线如用液体清洗时，核对支撑物强度能否满足要求；清洗过程要用最大安全体积和流量。

4. 烘炉

各种反应炉在检修后开车前，应按烘炉规程要求进行烘炉。

（1）编制烘炉方案，并经有关部门审查批准。组织化工操作人员学习，掌握其操作程序和应注意的事项。

（2）烘炉操作应在车间主管生产的负责人指导下进行。

（3）烘炉前，有关的报警信号、生产联锁应调校合格，并投入使用。

（4）点火前，要分析燃料气中的氧含量和炉膛可燃气体含量，符合要求后方能点火。点火时应遵守“先火后气”的原则。点火时要采取防止喷火烧伤的安全措施以及灭火的设施。炉子烟灭后重新点火前，必须先进行置换，合格后再点火。

5. 传动设备试车

化工装置中，机、泵起着输送液体、气体、固体介质的作用，由于操作环境复杂，一旦单机发生故障，就会影响全局。因此要通过试车，对机、泵检修后能否保证安全投料一次开车成功进行考核。

（1）编制试车方案，并经有关部门审查批准。

（2）专人负责进行全面仔细的检查，使其符合要求，安全设施和装置要齐全完好。

（3）试车工作应由车间主管生产的负责人统一指挥。

（4）冷却水、润滑油、电机通风、温度计、压力表、安全阀、报警信号、联锁装置等，要灵敏可靠，运行正常。

（5）查明阀门的开关情况，使其处于规定的状态。

（6）试车现场要整洁干净，并有明显的警戒线。

6. 联动试车

化工装置检修后的联动试车，重点要注意做好以下几个方面的工作。

（1）编制联动试车方案，并经有关领导审查批准。

（2）指定专人对化工装置进行全面认真的检查，查出的缺陷要及时消除。检修资料要齐全，安全设施要完好。

（3）专人检修系统内盲板的抽加情况，登记建档，签字认可，严防遗漏。

（4）化工装置的自保系统和安全联锁装置，调校合格，正常运行灵敏可靠，专业负责人要签字确认。

（5）供水、供气、供电等辅助系统要运行正常，符合工艺要求。整个化工装置要具备开车条件。

（6）在厂部或车间领导统一指挥下进行联动试车工作。

二、化工装置开车

化工装置开车要在开车指挥部的领导下，统一安排，并由化工装置所属的车间领导负责指挥开车。化工操作人员要严格按工艺卡片的要求和操作规程操作。

1. 打通流程

用蒸汽、氮气通入化工装置系统，一方面吹除化工装置检修时可能残留的部分焊渣、焊条头、铁屑、氧化皮、破布等，防止这些杂物堵塞管线；另一方面验证流程是否贯通。这时应按工艺流程逐个检查，确认无误，做到开车时不窜料、不憋压。按规定用蒸汽、氮气对化工装置系统置换，分析系统氧含量达到安全值以下的标准。

2. 化工装置进料

进料前，在升温、预冷等工艺调整操作中，化工检修人员与化工操作人员配合做好螺栓紧固部位的紧固工作，防止物料泄漏。岗位应备有防毒面具。油系统要加强脱水操作，深冷系统要加强干燥操作，为投料奠定基础。

装置进料前要先关闭所有的放空、排污等阀门，然后按规定流程，经化工操作人员、班长、车间值班领导检查无误，启动机泵进料。进料过程中，化工操作人员沿管线进行检查，防止物料泄漏或物料走错流程；化工装置开车过程中，严禁乱排乱放各种物料。化工装置升温、升压、加量，按规定缓慢进行；操作调整阶段，应注意检查阀门开度是否合适，逐步提高处理量，使其达到正常生产为止。

思考与练习

一、填空题

1. 任何设备、管线在检修复位后，为检验施工质量，应严格按有关规定进行________和________，防止生产时跑、冒、滴、漏，造成各种事故。

2. 一般处理液体管线用________冲洗，处理气体管线用________吹扫，蒸汽等特殊管线除外。

二、简答题

化工装置检修后开车的安全检查的内容有哪些?

项目七

化工生产污染与环境保护

随着当今化学工业的飞速发展，化工生产污染日趋严重，已给生态平衡带来巨大影响。化工生产过程环境保护越来越受到重视，完善环保设施、实现绿色化工生产，已成为化工行业未来发展的趋势。

多年来我国在化工环保方面做了很大的努力，采取了一系列措施，使得化工污染物排放总量得到控制，但化工行业所面临的环境形势依然严峻。

化工环保是利用化学的技术和手段减少或消除有害物质的技术措施。伴随着我国改革开放的步伐加快，我国的化工行业有了突飞猛进的提升，虽然整体水平相较国际水平仍处于劣势，但是已经有了赶上世界一流工业大国的趋势。当前我国首要面对的就是如何完美解决化工产业发展与环境之间产生的冲突，实现可持续发展，因此化工环保由此产生，核心思路是从根源上消除或减少化工生产对于环境产生的影响，是解决环境与化工产业发展之间冲突的必需途径，是控制化工生产污染最有效的方法。

任务一　化工生产污染概述

学习目标

1. 学习化工生产过程主要污染源。

2. 学习化工生产污染源分类和污染物的定义。

3. 掌握对化工生产各类污染物的处理方法。

4. 通过学习废气、废水、固体废物等污染物的处理方法，培养学生敬业爱岗、严格遵守操作规程的职业道德。

5. 通过小组判断处理污染物的训练，培养学生遇事不慌乱的心理素质，踏实能干、严谨的工作作风。

任务引入

你是某化工企业的现场操作员，工作期间接到班组长下发的任务，需要在巡检过程中对现场“三废”控制情况进行巡查，工作场地是现场生产装置，工作对象是装置中产生的各类污染物，在辨识之前，需要对各种污染物进行前期学习，了解相关的知识。

任务分析

污染物是化工生产中必然产生的介质或产物，为了防止对环境的污染，需要对介质进行污染物类别分析，识别污染物，并熟悉企业中的环保装置，学习污染物的处理方法。

相关知识

一、污染物的分类

化工生产过程中的污染主要来源于“三废”，即废气、废水、固体废物。

1. 化工废气

化工废气主要包括化工企业锅炉燃烧排放的废气，生产装置产生的不凝气、弛放气、净化尾气，储运过程、污水处理过程中产生的挥发性有机废气等。对粉尘、烟尘等颗粒状污染物，一般采取布袋过滤、电除尘等除尘措施；对二氧化硫、氮氧化物、非甲烷总烃等气态污染物，一般根据物理和化学性质采取石灰脱硫、催化还原、吸收、吸附、燃烧等措施，排放数据合格后达标排放。

2. 化工废水

我国水环境面临着水体污染、水资源短缺和洪涝灾害等多方面压力。水体污染加剧了水资源短缺，水生态环境破坏促使洪涝灾害频发。化工行业废水具有水量大、种类多、成分复杂的特点，废水中主要污染物是有机物、氨氮等。

3. 化工固体废物

化工固体废物不仅含有大量的金属化合物，还含有少量的硫、磷等易引起地球化学循环的元素。因此，化工固体废物的无控制排放将直接导致污染事件。

化工固体废物不仅会改变堆场所在地的土质和土色，还直接危害到周边环境生态系统，包括动植物种群、种间的变化、生物多样性的衰减等，同时由于雨水的淋洗作用，使得化工固体废物中的一些污染物，如重金属、人工化学品等直接流入地表水及渗透到地下水，威胁整个地下生态系统。化工固体废物主要在占用土地、污染水源、破坏周边环境等方面对环境造成危害。

二、污染物处理的方法

1. 化工废气处理

化工生产过程中产生的化工废气污染物种类较多，主要采用以下几种处理方法。

（1）吸收法

在控制化工废气等有机化合物污染方面，化学吸收法应用得比较多。例如，用水吸收萘或邻二甲苯作为原料生产苯酐时所产生的化工废气，该化工废气中含有苯酐、顺酐、苯甲酸、萘醌等物质；用水及碱溶液吸收氯醇法处理环氧丙烷生产中的次氯酸化塔尾气（酸性组分），并回收丙烷用碱液循环法吸收磺化法苯酚生产中的含酚废气，再用酸化吸收液对苯酚进行回收；用水吸收法吸收含甲醛的尾气。此外，在农药及染料生产中同样也会使用碱液吸收尾气中的 H_2S，用水吸收 HCl 等污染物。此项技术的主要难题是需解决设备的腐蚀。

（2）吸附法

吸附法可应用于净化涂料、油漆、塑料、橡胶等化工生产排放出的含溶剂或有机物的废气，通常用活性炭作吸附剂。活性炭吸附设备最常见的是用于净化氯乙烯和四氯化碳生产中的废气，在涂料、油漆生产和喷漆、印刷上也被广泛应用。目前存在的问题是活性炭的再生技术尚不十分完善，处理成本较高。故活性炭吸附法只适用于处理某些高浓度有机废气，回收的有机物或溶剂又可再用于生产，使处理费得到补偿。

（3）燃烧法

有机化工生产废气中的有机污染物或恶臭物质，可用直接燃烧法或催化燃烧法治理。要求燃烧必须完全，否则燃烧过程中形成的中间产物可能比原来的污染物危险更大。要使燃烧完全，必须很好掌握燃烧时间、温度和湍动这三个重要参数。直接燃烧可采用火炬或焚烧炉。火炬燃烧法用于处理含有足够可燃物的废气，废气的热值需在 925 kJ/m^3 以上，火炬为常压燃烧器，燃烧效率较低。如使用与锅炉或工业炉类似的强制送风燃烧炉，燃烧效果比火炬好。直接燃烧通常在 1 000 ℃左右进行，完全燃烧产物为 CO_2、N_2 和水蒸气等。

2. 化工废水处理

化工废水处理一般可分为三级。一级处理主要分离水中的悬浮固体物、胶体物或油类，可采用水质水量调节、过滤、沉淀、隔油等方法。二级处理主要是去除可用生物降解的有机物和部分胶体物，减少化学需氧量、氨氮、总氮等，通常采用生物法处理，大多数情况下，经一、二级处理后外排水已满足标准要求。三级处理主要是进一步去除污染物，以达到中水回用的目的，通常采用离子交换、反渗透、超滤、纳滤等方案。

3. 化工固体废物处理

对于化工固体废物的处理方法主要包括卫生填埋法、焚烧法、热解法、微生物分解法和转化利用法。化工固体废物的特点包括产生和排放量大；危险废物种类多，有毒、有害物质含量高；对土壤的污染；对水域的污染；对大气的污染；固体废弃物再资源化可能性大。

思考与练习

一、填空题

1. 化工生产过程中的污染主要来源于“三废”，即________、________、________。
2. 化工废气的处理方法有________、________、________。

二、简答题

1. 化工固体废物的处理方法有哪些？
2. 简述化工废水的三级处理方法。

任务二　我国环境保护目标

学习目标

1. 熟悉第十四个五年规划和2035年远景目标纲要。
2. 了解“十四五”节能减排综合工作方案。
3. 了解“十四五”环境健康工作规划。

任务引入

化工行业的健康发展中，强化安全生产工作不仅是保障生产顺利进行的基础，也是提升经济效益的关键因素之一。同时，随着社会对可持续发展的重视，绿色发展已成为化工行业乃至整个社会经济进步中的重要导向和要求。为了确保化工行业的长期稳定运营，必须同时兼顾安全生产与环境保护，实现经济效益与生态效益的双赢。

任务分析

为了使化工企业稳定运转，需要定期对工作现场进行现场排查，进行环境监测与评估之前需要熟悉我国环境保护相关规定，同时需对相关环境保护政策进行学习。

相关知识

一、“十四五”规划和 2035 年远景目标纲要

“十四五”时期经济社会发展主要目标（环保内容）：生态文明建设实现新进步。国土空间开发保护格局得到优化，生产生活方式绿色转型成效显著，能源资源配置更加合理、利用效率大幅提高，单位国内生产总值能源消耗和二氧化碳排放分别降低 13.5%、18%，主要污染物排放总量持续减少，森林覆盖率提高到 24.1%，生态环境持续改善，生态安全屏障更加牢固，城乡人居环境明显改善。

深入打好污染防治攻坚战，建立健全环境治理体系，推进精准、科学、依法、系统治污，协同推进减污降碳，不断改善空气、水环境质量，有效管控土壤污染风险。

2035 年远景目标（环保内容）：广泛形成绿色生产生活方式，碳排放达峰后稳中有降，生态环境根本好转，美丽中国建设目标基本实现。

二、“十四五”节能减排综合工作方案

到 2025 年，全国单位国内生产总值能源消耗比 2020 年下降 13.5%，能源消费总量得到合理控制，化学需氧量、氨氮、氮氧化物、挥发性有机物排放总量比 2020 年分别下降 8%、8%、10% 以上、10% 以上。节能减排政策机制更加健全，重点行业能源利用效率和主要污染物排放控制水平基本达到国际先进水平，经济社会发展绿色转型取得显著成效。

三、“十四五”环境影响评价与排污许可工作实施方案

源头预防作用进一步提升。全国生态环境分区管控体系基本形成，管理机制、技术体系和数据共享系统基本完善。政策环评稳步推进，规划环评体系更加健全，重点领域、重点行业环评管理效能持续提升。排污许可核心制度进一步稳固。固定污染源排污许可全要素、全周期管理基本实现，固定污染源排污许可执法监管体系和自行监测监管机制全面建立，排污许可“一证式”管理全面落实，以排污许可制为核心的固定污染源监管制度体系基本形成。制度创新体系进一步丰富。生态环境分区管控、规划环评、项目环评、排污许可及执法、督察等相关制度的闭环管理体系初步建立。探索温室气体排放环境影响评价。环评与排污许可信用管理制度更加完善，第三方服务市场全面规范。基础保障进一步加强。一批新领域、新行业管理政策、技术方法出台实施。环评与排污许可信息衔接、业务协同有效推进，排污许可信息系统功能持续拓展，智能查重覆盖所有环评文件，信息化建设和应用水平持续提升。

四、“十四五”环境健康工作规划

紧密衔接健康中国和美丽中国建设，为助推生态环境管理科学化、精准化发展培育新动能，提供新动力。到 2025 年，基本掌握全国重点地区高环境健康风险源分布特征，环境健康

风险监测布局初步形成；进一步完善环境健康标准体系，研制一批环境健康风险评估技术规范和模型计算软件；在 10 至 15 个地区开展环境健康管理试点，环境健康管理实现多层次、多样化和特色化发展；打造专业化队伍，累计开展业务培训 5 万人次；营造全社会支持参与环境健康工作的良好氛围，全国居民环境健康素养水平达到 20% 及以上。

五、坚持科学发展、绿色发展

贯彻落实环境保护基本国策，遵守国家和地方环境保护法律法规和标准，通过生态环境保护，遏制生态环境破坏，维护国家生态环境安全，确保国民经济和社会的可持续发展。污染防治应坚持源头减量、末端治理和全过程控制相结合，分散治理与集中控制相结合，污染物排放浓度控制与总量控制相结合原则。危险废物无害化处置率 100%，建设项目环评与“三同时”执行率 100%，污染物总量控制执行率 100%。

任务三　环保法律法规

学习目标

1. 学习《中华人民共和国环境保护法》。
2. 理解环境保护法律法规体系。
3. 掌握与环境保护相关的法律法规。
4. 能运用法律法规的基本知识解决化工生产中的实际问题。
5. 通过学习相关法律知识，使学生树立环境法律意识，增强环境法治观念。

任务引入

化工企业的环境保护问题备受人们关注。化工企业在生产过程中会产生很多废气、废水、固体废物等危险废物，这些废物如果随意排放，将会对环境造成极大的破坏。因此，化工企业需要制定并严格执行环境保护政策，减少或者消除“三废”的排放。优化生产技术、节能减排、推广清洁能源等也是保障化工企业环境保护的重要措施。

任务分析

基本的环保法律法规知识对化工操作人员至关重要，为了避免化工操作人员因不遵守环保法律法规导致事故的发生，需学习环保法律法规的基础知识。

相关知识

一、法律

1.《中华人民共和国环境保护法》

为保护和改善环境，防治污染和其他公害，保障公众健康，推进生态文明建设，促进经济社会可持续发展，制定该法。该法所称环境，是指影响人类生存和发展的各种天然的和经过人工改造的自然因素的总体，包括大气、水、海洋、土地、矿藏、森林、草原、湿地、野生生物、自然遗迹、人文遗迹、自然保护区、风景名胜区、城市和乡村等。该法适用于中华人民共和国领域和中华人民共和国管辖的其他海域。保护环境是国家的基本国策。国家采取有利于节约和循环利用资源、保护和改善环境、促进人与自然和谐的经济、技术政策和措施，使经济社会发展与环境保护相协调。环境保护坚持保护优先、预防为主、综合治理、公众参与、损害担责的原则。一切单位和个人都有保护环境的义务。地方各级人民政府应当对本行政区域的环境质量负责。企业事业单位和其他生产经营者应当防止、减少环境污染和生态破坏，对所造成的损害依法承担责任。公民应当增强环境保护意识，采取低碳、节俭的生活方式，自觉履行环境保护义务。

2.《中华人民共和国环境影响评价法》

为了实施可持续发展战略，预防因规划和建设项目实施后对环境造成不良影响，促进经济、社会和环境的协调发展，制定该法。该法所称环境影响评价，是指对规划和建设项目实施后可能造成的环境影响进行分析、预测和评估，提出预防或者减轻不良环境影响的对策和措施，进行跟踪监测的方法与制度。在中华人民共和国领域和中华人民共和国管辖的其他海域内建设对环境有影响的项目，应当依照该法进行环境影响评价。环境影响评价必须客观、公开、公正，综合考虑规划或者建设项目实施后对各种环境因素及其所构成的生态系统可能造成的影响，为决策提供科学依据。国家鼓励有关单位、专家和公众以适当方式参与环境影响评价。国家加强环境影响评价的基础数据库和评价指标体系建设，鼓励和支持对环境影响评价的方法、技术规范进行科学研究，建立必要的环境影响评价信息共享制度，提高环境影响评价的科学性。国务院生态环境主管部门应当会同国务院有关部门，组织建立和完善环境影响评价的基础数据库和评价指标体系。

3.《中华人民共和国清洁生产促进法》

为了促进清洁生产，提高资源利用效率，减少和避免污染物的产生，保护和改善环境，保障人体健康，促进经济与社会可持续发展，制定该法。该法所称清洁生产，是指不断采取改进设计、使用清洁的能源和原料、采用先进的工艺技术与设备、改善管理、综合利用等措施，从源头削减污染，提高资源利用效率，减少或者避免生产、服务和产品使用过程中污染物的产生和排放，以减轻或者消除对人类健康和环境的危害。在中华人民共和国领域内，从事生产和服务活动的单位以及从事相关管理活动的部门依照本法规定，组织、实施清洁生产。国家鼓励和促进清洁生产。国务院和县级以上地方人民政府，应当将清洁生产促进工作纳入

国民经济和社会发展规划、年度计划以及环境保护、资源利用、产业发展、区域开发等规划。国务院清洁生产综合协调部门负责组织、协调全国的清洁生产促进工作。国务院环境保护、工业、科学技术、财政部门和其他有关部门，按照各自的职责，负责有关的清洁生产促进工作。县级以上地方人民政府负责领导本行政区域内的清洁生产促进工作。县级以上地方人民政府确定的清洁生产综合协调部门负责组织、协调本行政区域内的清洁生产促进工作。县级以上地方人民政府其他有关部门，按照各自的职责，负责有关的清洁生产促进工作。国家鼓励开展有关清洁生产的科学研究、技术开发和国际合作，组织宣传、普及清洁生产知识，推广清洁生产技术。国家鼓励社会团体和公众参与清洁生产的宣传、教育、推广、实施及监督。

4.《中华人民共和国水污染防治法》

为了保护和改善环境，防治水污染，保护水生态，保障饮用水安全，维护公众健康，推进生态文明建设，促进经济社会可持续发展，制定该法。该法适用于中华人民共和国领域内的江河、湖泊、运河、渠道、水库等地表水体以及地下水体的污染防治。海洋污染防治适用《中华人民共和国海洋环境保护法》。水污染防治应当坚持预防为主、防治结合、综合治理的原则，优先保护饮用水水源，严格控制工业污染、城镇生活污染，防治农业面源污染，积极推进生态治理工程建设，预防、控制和减少水环境污染和生态破坏。

5.《中华人民共和国固体废物污染环境防治法》

为了保护和改善生态环境，防治固体废物污染环境，保障公众健康，维护生态安全，推进生态文明建设，促进经济社会可持续发展，制定该法。固体废物污染环境的防治适用该法。固体废物污染海洋环境的防治和放射性固体废物污染环境的防治不适用该法。国家推行绿色发展方式，促进清洁生产和循环经济发展。国务院有关部门、县级以上地方人民政府及其有关部门在编制国土空间规划和相关专项规划时，应当统筹生活垃圾、建筑垃圾、危险废物等固体废物转运、集中处置等设施建设需求，保障转运、集中处置等设施用地。国家采取有利于固体废物污染环境防治的经济、技术政策和措施，鼓励、支持有关方面采取有利于固体废物污染环境防治的措施，加强对从事固体废物污染环境防治工作人员的培训和指导，促进固体废物污染环境防治产业专业化、规模化发展。县级以上人民政府应当将固体废物污染环境防治工作纳入国民经济和社会发展规划、生态环境保护规划，并采取有效措施减少固体废物的产生量、促进固体废物的综合利用、降低固体废物的危害性，最大限度降低固体废物填埋量。

6.《中华人民共和国噪声污染防治法》

为了防治噪声污染，保障公众健康，保护和改善生活环境，维护社会和谐，推进生态文明建设，促进经济社会可持续发展，制定该法。该法所称噪声，是指在工业生产、建筑施工、交通运输和社会生活中产生的干扰周围生活环境的声音。该法所称噪声污染，是指超过噪声排放标准或者未依法采取防控措施产生噪声，并干扰他人正常生活、工作和学习的现象。噪声污染的防治，适用该法。因从事本职生产经营工作受到噪声危害的防治，适用劳动保护等其他有关法律的规定。噪声污染防治应当坚持统筹规划、源头防控、分类管理、社会共治、损害担责的原则。

7.《中华人民共和国大气污染防治法》

为保护和改善环境，防治大气污染，保障公众健康，推进生态文明建设，促进经济社会可持续发展，制定该法。防治大气污染，应当以改善大气环境质量为目标，坚持源头治理，规划先行，转变经济发展方式，优化产业结构和布局，调整能源结构。防治大气污染，应当加强对燃煤、工业、机动车船、扬尘、农业等大气污染的综合防治，推行区域大气污染联合防治，对颗粒物、二氧化硫、氮氧化物、挥发性有机物、氨等大气污染物和温室气体实施协同控制。县级以上人民政府应当将大气污染防治工作纳入国民经济和社会发展规划，加大对大气污染防治的财政投入。地方各级人民政府应当对本行政区域的大气环境质量负责，制定规划，采取措施，控制或者逐步削减大气污染物的排放量，使大气环境质量达到规定标准并逐步改善。国务院生态环境主管部门会同国务院有关部门，按照国务院的规定，对省、自治区、直辖市大气环境质量改善目标、大气污染防治重点任务完成情况进行考核。省、自治区、直辖市人民政府制定考核办法，对本行政区域内地方大气环境质量改善目标、大气污染防治重点任务完成情况实施考核。考核结果应当向社会公开。县级以上人民政府生态环境主管部门对大气污染防治实施统一监督管理。县级以上人民政府其他有关部门在各自职责范围内对大气污染防治实施监督管理。

8.《中华人民共和国环境保护税法》

为了保护和改善环境，减少污染物排放，推进生态文明建设，制定该法。在中华人民共和国领域和中华人民共和国管辖的其他海域，直接向环境排放应税污染物的企业事业单位和其他生产经营者为环境保护税的纳税人，应当依照该法规定缴纳环境保护税。该法所称应税污染物，是指本法所附《环境保护税税目税额表》《应税污染物和当量值表》规定的大气污染物、水污染物、固体废物和噪声。有下列情形之一的，不属于直接向环境排放污染物，不缴纳相应污染物的环境保护税：（1）企业事业单位和其他生产经营者向依法设立的污水集中处理、生活垃圾集中处理场所排放应税污染物的；（2）企业事业单位和其他生产经营者在符合国家和地方环境保护标准的设施、场所储存或者处置固体废物的。依法设立的城乡污水集中处理、生活垃圾集中处理场所超过国家和地方规定的排放标准向环境排放应税污染物的，应当缴纳环境保护税。企业事业单位和其他生产经营者贮存或者处置固体废物不符合国家和地方环境保护标准的，应当缴纳环境保护税。

二、法规

1.《建设项目环境保护管理条例》

为了防止建设项目产生新的污染、破坏生态环境，制定该条例。在中华人民共和国领域和中华人民共和国管辖的其他海域内建设对环境有影响的建设项目，适用该条例。建设产生污染的建设项目，必须遵守污染物排放的国家标准和地方标准；在实施重点污染物排放总量控制的区域内，还必须符合重点污染物排放总量控制的要求。工业建设项目应当采用能耗物耗小、污染物产生量少的清洁生产工艺，合理利用自然资源，防止环境污染和生态破坏。改建、扩建项目和技术改造项目必须采取措施，治理与该项目有关的原有环境污染和生态破坏。

2.《排污许可管理条例》

为了加强排污许可管理，规范企业事业单位和其他生产经营者排污行为，控制污染物排放，保护和改善生态环境，根据《中华人民共和国环境保护法》等有关法律，制定该条例。依照法律规定实行排污许可管理的企业事业单位和其他生产经营者（以下称排污单位），应当依照该条例规定申请取得排污许可证；未取得排污许可证的，不得排放污染物。根据污染物产生量、排放量、对环境的影响程度等因素，对排污单位实行排污许可分类管理：（一）污染物产生量、排放量或者对环境的影响程度较大的排污单位，实行排污许可重点管理；（二）污染物产生量、排放量和对环境的影响程度都较小的排污单位，实行排污许可简化管理。实行排污许可管理的排污单位范围、实施步骤和管理类别名录，由国务院生态环境主管部门拟订并报国务院批准后公布实施。制定实行排污许可管理的排污单位范围、实施步骤和管理类别名录，应当征求有关部门、行业协会、企业事业单位和社会公众等方面的意见。国务院生态环境主管部门负责全国排污许可的统一监督管理。设区的市级以上地方人民政府生态环境主管部门负责本行政区域排污许可的监督管理。

3.《地下水管理条例》

为了加强地下水管理，防治地下水超采和污染，保障地下水质量和可持续利用，推进生态文明建设，根据《中华人民共和国水法》和《中华人民共和国水污染防治法》等法律，制定该条例。地下水调查与规划、节约与保护、超采治理、污染防治、监督管理等活动，适用该条例。该条例所称地下水，是指赋存于地表以下的水。地下水管理坚持统筹规划、节水优先、高效利用、系统治理的原则。国务院水行政主管部门负责全国地下水统一监督管理工作。国务院生态环境主管部门负责全国地下水污染防治监督管理工作。国务院自然资源等主管部门按照职责分工做好地下水调查、监测等相关工作。县级以上地方人民政府对本行政区域内的地下水管理负责，应当将地下水管理纳入本级国民经济和社会发展规划，并采取控制开采量、防治污染等措施，维持地下水合理水位，保护地下水水质。县级以上地方人民政府水行政主管部门按照管理权限，负责本行政区域内地下水统一监督管理工作。地方人民政府生态环境主管部门负责本行政区域内地下水污染防治监督管理工作。县级以上地方人民政府自然资源等主管部门按照职责分工做好本行政区域内地下水调查、监测等相关工作。利用地下水的单位和个人应当加强地下水取水工程管理，节约、保护地下水，防止地下水污染。国务院对省、自治区、直辖市地下水管理和保护情况实行目标责任制和考核评价制度。国务院有关部门按照职责分工负责考核评价工作的具体组织实施。任何单位和个人都有权对损害地下水的行为进行监督、检举。对在节约、保护和管理地下水工作中作出突出贡献的单位和个人，按照国家有关规定给予表彰和奖励。

4.《危险废物转移环境管理办法》

为加强对危险废物转移活动的监督管理，防止污染环境，根据《中华人民共和国固体废物污染环境防治法》等有关法律法规，制定该办法。该办法适用于在中华人民共和国境内转移危险废物及其监督管理活动。转移符合豁免要求的危险废物的，按照国家相关规定实行豁免管理。在海洋转移危险废物的，不适用该办法。危险废物转移应当遵循就近原则。跨省、自治区、直辖市转移（以下简称跨省转移）处置危险废物的，应当以转移至相邻或者开展区域合作的省、自治区、直辖市的危险废物处置设施，以及全国统筹布局的危险废物处置设施为主。生态环境主管部门依法对危险废物转移污染环境防治工作以及危险废物转移联单运行实施监督管理，查处危险废物污染环境违法行为。各级交通运输主管部门依法查处危险废物运输违反危险货物运输管理相关规定的违法行为。公安机关依法查处危险废物运输车辆的交通违法行为，打击涉危险废物污染环境犯罪行为。生态环境主管部门、交通运输主管部门和公安机关应当建立健全协作机制，共享危险废物转移联单信息、运输车辆行驶轨迹动态信息和运输车辆限制通行区域信息，加强联合监管执法。转移危险废物的，应当执行危险废物转移联单制度，法律法规另有规定的除外。危险废物转移联单的格式和内容由生态环境部另行制定。转移危险废物的，应当通过国家危险废物信息管理系统（以下简称信息系统）填写、运行危险废物电子转移联单，并依照国家有关规定公开危险废物转移相关污染环境防治信息。生态环境部负责建设、运行和维护信息系统。运输危险废物的，应当遵守国家有关危险货物运输管理的规定。未经公安机关批准，危险废物运输车辆不得进入危险货物运输车辆限制通行的区域。

5.《污染地块土壤环境管理办法》

为了加强污染地块环境保护监督管理，防控污染地块环境风险，根据《中华人民共和国环境保护法》等法律法规和国务院发布的《土壤污染防治行动计划》，制定该办法。该办法所称疑似污染地块，是指从事过有色金属冶炼、石油加工、化工、焦化、电镀、制革等行业生产经营活动，以及从事过危险废物储存、利用、处置活动的用地。按照国家技术规范确认超过有关土壤环境标准的疑似污染地块，称为污染地块。该办法所称疑似污染地块和污染地块相关活动，是指对疑似污染地块开展的土壤环境初步调查活动，以及对污染地块开展的土壤环境详细调查、风险评估、风险管控、治理与修复及其效果评估等活动。拟收回土地使用权的，已收回土地使用权的，以及用途拟变更为居住用地和商业、学校、医疗、养老机构等公共设施用地的疑似污染地块和污染地块相关活动及其环境保护监督管理，适用该办法。放射性污染地块环境保护监督管理，不适用该办法。生态环境部对全国土壤环境保护工作实施统一监督管理。地方各级环境保护主管部门负责本行政区域内的疑似污染地块和污染地块相关活动的监督管理。按照国家有关规定，县级环境保护主管部门被调整为设区的市级环境保护主管部门派出分局的，由设区的市级环境保护主管部门组织所属派出分局开展疑似污染地块和污染地块相关活动的监督管理。

6.《污染源自动监控设施现场监督检查办法》

为加强对污染源自动监控设施的现场监督检查，保障其正常运行，保证自动监控数据的真实、可靠和有效，根据《中华人民共和国水污染防治法》《中华人民共和国大气污染防治法》等有关法律法规，制定该办法。该办法所称污染源自动监控设施，是指在污染源现场安装的用于监控、监测污染物排放的在线自动监测仪、流量（速）计、污染治理设施运行记录仪和数据采集传输仪器、仪表、传感器等设施，是污染防治设施的组成部分。该办法适用于各级环境保护主管部门对污染源自动监控设施的现场监督检查。污染源自动监控设施的现场监督检查，由各级环境保护主管部门或者其委托的行使现场监督检查职责的机构（以下统称监督检查机构）具体负责。省级以下环境保护主管部门对污染源自动监控设施进行监督管理和现场监督检查的权限划分，由省级环境保护主管部门确定。实施污染源自动监控设施现场监督检查，应当与其他污染防治设施的现场检查相结合，并遵守国家有关法律法规、标准、技术规范以及环境保护主管部门的规定。污染源自动监控设施的生产者和销售者，应当保证其生产和销售的污染源自动监控设施符合国家规定的标准。排污单位自行运行污染源自动监控设施的，应当保证其正常运行。由取得环境污染治理设施运营资质的单位（以下简称运营单位）运行污染源自动监控设施的，排污单位应当配合、监督运营单位正常运行；运营单位应当保证污染源自动监控设施正常运行。污染源自动监控设施的生产者、销售者以及排污单位和运营单位应当接受和配合监督检查机构的现场监督检查，并按照要求提供相关技术资料。监督检查机构有义务为被检查单位保守在检查中获取的商业秘密。

7.《突发环境事件应急管理办法》

为预防和减少突发环境事件的发生，控制、减轻和消除突发环境事件引起的危害，规范突发环境事件应急管理工作，保障公众生命安全、环境安全和财产安全，根据《中华人民共和国环境保护法》《中华人民共和国突发事件应对法》《国家突发环境事件应急预案》及相关法律法规，制定该办法。各级环境保护主管部门和企业事业单位组织开展的突发环境事件风险控制、应急准备、应急处置、事后恢复等工作，适用该办法。该办法所称突发环境事件，是指由于污染物排放或者自然灾害、生产安全事故等因素，导致污染物或者放射性物质等有毒有害物质进入大气、水体、土壤等环境介质，突然造成或者可能造成环境质量下降，危及公众身体健康和财产安全，或者造成生态环境破坏，或者造成重大社会影响，需要采取紧急措施予以应对的事件。突发环境事件按照事件严重程度，分为特别重大、重大、较大和一般四级。核设施及有关核活动发生的核与辐射事故造成的辐射污染事件按照核与辐射相关规定执行。重污染天气应对工作按照《大气污染防治行动计划》等有关规定执行。造成国际环境影响的突发环境事件的涉外应急通报和处置工作，按照国家有关国际合作的相关规定执行。突发环境事件应急管理工作坚持预防为主、预防与应急相结合的原则。突发环境事件应对，应当在县级以上地方人民政府的统一领导下，建立分类管理、分级负责、属地管理为主的应急管理体制。县级以上环境保护主管部门应当在本级人民政府的统一领导下，对突发环境事件应急管理日常工作实施监督管理，指导、协助、督促下级人民政府及其有关部门做好突发环境事件应对工作。县级以上地方环境保护主管部门应当按照本级人民政府的要求，会同有关部门建立健全突发环境事件应急联动机制，加强突发环境事件应急管理。相邻区域地方环境保护主管部门应当开展跨行政区域的突发环境事件应急合作，共同防范、互通信息，协力应对突发环境事件。企业事业单位应当按照相关法律法规和标准规范的要求，履行下列义务：

（1）开展突发环境事件风险评估；

（2）完善突发环境事件风险防控措施；

（3）排查治理环境安全隐患；

（4）制定突发环境事件应急预案并备案、演练；

（5）加强环境应急能力保障建设。

发生或者可能发生突发环境事件时，企业事业单位应当依法进行处理，并对所造成的损害承担责任。环境保护主管部门和企业事业单位应当加强突发环境事件应急管理的宣传和教育，鼓励公众参与，增强防范和应对突发环境事件的知识和意识。

思考与练习

简答题

1. 简述《中华人民共和国环境保护法》的适用范围。
2. 简述《危险废物转移环境管理办法》的适用范围。

项目八

化工企业清洁生产

长期以来，我国经济发展一直沿用以大量消耗资源、粗放经营为特征的传统发展模式，通过高投入、高消耗、高污染，来实现较高的经济增长。从总体上看，我国工业生产的经济技术指标仍大大落后于发达国家。传统的生产模式导致资源利用不合理，大量资源和能源变成“三废”排入环境，造成严重污染。转变传统发展模式，推行可持续发展战略与清洁生产，实现经济与环境协调发展的历史任务已经摆在我们面前。

任务一　清洁生产的定义及发展

学习目标

1. 了解和认识清洁生产，掌握清洁生产的定义。
2. 明确清洁生产对于化工生产的重要意义。
3. 明白我国进行化工企业清洁生产的必要性。
4. 了解清洁生产的发展历史。

任务引入

目前化工企业对环境保护的投入力度非常大，但环境保护对于企业增加产品产量、提升产品纯度、增加企业利润方面提供的帮助有限，为什么企业还要投入大量资金去达到清洁生产的要求？

任务分析

作为一名新入职员工，对化工企业清洁生产工作需要全方位地了解，明确清洁生产的意义所在，了解清洁生产的发展，以及对我国的可持续发展带来的影响。

相关知识

一、清洁生产

据估计，1950—1970年国内生产总值年均增长率为5.7%，而主要投入（包括能源、原材料、资本和劳动力）的年均增长率约为国内生产总值增速的2倍。自20世纪80年代起，经济发展逐步转向强调经济效益，从粗放型增长向集约型增长转变。1981—1988年期间，国内生产总值年均增长率达到10%，主要投入的年均增速降至国内生产总值增速的一半左右。20世纪90年代后，改革开放持续深化推动经济快速发展，经济效益显著提升，但总体而言，我国工业生产的技术经济指标仍与发达国家存在较大差距。据分析，传统的生产模式导致资源利用效率低下，大量资源和能源以“三废”形式排入环境，造成严重污染。20世纪80年代以来，我国虽明确提出“预防为主，防治结合”的工业污染防治方针，强调通过优化产业布局、调整产品与能源结构、推动技术改造、加强资源综合利用及环境管理等方式防治污染，但“预防为主”原则尚未形成完备的法规制度体系。实际防治重点仍存在偏差，未聚焦于生产全过程的源头减量，而是偏重末端治理措施。典型如“限期治理”“浓度控制排放”等制度，均以污染物产生后的末端处理为核心管理手段。

尽管近20多年来我国在环境保护方面做了巨大的努力，使得工业污染物排放总量未与经济发展同步增长，甚至某些污染物排放量还有所降低，但我国总体环境状况仍趋向恶化。在我国的环境污染中，工业污染占全国负荷的70%以上。每年由工厂排出1 600万t SO_2 使我国酸雨面积不断扩大，化工废水每年排放量达231亿t，固体废物达7亿t。每年由于环境污染造成的经济损失达1 000亿元。如此惊人的数字，达到使社会难以承受的程度。环境和资源所承受的压力，反过来对社会经济的发展产生了严重的制约作用。这种经济发展与环境保护之间的不协调现象，已经越来越明显，不容继续存在。化学工业是我国国民经济的重要基础工业，其生产的化工产品已达45 000多种，对我国工农业生产的发展和国防现代化具有重要作用。由于化工产品种类繁多，而且中小型化工企业占绝大多数，加之长期以来采用高消耗、低效益、粗放型的生产模式，使我国化学工业在不断发展的同时，也对环境造成了严重污染。化工排放的废水、废气、固体废物分别占全国工业排放总量的20%～23%、5%～7%和8%～10%。在工业部门中，化工排放的废水量居第二位，固体废物量居第三位，固体废物量居第四位，排放的汞、铬、酚、砷、氟、氰、氨氮等污染物居第一位。从行业角度来看，氮肥行业是化工系统用水和污染物排放的重点领域，其废水排放量占化学工业排放总量的60%，其中小氮肥企业废水排放量又占氮肥行业废水排放总量的70%，每年全行业氨氮流失达100万t以上。染料行业工艺落后，收率低，每年排放工艺废水1.57亿t、废气257亿t、固体废物 28 万 t。染料废水化学需氧量浓度高，色度深，难以生物降解，缺少有效的治理技术。农药生产目前以有机磷农药为主要品种，全行业每年排放废水上亿吨，这类废水含有机磷和难生物降解物质，目前还没有较为成熟的处理方法。染料与农药生产对环境的污染非常严重，已成为制约这两个行业生产发展的重要因素。铬盐行业每年约排 13 万～14 万 t 铬渣，全国历年堆存的铬渣已达 200 万 t，流失到环境中的六价铬每年也达 1 000 t 以上，对地下水水质造成很大的威胁。磷肥行业主要的污染物是氟和磷石膏，每年排入大气中的氟 1 万～2 万 t、磷石膏约 100 万 t，不仅占用了大量土地，也污染了地下水。有机化工行业排放的废水、废气的数量虽然较小，但含有毒、有害物质浓度高，成分复杂，使工厂员工和周围居民深受其害。

由氯乙烯、乙苯等八种产品国内外同类装置的排污系数比较（见表 8-1），可以看出国内装置排污系数比国外同类装置排污系数高出几倍到数千倍，因此清洁生产的推广对环境保护和经济的发展起着重要的作用。

表 8-1　　国内与国外同类装置排污系数比较

产品	生产工艺	排污系数（kg/t 产品）					
		废气		废水		固体废物	
		国外	国内	国外	国内	国外	国内
氯乙烯	氧氯化法	4.9～12	113～220	0.33～4.35	837	0.05～4.0	211
乙苯	烷基化法	0.29～1.7	4.8	1.9～21.5	2 867	—	—
丙烯腈	氨氧化法	0.017～200	5 882	0.002～34.1	2 592	—	—
环氧丙烷	氯醇法 氧化法	0.005～8.5	178～560	—	—	—	—
环氧乙烷	氧化法	0.25～47.5	630	—	—	—	—
丙烯酸乙酯	酯化法	0.265～265	22.7	—	—	—	—
乙醛	氧化法	—	—	0.6～13.9	10 800～40 000	—	—
对苯二甲酸二甲酯	酯化法	—	—	微量～54	1 170	—	—

清洁生产与过去的环境政策不同，过去的环境政策强调末端治理，即当污染产生后在排污口和烟囱口通过处理和处置进行污染控制。这种方法具有严重的经济与环境上的弊端。

首先，污染控制方法通常以单一环境介质（如空气、水和陆地等）为目标对污染物进行控制，这种方法鼓励污染向未控制的介质中转移，例如，在解决大气污染和水污染过程中，可能产生粉尘和污泥的陆地污染问题。

其次，污染控制方法通常只集中在控制大型污染源，但是未受控制的小污染源可能超过受控制的大污染源。

再次，这种方法按照固定要求（排放标准）接近污染物的排放标准，未能鼓励排污者将污染减少到最小量排放。

最后，污染控制方法鼓励企业花费巨额环境投资用于污染控制技术，而不是用于改进生产方式、改变原料、加强设备维护等花钱少、效益高的污染预防技术。

这样就面临着一个相互矛盾的环境问题，一方面，花费大量资金与资源处理污染，而处理的结果又有新废物产生，又需要资金与资源来处理它；另一方面，环境质量只得到局部改善，而更严重的全球性环境问题，如臭氧层破坏、温室效应等，对人类与环境造成新的威胁。因此，只有实行污染预防的办法，预防废物（污染物）的产生才能解决上述矛盾。

二、清洁生产的发展

1. 国际清洁生产的发展

清洁生产是国际社会在总结工业污染治理经验教训的基础上，经过多年的实践和发展逐渐趋于成熟，并为各国政府和企业所普遍认可的、实现可持续发展的一条基本途径。

国际“清洁生产”概念的出现，最早可追溯到 1976 年。当年，欧洲共同体在巴黎举行了“无废工艺和无废生产国际研讨会”，会上提出“消除造成污染的根源”的思想。1979 年 4 月欧洲共同体理事会宣布推行清洁生产政策，并于同年 11 月在日内瓦举行的“在环境领域内进行国际合作的全欧高级会议”上，通过了《关于少废无废工艺和废料利用的宣言》，指出无废工艺是使社会和自然取得和谐关系的战略方向和主要手段。此后，欧洲共同体陆续多次召开国家、地区性或国际性的研讨会，并在 1984 年、1985 年、1987 年欧洲共同体环境事务委员会三次拨款支持建立清洁生产示范工程，制定了欧洲共同体促进开发“清洁生产”的两个法规，明确对清洁工艺生产工业示范工程提供财政支持。欧洲共同体还建立了信息情报交流网络，其成员国可由该网络得到有关环保技术及市场信息情报。1989 年 5 月联合国环境规划署与环境规划活动中心（UNEPIE/PAC）根据联合国环境规划署（UNEP）理事会会议的决议，制订了清洁生产计划，在全球范围内推进清洁生产。该计划的主要内容之一是组建两类工作组：一类为制革、造纸、纺织、金属表面加工等行业清洁生产工作组；另一类则是组建清洁生产政策及战略、数据网络、教育等业务工作组。该计划还强调要面向政界、工业界、学术界人士，增强他们的清洁生产意识，教育公众，推进清洁生产的行动。

20 世纪 90 年代初，经济合作与开发组织（OECD）在许多国家采取不同措施鼓励采用清洁生产技术。例如，在德国，将 70% 投资用于清洁工艺的工厂可以申请减税；在英国，税收优惠政策是导致风力发电增长的原因。自 1995 年以来，经合组织国家的政府开始把他们的环境战略针对产品而不是工艺，以此为出发点，引进生命周期分析，以确定在产品寿命周期（包括制造、运输、使用和处置）中的哪一个阶段有可能削减或替代原材料投入和最有效并以最低费用消除污染物和废物。这一战略刺激和引导生产商和制造商以及政府政策制定者去寻找更富有想象力的途径来实现清洁生产和清洁产品的制造。

全面推行清洁生产的实践始于美国。1984 年，美国国会通过了《资源保护与回收法 – 固体及有害废物修正案》。该法案明确规定，废物最小化即“在可行的部位将有害废物尽可能地削减和消除”是美国的一项国策，它要求产生有毒、有害废弃物的单位应向环境保护部门申报废物产生量、削减废物的措施、废物的削减数量，并制定本单位废物最少化的规划。其中，基于污染预防的源削减和再循环被认为是废物最小化对策的两个主要途径。

在废物最小化成功实践的基础上，1990 年 10 月美国国会又通过了《污染预防法》，从法律上确认了污染应当削减或消除在其产生之前，污染预防是美国的一项国策。

《污染预防法》明确指出，源削减与废物管理和污染控制有原则区别，且更尽如人意。并全面表明了美国环境污染防治战略的优先序是“污染物应在源处尽可能地加以预防和削减；未能防止的污染物应尽可能地以对环境安全的方式进行再循环；未能通过预防和再循环消除的污染物应尽可能地以对环境安全的方式进行处理；处置或排入环境只能作为最后的手段，也应以对环境安全的方式进行”。

与此同时，在欧洲，瑞典、荷兰、丹麦等国相继在学习借鉴美国废物最小化或污染预防实践经验的基础上，纷纷开展了推行清洁生产的活动。

1990 年 9 月，在英国坎特伯雷举办了“首届促进清洁生产高级研讨会”。会上提出了一系列建议，如支持世界不同地区发起和制订国家级的清洁生产计划、支持创办国家清洁生产中心、进一步与有关国际组织等结成网络等。此后，该国际研讨会每两年召开一次，定期评估清洁生产的进展，并交流经验，发现问题，提出新的目标，以全力推进清洁生产的发展。

1992 年 6 月，联合国巴西环境与发展大会在推行可持续发展战略的《里约环境与发展宣言》中，确认了“地球的整体性和相互依存性”“环境保护工作应是发展进程中的一个整体组成部分”“各国应当减少和消除不能持续的生产和消费方式”。为此，清洁生产被作为实施可持续发展战略的关键措施正式写入大会通过的实施可持续发展战略行动纲领《21 世纪议程》中。自此，在联合国的大力推动下，清洁生产逐渐为各国企业和政府所认可，清洁生产进入了一个快速发展时期。

为响应实施可持续发展与推行清洁生产的号召，各种国际组织积极投入到推行清洁生产的热潮中。联合国工业发展组织和联合国环境署（UNIDO/UNEP）率先在 9 个国家（包括中国）资助建立了国家清洁生产中心。目前，世界上已经建立了 40 多个清洁生产中心。世界银行（WB）等国际金融组织也积极资助在发展中国家开展清洁生产的培训工作和建立示范工程。国际标准化组织（ISO）制定了以污染预防和持续改善为核心内容的国际环境管理系列标准。

1998 年，在韩国汉城（旧称，现为首尔）第五次国际清洁生产高级研讨会上，代表实施清洁生产承诺与行动的《国际清洁生产宣言》出台。包括中国在内的 13 个国家的部长及其他高级代表与 9 位公司领导人共 64 位与会者首批签署了该宣言。《国际清洁生产宣言》的主要目的是提高公共部门和私有部门中关键决策者对清洁生产战略的理解及该战略在他们中间的形象，它也将激励对清洁生产咨询服务的更广泛的需求。《国际清洁生产宣言》是对作为一种环境管理战略的清洁生产公开的承诺。清洁生产正在不断获得世界各国政府和工商界的普遍响应。

2000 年 10 月，第六届清洁生产国际高级研讨会在加拿大蒙特利尔市召开，对清洁生产进行了全面的系统的总结，并将清洁生产形象地概括为技术革新的推动者、改善企业管理的催化剂、工业运动模式的革新者、连接工业化和可持续发展的桥梁。可以认为清洁生产是可持续发展战略引导下的一场新的工业革命，是 21 世纪工业生产发展的主要方向。

在 2002 年第七次清洁生产国际高级研讨会上，联合国环境规划署建议各国进一步加强政府的政策制定，使清洁生产成为主流，尤其是提高国家清洁生产中心在政策、技术、管理以及网络等方面的能力。此次会议，联合国环境规划署和环境毒理学与化学学会（SETAC）共同发起了“生命周期行动”，旨在全球推广生命周期的思想。会议还提出，清洁生产和可持续消费密不可分，建议改变生产模式与改变消费模式并举，进一步把可持续生产和消费模式融入商业运作和日常生活，乃至国际多边环境协议的执行中。联合国环境规划署和工业发展组织的一系列活动，有力地推动了在全世界范围内的清洁生产浪潮。

2005 年 2 月 16 日，作为联合国历史上首个具有法律约束力的温室气体减排协议，《京都议定书》生效。《京都议定书》在减排途径上提出三种灵活机制，即清洁发展机制、联合履约机制和排放贸易机制，对解决全球环境难题具有里程碑式的意义。2007 年 9 月，亚太经合组织领导人会议首次将讨论气候变化和清洁发展作为主要议题。

近年来美国、澳大利亚、荷兰、丹麦等发达国家在清洁生产立法、组织机构建设、科学研究、信息交换、示范项目和推广等领域已取得明显成就。发达国家清洁生产政策有两个重要的倾向：一是着眼点从清洁生产技术逐渐转向清洁产品的整个生命周期；二是从多年前大型企业在获得财政支持和其他种类对工业的支持方面拥有优先权转变为更重视扶持中小企业进行清洁生产，包括提供财政补贴、项目支持、技术服务和信息共享等措施。

2. 国内清洁生产的发展

我国从 20 世纪 70 年代开始环境保护工作，当时主要是通过末端治理方式解决环境问题。随着国际社会对解决环境问题的反思，20 世纪 80 年代我国开始探索如何在生产过程中消除污染。

清洁生产引入我国十几年来，已在企业示范、人员培训、机构建设和政策研究等方面取得了明显的进展，是国际上公认的清洁生产搞得最好的发展中国家。

1992 年，我国积极响应联合国环境与发展大会倡导的可持续发展的战略，将清洁生产正式列入《环境与发展十大对策》，要求新建、扩建、改建项目的技术起点要高，尽量采用能耗物耗低，污染物排放量少的清洁生产工艺。

1993 年召开的第二次全国工业污染防治工作会议上，明确提出工业污染防治必须从单纯的末端治理向生产全过程控制转变，积极推行清洁生产，走可持续发展之路，从而确立了清洁生产成为我国工业污染防治的思想基础和重要地位。拉开了我国开展清洁生产的序幕。

1994 年，我国制定了《中国 21 世纪议程》，专门设立了“开展清洁生产和生产绿色产品”的领域。把建立资源节约型工业生产体系和推行清洁生产列入了可持续发展战略与重大行动计划中。从此，我国把清洁生产作为优先实施的重点领域，以生态规律指导经济生产活动，环境污染治理开始由末端治理向源头治理转变。1994 年 12 月，国家环境保护局成立了国家清洁生产中心与行业和地方清洁生产中心。

1995 年修改并颁布了《中华人民共和国大气污染防治法》，条款中规定企业应当优先采用能源利用率高、污染物排放少的清洁生产工艺，减少污染物的产生，并要求淘汰落后的工艺设备。

1996 年 8 月，国务院颁布了《关于环境保护若干问题的决定》，明确规定所有大、中、小型新建、扩建、改建和技术改造项目，要提高技术起点，采用能耗物耗小、污染物排放量少的清洁生产工艺。

1997 年 4 月，国家环境保护局制定并发布了《关于推行清洁生产的若干意见》，要求各级环境保护行政主管部门将清洁生产纳入日常的环境管理中，并逐步与各项环境管理制度有机结合起来。为指导企业开展清洁生产工作，国家环境保护局还会同有关工业部门编制了《企业清洁生产审计手册》以及啤酒、造纸、有机化工、电镀、纺织等行业的清洁生产审计指南。1997 年召开了“促进中国环境无害化技术发展国际研讨会”。

1998 年，中国国家环境保护总局的官员代表我国政府在《国际清洁生产宣言》上郑重签字，我国成为该宣言的第一批签字国之一，更表明了我国政府大力推动清洁生产的决心。

1998 年 11 月，国务院颁布了《建设项目环境保护管理条例》，明确规定工业建设项目应当采用能耗物耗小、污染物排放量少的清洁生产工艺。

1999 年 5 月，国家经济贸易委员会发布了《关于实施清洁生产示范试点计划的通知》，选择北京、上海等 10 个试点城市和石化、冶金等 5 个试点行业开展清洁生产示范和试点。与此同时，陕西、辽宁、江苏、山西、沈阳等许多省市也制定和颁布了地方性的清洁生产政策和法规。

2000 年，国家经济贸易委员会公布关于《国家重点行业清洁生产技术导向目录》（第一批）的通知，并于 2003 年、2006 年分别公布第二批、第三批的目录。

在联合国环境规划署、世界银行、亚洲银行的援助和许多外国专家的协助下，中国启动和实施了一系列推进清洁生产的项目，清洁生产从概念、理论到实践在中国广为传播。涉及的行业包括化学、轻工、建材、冶金、石化、电力、飞机制造、医药、采矿、电子、烟草、机械、纺织印染以及交通等。建立了 20 个行业或地方的清洁生产中心，近 16 000 人次参加了不同类型的清洁生产培训班。有 5 000 多家企业通过了 ISO 14000 环境管理体系认证。从 1994 年到 2003 年，我国已颁布了包括纺织、汽车、建材、轻工等 51 个大类产品的环境标志标准，共有 680 多家企业的 8 600 多种产品通过认证，获得环境标志，形成了 600 亿元产值的环境标志产品群体。

《关于抑制部分行业产能过剩和重复建设引导产业健康发展若干意见的通知》意见规定，对使用有毒、有害原料进行生产或者在生产中排放有毒、有害物质的企业限期完成清洁生产审核。至 2009 年底，环境保护部已经组织开展了 53 个行业的清洁生产标准的制定工作。

2010 年 4 月 22 日，环境保护部发布了《关于深入推进重点企业清洁生产的通知》，通知要求依法公布应实施清洁生产审核的重点企业名单，积极指导督促重点企业开展清洁生产审核，强化对重点企业清洁生产审核的评估验收，及时发布重点企业清洁生产公告。2010 年 9 月 3 日、2010 年 12 月 8 日和 2011 年 7 月 19 日环境保护部分别公告了第 1 批、第 2 批和第 3 批实施清洁生产审核并通过评估验收的重点企业名单，共计 6 439 家。

2018 年 10 月 26 日，第十三届全国人民代表大会常务委员会第六次会议对《中华人民共和国大气污染防治法》进行了修正。修正后的条款规定，国家对严重污染大气环境的工艺、设备和产品实行淘汰制度；国务院经济综合主管部门会同国务院有关部门确定严重污染大气环境的工艺、设备和产品淘汰期限，并纳入国家综合性产业政策目录；生产者、进口者、销售者或者使用者应当在规定期限内停止生产、进口、销售或者使用列入前款规定目录中的设备和产品；工艺的采用者应当在规定期限内停止采用列入前款规定目录中的工艺。

总之，清洁生产在我国蕴藏着很大的市场潜力。随着市场竞争的加剧、经济发展质量的提高，我国企业开展清洁生产的积极性会越来越高，这也必将拉动需求市场的发展。预计在今后几十年中，清洁生产将会在中国形成一个快速生长期，为进一步促进中国经济的良性增长和可持续发展作出积极的贡献。

三、清洁生产的定义

清洁生产是指不断采取改进设计、使用清洁的能源和原料、采用先进的工艺技术与设备、改善管理、综合利用等措施，从源头削减污染，提高资源利用效率，减少或避免生产过程中、产品和服务中污染物的产生和排放，以减轻或者消除对人类健康和环境危害的生产方式。

对生产过程，要求节约原材料和能源，淘汰有毒原材料，减降所有废弃物的数量和毒性；对产品，要求减少从原材料提炼到产品最终处置的全生命周期的不利影响；对服务，要求将环境因素纳入设计和所提供的服务中。

从上述定义可以看出，实行清洁生产包括生产过程、产品和服务三个方面。对生产过程而言，它要求采用清洁工艺和清洁生产技术，提高能源、资源利用率以及通过能源削减和废物回收利用来减少和降低所有废物的数量和毒性。对产品和服务而言，实行清洁生产要求对产品的全生命周期实行全过程管理控制，不仅要考虑产品的生产工艺、生产的操作管理、有毒原材料替代、节约能源资源，还要考虑产品的配方设计、包装与消费方式，直至废弃后的资源回收利用等环节，并且要将环境因素纳入设计和所提供的服务中，从而实现经济与环境协调发展。

【知识拓展】

《中华人民共和国清洁生产促进法》

《中华人民共和国清洁生产促进法》由中华人民共和国第九届全国人民代表大会常务委员会第二十八次会议于2002年6月29日通过，自2003年1月1日起施行。

最新修正是根据2012年2月29日第十一届全国人民代表大会常务委员会第二十五次会议《关于修改〈中华人民共和国清洁生产促进法〉的决定》修正，自2012年7月1日起施行。本法律共有六章，分别是第一章：总则；第二章：清洁生产的推行；第三章：清洁生产的实施；第四章：鼓励措施；第五章：法律责任；第六章：附则。

思考与练习

简答题

1. 简述清洁生产的定义。
2. 简述清洁生产在我国的发展历程。

任务二　清洁生产的主要内容

学习目标

1. 能够说出我国清洁生产的目标有哪些。

2. 能够说出清洁生产三方面的内容。

3. 能够说出清洁生产实施的几种方式。

4. 通过对该内容的学习，能够对企业的清洁生产有一个初步的规划，明确从几个方面入手。

任务引入

化工企业清洁生产力度加大，班组长安排你制定本班组的清洁生产方案，请你根据所学知识明确从哪些方面入手，包含几个方面的内容。

任务分析

作为班组一员，在制定方案时应该明确从哪几个方面进行编写，确定清洁生产的内容，以及具体能够达到怎样的目标，明确目的和原则。

相关知识

一、清洁生产的目标和原则

1. 清洁生产的目的

清洁生产是在环境和资源危机的背景下产生的一个新概念，是在总结了国内外多年的工业污染控制经验后提出来的，它倡导充分利用资源，从源头削减和预防污染物，从而在保证发展生产、提高经济效益的前提下，达到保护环境的目的，最终达到社会经济可持续发展的根本目的。

具体来说，清洁生产要达到以下几个方面目的。

（1）自然资源和能源利用的最合理化

要求用最少的原材料和能源消耗，生产出尽可能多的产品，提供尽可能多的服务，达到生产中最合理地利用自然资源和能源。为此，要求企业在生产和服务中最大限度地做到：节约能源，利用可再生能源，利用清洁能源，开发新能源，实施各种节能技术和措施，节约原材料，利用无毒无害原材料，减少使用稀有原材料，现场循环利用物料。

（2）经济效益最大化

生产的目的在于满足人类的需要和追求经济效益最大化。企业通过各种手段提高生产效率，降低生产成本，使企业获得尽可能大的经济效益。为此，要求企业在生产和服务中最大限度地做到：减少原材料和能源的使用，采用高效生产技术和工艺，减少副产物，降低物料和能源损耗，提高产品质量，合理安排生产进度，培养高素质人才，完善企业管理制度，树立良好的企业形象。

（3）对人类和环境的危害最小化

生产不但要满足人类对物质文化在量上的需求，而且要不断提高人类的生活质量。为此，要求企业在生产和服务中最大限度地做到：减少有毒、有害原料的使用，采用少废或者无废生产技术和工艺，减少生产过程中的危险因素，现场循环利用废物，使用可回收利用的包装材料，合理包装产品，采用可以降解和易处理的原材料，合理利用产品功能，延长产品的寿命。

2. 清洁生产的目标

企业开展清洁生产的总目标是：促进生产的可持续发展，满足人类不断增长的物质文化需求，同时有效利用资源，减少污染，使经济发展与环境保护相协调。

具体地说，清洁生产要达到如下目标。

（1）坚持以市场为导向的原则，不断满足市场需求，从需求角度进行绿色设计，生产绿色产品。

（2）通过对资源综合利用、合理利用、节约使用，减缓资源的耗竭。

（3）减少污染物和废料的生成和排放，促进工业产品的生产、消费过程与环境相融，降低整个工业活动对人类和环境危害的风险，保证生产人员和消费者的安全和利益。

上述目标的实现，将会体现工业生产的经济效益、社会效益和环境效益的统一，促进人类社会生产与生态环境的和谐相容，保证国民经济的可持续发展。

3. 清洁生产的特点

清洁生产是在当今社会工业生产造成生态环境日益恶化和自然资源不断耗竭的严峻形势下提出的一种新型的生产方式。它具有如下明显的特点。

（1）战略性和紧迫性

清洁生产既是降低消耗、防止污染，保证国民经济可持续发展和企业长远发展的战略性大问题，又是在环境和资源危机呈现严峻态势下提出的战略性对策，形势紧迫，时间紧迫，应当引起全社会的广泛重视和高度认识，刻不容缓，立即行动，切不可等闲视之。

（2）预防性和有效性

清洁生产坚持从源头抓起，对产品生产过程及产品生命周期产生的污染进行综合预防，以预防为主，实施全过程控制，通过污染物产生源的削减和回收利用，把污染物减至最少，从而有效地防止污染的产生。

（3）系统性和综合性

清洁生产是一项系统工程，要从综合的角度考虑问题，建立一个预防污染、保证资源所必需的组织机构，明确职责，制定战略和政策，进行科学的规划与设计，分析每个环节，弄清各种因素，协调各种关系，并系统地加以解决，以预防为主，又强调防治结合，切实地解决环境问题。

（4）持续性和动态性

清洁生产是一个持续运作、永不间断的过程，不可能一蹴而就，要充分认识到它的艰巨性、复杂性和反复性。随着科学技术的进步，生产管理水平的提高，将会产生更加清洁地改进生产系统的方法途径，不断提高清洁生产水平，促进生产过程，产品和服务向着更为环境友好的方向发展。

4. 清洁生产的原则

清洁生产是全过程的生产控制和污染控制，需要坚持不懈、踏踏实实地进行下去的工作，来不得半点虚假和放松。因此，清洁生产必须坚持以下几项原则。

（1）持续性原则

清洁生产是实现可持续发展的重要战略措施，从时间来看，清洁生产的显著效果需要相当长的时间才能逐渐显现出来，而且中间还要不断地改进工艺以更加有效地减少污染的产生和排放，最终使污染水平逐渐与环境的承载能力相适应。

（2）预防性原则

清洁生产的本质在于实行污染预防和全过程控制，强调在产品的生命周期内，实现全过程的污染预防，通过全过程控制对污染从源头进行削减，以防为主，防治结合，以期达到最佳的治污效果。

（3）整合性原则

清洁生产是企业整体战略的重要部分，关系到企业的生存和发展，要让企业所有领导和全体员工都充分认识、重视和参与清洁生产工作，整合各种资源和整体力量，切实有效地开展清洁生产。

（4）调控性原则

政府的宏观调控和扶持是清洁生产成功推进的关键。政府要从政策调控、利益调控上调动企业清洁生产的积极性，并在技术、物资、资金上大力支持企业搞好清洁生产。

（5）现实性原则

清洁生产的措施应当充分考虑我国当前的生态形势、资源状况、环保要求和经济发展需求，还要根据不同企业的排污状况和能力条件选择清洁生产的不同阶段和不同模式，使清洁生产更切合企业的现实需求和实际能力，更具可操作性和有效性。

（6）广泛性原则

清洁生产需要行业企业的广泛参与和在广大的范围内实施。因为不同的行业企业生产工艺不同、产品不同，对资源的消耗和排污特征也不同，因此行业企业的广泛参与，不但可减少“三废”的产生，而且可获得更广泛的经济效益。同时，清洁生产只有在更大的范围、更大的区域内实施，才能有明显效果，生态平衡才能有效地维持和恢复，从而产生良好的环境效益。

（7）效益性原则

清洁生产也同其他各项生产活动那样需要讲究效益，任何没有效益的活动都是无用的或无效的活动。但是，这里所讲的效益，不是单一性的某种效益，而是彼此相连、相互促进的经济效益、环境效益和社会效益的结合和统一。通过清洁生产，节能降耗，资源综合利用，使企业降低生产成本，又增加产出，经济效益更为可观。实施清洁生产减少污染产生，提高治污效果，环境效益日益形成和彰显。经济效益增加，环境效益显现，企业与社区的矛盾得到缓解，经营者与社会公众的关系趋于和谐，社会安定团结、和平进步，真正实现经济效益、环境效益和社会效益的统一。

二、清洁生产的主要内容

1. 清洁生产的内容

（1）清洁的能源

清洁的能源是指新能源的开发以及各种节能技术的开发利用、可再生能源的利用、常规能源的清洁利用，如使用型煤、煤制气和水煤浆等洁净煤技术。

（2）清洁的生产过程

尽量少用和不用有毒、有害的原料；采用无毒、无害的中间产品；选用少废、无废工艺和高效设备；尽量减少或消除生产过程中的各种危险性因素，如高温、高压、低温、低压、易燃、易爆、强噪声、强振动等；采用可靠和简单的生产操作和控制方法；对物料进行内部循环利用；完善生产管理，不断提高科学管理水平。

（3）清洁的产品

产品设计应考虑节约原材料和能源，少用昂贵和稀缺的原料；利用二次资源做原料；产品在使用过程中以及使用后不含危害人体健康和破坏生态环境的因素；产品的包装合理；产品使用后易于回收、重复使用和再生；使用寿命和使用功能合理。

2. 清洁生产的两个全过程控制

（1）产品的生命周期全过程控制

即从原材料加工、提炼到产品产出、产品使用直到报废处置的各个环节采取必要的措施，实现产品整个生命周期资源和能源消耗的最小化。

（2）生产的全过程控制

即从产品开发、规划、设计、建设、生产到运营管理的全过程，采取措施，提高效率，防止生态破坏和污染的发生。

清洁生产的内容既体现于宏观层次上的总体污染预防战略之中，又体现于微观层次上的企业预防污染措施之中。在宏观上，清洁生产的提出和实施使污染预防的思想直接体现在行业的发展规划、工业布局、产业结构调整、工艺技术以及管理模式的完善等方面。如我国许多行业、部门提出严格限制和禁止能源消耗高、资源浪费大、污染严重的产业和产品发展，对污染重、质量低、消耗高的企业实行关、停、并、转等，都体现了清洁生产战略对宏观调控的重要影响。在微观上，清洁生产通过具体的手段实施达到生产全过程污染预防。如应用生命周期评价、清洁生产审核、环境管理体系、产品环境标志、产品生态设计、环境会计等各种工具，这些工具都要求在实施时必须深入组织的生产、营销、财务和环保等各个环节。

针对企业而言，推行清洁生产主要进行清洁生产审核，对企业正在进行或计划进行的工业生产进行预防污染分析和评估，这是一套系统的、科学的、操作性很强的程序。从原材料和能源、工艺技术、设备、过程控制、管理、员工、产品、废物这八条途径，通过全过程定量评估，运用投入－产出的经济学原理，找出不合理排污点位，确定削减排污方案，从而获得企业环境绩效的不断改进，企业经济效益的不断提高。

推行农业清洁生产，是指把污染预防的综合环境保护策略，持续应用于农业生产过程、产品设计和服务中，通过生产和使用对环境温和的绿色农用品（如绿色肥料、绿色农药、绿色地膜等），改善农业生产技术，提供无污染、无公害农产品，实现农业废弃物资源化、无害化，促进生态平衡，保证人类健康，实现可持续发展的新型农业生产。

三、清洁生产的实施

清洁生产的实施可以从强化内部管理、改革工艺技术、改变原料、改变产品、废物再生利用等方面入手，分步实施。

1. 强化内部管理

在实施过程中强化内部管理是十分重要的，对生产过程、原料储存、设备维修和废物处置的各个环节都可以强化管理，这是一种花钱少、容易实施的做法。

（1）物料装卸、储存与库存管理

检查评估原料、中间体和产品及废物的储存和转运设施，采用适当程序可以避免化学品的泄漏、火灾、爆炸和废物的生产。

实施库存管理，适当控制原材料、中间产品、成品以及相关的废物流被看成重要的废物削减技术，在很多情况下，废物就是过期的、不合规划的、玷污了的或不需要的原料，泄漏残渣或损坏的半成品。这些废物的处置费用不仅包括实际处置费，而且包括原料或产品损失，这可能给任何公司都会造成很大的经济负担。

控制库存的方法可以从简单调整订货程序直至实施及时制造技术，这些技术大多为企业所熟知，然而，人们尚未将其视为非常有效的废物削减手段。许多公司通过压缩现行的库存控制计划，帮助削减废物的生产量，这种方法将显著影响到三种主要的由于库存控制不当生产的废物源，即过量的、过期的和不再使用的原材料。例如，国外一家聚氯乙烯的生产厂家通过库存控制，减少了过期的和不合规格原材料产生量 50% 以上。

在许多生产装置中，一个普遍忽视的地方是物料控制，包括原料、产品和工艺废物的储存及其在工艺和装置附近的输送。适当的物料控制程序能确保原料在进入生产工艺前避免泄漏或受到污染，从而保证原料在生产过程中有效利用，防止残次品及废物的产生。

（2）改进操作方式，合理安排操作次序

用间歇（分批）方式生产产品对废物的生产有重要影响，而批量生产的量和周期对废物的产生也有重要影响。例如，设备清洗废物与清洗次数直接相关，要减少设备清洗次数，应尽量加大每批配料的数量或者一批接一批地配制相同的产品，避免两批配制之间的清洗。这种办法可能需要调整安排生产操作次序和计划，因而会影响到原料、成品库存和装运。

（3）改进设备设计和维护，预防泄漏的发生

化学品的泄漏会产生废物，冲洗和用墩布墩抹都会额外产生废物，减少泄漏的最好办法是预防其发生，结合设备的设计和操作维护，制订预防泄漏计划。

（4）废物分流

在生产源进行清污分流可减少危险废物处置量。将液体废物和固体废物分开，可减少废物体积并简化废水处理。例如，含有较多固体物的废液可经过过滤，将滤液送去废水处理厂，滤饼可再生利用或填埋处置。

2. 改革工艺技术

改革工艺技术是预防废物产生的有效方法之一，通过改革工艺技术可以预防废物产生，增加产品产量和收率，提高产品质量，减少原材料和能源消耗。但是改革工艺技术通常比强化内部管理需要投入更多人力和资金，因而实施起来时间较长，通常只有在加强内部管理之后才进行研究。

改革工艺技术主要采取以下三种方式。

（1）生产工艺改革

生产工艺改革是指开发和采用低废和无废生产工艺和设备来替代落后的老工艺，提高反应收率和原料利用率，消除或减少废物。例如，采用流化床催化加氢法代替铁粉还原法旧工艺生产苯胺，可消除铁泥渣的产生，固体废物量由 2 500 kg/t 产品减少到 5 kg/t 产品，并降低原料和动力消耗，每吨苯胺产品蒸汽消耗可由 35 t 降到 1 t，电耗由 220 kW · h 降到 130 kW · h，苯胺收率达到 99%。

（2）工艺设备改进

通过工艺设备改造或重新设计生产设备来提高生产效率，减少废物量。例如，北京某石油化工厂乙二醇生产中的环氧乙烷精制塔原设计采用直接蒸汽加热，使废水中化学需氧量负荷大幅度增加，后来该厂对设备进行了改造，由直接蒸汽加热改为间接蒸汽加热，不但减少了废水量和化学需氧量负荷，而且还降低了产品的单位能耗，提高了产品的收率，经济环境效益十分显著。经过设备改造之后，该厂废水量削减 3.2 万 t/a，化学需氧量负荷削减 470 t/a，每年可减少污水处理费 20.8 万元。此外，因提高产品收率，每年多回收产品 384 t，价值 123.84 万元，且年节约物料消耗 31.17 万元。

（3）工艺控制过程的优化

在不改变生产工艺或设备条件下，进行操作参数的调整，优化操作条件常常是最容易而且便宜的减废方法。大多数工艺设备都是使用最佳工艺参数（如温度、压力和加料量等）设计的，以取得最高的操作效率。因而，在最佳工艺参数下操作，避免生产控制条件波动和非正常停车，可大大减少废物量。

3. 改变原料

改变原料包括原材料替代（即采用无毒或低毒原材料代替有毒原材料）、原料提纯净化（即采用精料政策，使用高纯物料代替粗料）。

例如，美国联碳公司得克萨斯州塑料化工厂生产醋酸乙烯等产品中，原来一直使用铬酸

盐作冷却水处理的缓蚀剂。但 1988 年美国环保局对铬酸盐的排放作出严格规定，该厂经研究实验改用磷酸盐作缓蚀剂，新药剂缓蚀效果好，操作简单易行，停止使用铬酸盐后，循环冷却水系统排放的废水中铬酸盐体积分数由过去的 50×10^{-6} 降至 20×10^{-6} 以下，达到了环境保护要求。

4. 改变产品

（1）产品性能改善

生产厂家可通过改进产品性能来减少产品最终使用过程中产生的废物。例如，某润滑油生产厂家研究出一种使用寿命更长的新产品，从而减少了废润滑油的产生量。

（2）产品配方改变

新产品的设计应充分考虑其环境兼容性，即产品是否使用稀有原材料、是否含有害物质、是否使用太多能源、是否容易再生利用。例如，以前许多石油化工厂生产含铅汽油。由于国内外对汽油含铅量的严格限制以及我国城市大气环境污染日益严重，迫切需要改为生产无铅汽油。许多石油化工厂将原生产装置进行了改造，对产品进行重新配制，不再使用四乙基铅作配料，改用催化稳定汽油、高辛烷值的重整生成油及甲基叔丁醚按一定比例调配成无铅汽油，新产品不含铅，消除了汽车排气的铅污染，产品打入了国际市场后，经济效益和社会效益显著提高。

5. 废物再生利用

（1）废物利用与重复利用

将废物加工后送回原生产工艺或其他生产工艺作为替代原料或配料。

（2）再生回收

再生回收是指从废物中再生回收有价值的原材料并作为产品出售。我国有机化工原料行业在废物再生利用与回收方面开发推广了许多技术。例如，利用蒸馏、结晶、萃取、吸附等方法从蒸馏残液、母液中回收有价值的原材料，从含铂、钯、银等废催化剂中回收贵金属等。

【知识拓展】

6S 管理

6S 管理起源于 5S 管理，是对生产现场材料、设备、人员等要素开展整理（SEIRI）、整顿（SEITON）、清扫（SEISO）、清洁（SEIKETSU）、素养（SHITSUKE）等活动，由于这五个词均以“S”开头，所以简称为 5S。由于 5S 管理卓有成效，迅速在全世界得以推广。1995 年 5S 管理被海尔公司引入，并增加“安全”（SECURITY）变成了 6S，现已拓展应用到各行业。国内众多行业的 6S 标准将“清扫”调整为“规范（STANDARD）”，即整理、整顿、清洁、规范、素养、安全。

随着 6S 管理理论和方法的逐渐成熟，各类著作不断呈现，20 世纪 70 年代末逐渐得到国际企业界的认同和推广。有人总结，6S 管理起源于日本，规范于德国，发展于美国，成长于中国。20 世纪 80 年代末，越来越多的国内企业开始认识到开展 6S 活动的重要性和必要性。国内知名企业，如海尔、美的、正泰、中航工业、中国航天等都先后导入这项活动，并取得了预期效果。

思考与练习

一、填空题

1. 清洁生产的目的是____________、____________和____________。

2. 企业开展清洁生产的总目标是：促进________，满足人类不断增长的物质文化需求，同时____________，使经济发展与环境保护相协调。

3. 清洁生产主要包括________、________和________三个方面的内容。

二、简答题

1. 简述清洁生产的内容。
2. 清洁生产的特点是什么？
3. 清洁生产的实施可以从哪几个方面入手？

项目九

化工废气治理

化工废气的认知和治理是化工行业相关从业人员的基本功，废气是人们常说的工业“三废”之一，认识化工废气的种类及其危害有利于在工作中更好地做好防护，学会化工废气治理方法有利于“三废”治理工作的开展。

任务一　化工废气的危害

学习目标

1. 了解大气污染的含义。
2. 掌握大气污染物的分类。
3. 了解化工废气的来源。
4. 熟悉化工废气的特点。
5. 能根据化工废气的特点做好相应的防护措施。

任务引入

你是某化工企业安全环保管理人员，某天接到工作任务对企业进行现场抽检，工作场地是企业生产现场，工作对象是生产排放的化工废气，在监测与评估之前，需要对化工废气的分类与危害等知识进行前期学习，了解相关的知识。

任务分析

对工作现场进行抽检，进行监测与评估之前需要熟悉大气污染物的分类及化工废气中的来源与危害，同时需对相关的气体排放标准进行学习。

相关知识

一、化工废气中的大气污染物及其分类

1. 大气污染定义

大气污染，又称为空气污染，按照国际标准化组织（ISO）的定义，大气污染通常是指由于人类活动和自然过程引起某种物质进入大气中，呈现出足够的浓度，达到了足够的时间并因此而危害了人体的舒适、健康和福利或危害了环境的现象。

换言之，只要是进入大气中的某一种物质其存在的量、性质及时间足够对人类或其他生物、财物产生影响，就可以称其为大气污染物；而其存在造成的现象，就是大气污染。

2. 大气污染物的分类

按大气污染物存在的状态，一般将大气污染物分为以下两类。

（1）颗粒污染物

一般指悬浮在空气中的固体或液体颗粒物，（不论长期或短期）因对生物和人体健康会造成危害而称为颗粒物污染。颗粒物的种类很多，一般指尘粒、粉尘、雾尘、烟、化学烟雾和煤烟。其危害特点是粒径 1 μm 以下的颗粒物沉降慢、波及面大而远。

（2）气态污染物

一般是指在常温、常压下以分子状态存在的污染物。气态污染物包括气体和蒸气。气体是某些物质在常温、常压下所形成的气态形式，常见的气体污染物有一氧化碳、二氧化硫、二氧化氮、氨气、硫化氢等；蒸气是某些固态或液态物质受热后，引起固体升华或液体挥发而形成的气态物质，如汞蒸气、苯、硫酸蒸气等。蒸气遇冷，仍能逐渐恢复原有的固体或液体状态。气态污染物又可以分为一次污染物和二次污染物：一次污染物是指直接从污染源排到大气中的原始污染物；二次污染物是指由一次污染物与大气中已有组分或几种一次污染物之间经过一系列化学或光化学反应而生成的与一次污染物性质不同的新污染物。在大气污染控制中受到普遍重视的一次污染物有硫氧化物、氮氧化物、碳氧化物、碳氢化合物以及含卤素的化合物；二次污染物有硫酸烟雾和光化学烟雾。

按所含污染物性质不同，一般将污染物分为以下三类。

（1）无机污染物的废气

主要来自氮肥、磷肥、无机盐行业，产生氮氧化物、二氧化硫、甲烷、氟化物、盐酸、一氧化碳等。

（2）有机污染物的废气

主要来自有机原料及合成材料、农药、染料、涂料等行业，产生有机气体如醇类、醛类、烃类等。

（3）既含无机又含有机污染物的废气

主要来自氯碱、炼焦等行业。

3. 大气污染物来源

（1）燃料燃烧废气

作为一次能源的化石燃料的燃烧，特别是不完全燃烧将导致烟尘、硫氧化物、氮氧化物、碳氧化物的产生，引起大气污染问题，其中以燃煤引起的大气污染问题最为严重。

（2）工业生产来源

1）煤炭工业。煤炭加工主要有洗煤、炼焦及煤的转化等，在这些加工中均不同程度地向大气排放各种有害物质。主要有颗粒物、二氧化硫、一氧化碳、氮氧化物及挥发性有机物及无机物。

2）石油和天然气工业。石油炼制除烃类外，还含有多种硫化物、氮化物等。

3）钢铁工业。钢铁工业主要由采矿、选矿、烧结、炼铁、炼钢、轧钢、焦化等所组成。各生产工序都不同程度地排放污染物。排入大气的污染物主要有粉尘、烟尘、二氧化硫、一氧化碳、氮氧化物、氟化物和氯化物等。

4）有色金属工业。有色金属通常指除铁（有时也除铬和锰）和铁基合金以外的所有金属。有色金属可分为四类，即重金属、轻金属、贵金属和稀有金属。有色金属在火法冶炼中产生的有害物质以重金属烟尘和二氧化硫为主，也伴有汞、镉、铅、砷等剧毒物质。

生产轻金属铝时，排放的污染物以氟化物和沥青烟为主；生产镁、钛、锆、铪时，排放的污染物以氯气和金属氯化物为主。

5）建材工业。建筑材料种类繁多，其中用量最大、最普遍的为砂石、石灰、水泥、沥青混凝土、砖和玻璃等，它们的主要排放物为粉尘。

6）化学工业。化学工业又称化学加工工业，其中产量大、应用广的化学工业有无机酸、无机碱、化肥等工业。其排放的污染物由原料加工工艺、生产环境等方面决定。

4. 大气污染的危害

（1）颗粒污染物的危害

固体颗粒物包括粉尘和烟尘，液体颗粒物包括雾滴、油滴等，粒径较小的容易进入人的呼吸系统。

（2）硫化物的危害

二氧化硫是一种无色不可燃的有毒气体，具有强烈的辛辣、刺激性气味。空气中二氧化硫浓度和存在时间超过一定值时还会对植物造成伤害。

硫化氢是无色、具有浓厚臭鸡蛋气味的有毒气体，易溶于水。如果侵入血液中，能与血红蛋白结合，生成硫化血红蛋白而使人缺氧，甚至窒息死亡。

（3）氮氧化物的危害

一氧化氮是一种无色、无刺激的不活泼气体，而二氧化氮则是棕红色、有刺激性臭味的气体。一氧化氮和二氧化氮都是有毒气体，其中二氧化氮比一氧化氮的毒性高 4～5 倍。

（4）光化学氧化剂的危害

光化学氧化剂是与光化学烟雾有关的一种大气污染指标。它包括大气中除了二氧化氮以外的，由光化学作用产生的，能从硼酸碘化钾溶液中释放出碘的所有物质，主要是臭氧及少量的过氧乙酰硝酸酯、过氧化物等。通常以臭氧浓度来表示大气中光化学氧化剂含量。光化学氧化剂主要是以慢性毒作用影响人体健康，可诱发染色体畸变，加速人体衰老，降低肺部对细菌的抵抗力等。

（5）含氟化合物的危害

氟化氢有强烈的刺激和腐蚀作用，可通过呼吸道黏膜、皮肤和肠道吸收，对人体全身产生毒性作用。长期暴露在低浓度的氢氟酸蒸气中，可引起牙齿酸蚀症，使牙齿粗糙无光泽，易患牙龈炎；高浓度的氟化氢能引起支气管炎和肺炎。氟化氢是对植物危害较大的气体之一，其特点主要是累积性中毒。另外，四氟化硅同样刺激呼吸道黏膜。

二、化工废气的来源及特点

1. 化工废气的来源

各种化工产品在每个生产环节都会产生并排出废气，造成环境污染，其来源有以下几个方面。

（1）化学反应中产生的副反应和反应进行不完全所产生的废气。在化工生产过程中，随着反应条件和原料纯度的不同，有一个转化率的问题。原料不可能全部转化为成品或半成品，这样就形成了废料。一般情况下，在进行主反应的同时，经常还伴随着一些不希望产生的副反应，副反应的产物有的可以回收利用，有的则因数量不大、成分复杂，无回收价值，因而作为废料排出。

（2）产品加工和使用过程中产生的废气，以及搬运、破碎、筛分及包装过程中产生的粉尘等。

（3）生产技术路线及设备陈旧落后，造成反应不完全，生产过程不稳定，从而产生不合格的产品或造成物料的跑、冒、滴、漏。

（4）开停车因操作失误、指挥不当、管理不善造成废气的排放。

（5）化工生产中排放的某些气体，在光或雨的作用下发生化学反应，也能产生有害气体。

2. 化工废气的特点

（1）种类繁多

由于化工行业比较多，加上每个行业所用的化工原料千差万别，即使同一产品所用的工艺路线、同一工艺的不同时间都有差异，生产过程化学反应繁杂。因此，造成化工废气种类繁多。

（2）组成复杂

化工废气中常含有多种复杂的有毒成分。例如，农药、染料、氯碱等行业废气中，既含有多种无机化合物，又含有多种有机化合物。此外，从原料到产品，由于经过许多复杂的化学反应，产生多种副产物，致使某些废气的组成变得更加复杂。

（3）具有腐蚀性和刺激性的气体多

化工生产过程中排放的 SO_2、NO_x、Cl_2、HCl 和 HF 等，这些气体具有一定的腐蚀性和刺激性，除了损害人体健康外，还会污染土壤、森林和水体，以及损害建筑物等。

（4）污染面广，危害性大

我国化工行业多、种类多、污染面大，其中粉尘、烟气和酸雾等对环境的危害性较大。

（5）部分气体具有易燃易爆的特点

化工生产过程中产生的氢、一氧化碳、甲醛等气体具有易燃易爆的特点，当排放量达到一定程度又没做好适当的措施时容易引起火灾和易燃易爆等事故。

三、主要大气污染物成分及其危害

1. 碳氧化物（CO 或 CO_2）

CO 是无色、无臭、无味的气体，当人们吸入 CO 时，它与血红蛋白结合，降低血液输氧能力而引起缺氧。CO 是城市大气中数量最多的污染物，碳氢化合物燃烧不完全是 CO 的主要来源，如汽车排放尾气。其主要危害在于能参与光化学烟雾的形成，以及造成全球的环境问题。

CO_2 是含碳物质完全燃烧的产物，也是动物呼吸排出的废气。它本身无毒，对人体无害，但其体积分数＞8% 时会令人窒息。近年来研究发现，现代大气中的 CO_2 的浓度不断上升引起地球气候变化，这个问题被称为“温室效应”。所以联合国环境决策署决议将 CO_2 列为危害全球的六种化学品之一。

化工企业中，碳氧化物（CO 或 CO_2）的防治措施有很多种。其中，源头遏制是一种有效的方法，即采用无挥发性有机物（VOCs）的原材料进行生产，避免生产过程中挥发性有机物（VOCs）的产生，做到从源头进行控制，最终达到挥发性有机物（VOCs）排放与治理标准。

另外，对现有的生产工艺进行改良也是一种有效的方法。例如，采用管道输送加料，提高加料过程的密闭性，减少溶剂的挥发量；生产过程采用自动化控制系统，确保生产设备除投料和采样外均保持密闭状态。针对现有生产过程中产生挥发性有机物（VOCs）的生产环节进行改良，在生产过程中减少挥发性有机物（VOCs）的排放量，从而达到挥发性有机物（VOCs）的排放与治理标准。

2. 硫氧化物（SO_2 或 SO_3）

SO_2 具有强烈的刺激性气味，它能刺激眼睛，损伤呼吸器官，引起呼吸道疾病，特别是 SO_2 与大气中的尘粒、水分形成气溶胶颗粒时，这三者的协同作用对人的危害更大，这种污染称为硫酸烟雾。SO_2 的腐蚀性很大，能导致皮革强度降低、建筑材料变色、塑像及艺术品毁坏。在与植物接触时，会杀死叶组织，引起叶子脱色变黄，农作物产量下降。另外，SO_2 在大气中含量过高是形成酸雨污染的重要因素。

化工企业减少硫氧化物排放的方法有很多种，包括燃烧前脱硫、燃烧后脱硫、吸附脱硫、生物脱硫等。其中，燃烧前脱硫是最常见的一种方法，主要是选煤洗煤、重油脱硫，采用物理、化学、生物方法，将燃料中的硫分离出来，不让它进入大气。这种方法的优点是从根本上降低硫排放，同时还能去除一些不能燃烧的杂质，提高燃烧效率，同时可以进行资源回收。

3. 氮氧化物（NO、NO_2）

人为排放主要来源于矿物燃料的燃烧过程（包括汽车及一切内燃机的排放）、生产硝酸工厂排放的尾气。氮氧化物浓度高的气体常呈棕黄色。

研究发现，NO 的生成速度是随着燃烧温度升高而加大的，在 300 ℃以下，产生很少的 NO，燃烧温度高于 1 500 ℃时，NO 的生成量就显著增加。NO 与有强氧化能力的物质作用（如与大气中臭氧作用），生成 NO_2 的速度很快。NO_2 是一种红棕色有害的恶臭气体，具有腐蚀性和刺激作用。

化工行业中，氮氧化物的防治措施主要有以下几种。

（1）一次措施

控制燃烧过程中氮氧化物的生成。一次措施主要有低过量空气系数运行、空气分级燃烧、烟气循环、水煤浆技术等方法。

（2）二次措施

把已经生成的氮氧化物通过某种手段再还原为氮气。二次措施主要有燃料再燃、选择性催化还原法（SCR）、非选择性催化还原法（SNCR）等方法。

（3）末端治理

对排放的氮氧化物进行处理。末端治理主要有吸附、化学吸收、生物降解等方法。

4. 碳氢化合物

碳氢化合物的人为排放源包括汽油燃烧、焚烧、溶剂蒸发、石油蒸发和运输消耗、提炼废物。汽车排放的碳氢化合物主要有两类：一是烃类，如甲烷、乙烯、乙炔、丙烯、丁烷等；二是醛类，如甲醛、乙醛、丙醛、丙烯醛和苯甲醛等，此外还有少量芳烃和微量多环芳烃致癌物。

一般碳氢化合物对人的毒性不大，主要是醛类物质具有刺激性。对大气最大影响是碳氢化合物在空气中反应形成危害较大的二次污染物，如光化学烟雾。

碳氢化合物从大气中去除的途径主要有土壤微生物活动，植被的化学反应、吸收和消化，对流层和平流层化学反应，以及向颗粒物转化等。

5. 粒状污染物（如烟、尘、雾等）

天然过程排放颗粒物主要有火山爆发的烟气、岩石风化的灰尘、宇宙降尘、海浪飞逸的盐粒、各种微生物、细菌、植物的花粉等，约占大气颗粒物总量的 89%，由燃料燃烧、开矿、选矿或固体物质的粉碎加工（如磨面粉、制水泥等）、火药爆炸、农药喷洒等人工排放，约占颗粒物总量的 11%，人为排放集中在人类活动的场所如厂矿、城市等，它增加了人类周围环境的大气负担。

粒状污染物的危害包括遮挡阳光，使气温降低，或形成冷凝核心，使云雾和雨水增多，以影响气候；使可见度降低，交通不便，航空与汽车事故增加；可见度差导致照明耗电量增加，燃料消耗增多，大气污染更严重，形成恶性循环。总之，大气污染物的危害如图 9－1 所示，从图中可以看出大气污染物对人体、环境等均有危害。

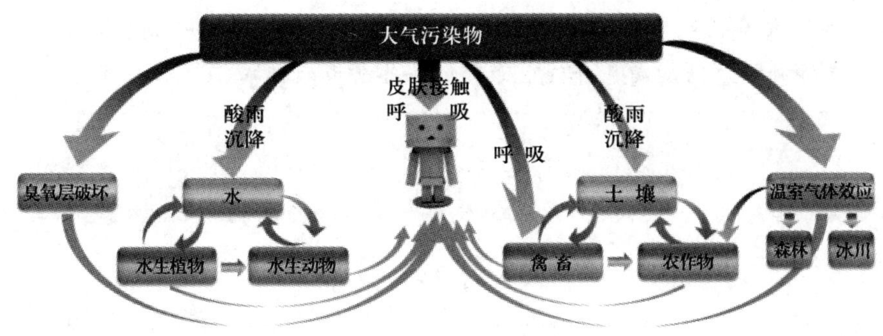

图 9-1　大气污染物的危害

【知识拓展】

"3060"双碳目标

"3060"双碳目标是指应对气候变化，要推动以二氧化碳为主的温室气体减排。中国提出，二氧化碳排放力争 2030 年前达到峰值，力争 2060 年前实现碳中和。2021 年 3 月 5 日，提请审议的政府工作报告提出，2021 年要扎实做好碳达峰、碳中和（"双碳"）各项工作，制定 2030 年前碳排放达峰行动方案。

应对气候变化，中国有一份亮眼的成绩单。2019 年，单位国内生产总值二氧化碳排放比 2015 年、2005 年分别下降 18.2%、48.1%，已超过对外承诺的 2020 年下降 40%～45% 的目标，基本扭转碳排放快速增长的局面；2019 年，非化石能源占一次能源消费比重达 15.3%，比 2005 年提升 7.9 个百分点，也已超过对外承诺的 2020 年提高到 15% 左右的目标；2018 年，森林面积、森林蓄积量分别比 2005 年增加 4 509 万 hm^2、51.04 亿 m^3，成为同期全球森林资源增长最多的国家。通过不断努力，中国已成为全球温室气体排放增速放缓的重要力量。

2021 年 2 月 1 日起，《碳排放权交易管理办法（试行）》正式施行，标志着全国碳交易市场的建设和发展进入新阶段。

2021 年 10 月 24 日，中共中央、国务院印发《关于完整准确全面贯彻新发展理念做好碳达峰碳中和工作的意见》。作为碳达峰碳中和"1+N"政策体系中的"1"，意见为碳达峰、碳中和这项重大工作进行系统谋划、总体部署。根据意见，到 2030 年，经济社会发展全面绿色转型取得显著成效，重点耗能行业能源利用效率达到国际先进水平。到 2060 年，绿色低碳循环发展的经济体系和清洁低碳安全高效的能源体系全面建立，能源利用效率达到国际先进水平，非化石能源消费比重达到 80% 以上。

"碳双目标"的常识是，中国要力争到 2030 年实现二氧化碳排放峰值，到 2060 年实现碳中和，这是中国的重大战略决策。全球有 49 个国家的碳排放达到峰值，占全球碳排放总量的 36%。欧美很多发达国家，如德国、法国、英国、美国等，二氧化碳排放早已达到峰值。美国作为世界第一大经济体，二氧化碳排放在 2007 年达到峰值，碳排放量为 60.03 亿 t。

据此计算，2030 年我国经济总量要翻一番，但碳排放总量仅增加 20%，对各行各业的压力都比较大。我国是全球碳排放总量最大的国家，二氧化碳峰值控制在 120 亿 t 左右。欧盟、美国、日本、加拿大都将碳中和时间定为2050年，我国力争2060年前实现碳中和。未来的重点工作是开发和利用清洁能源，并提前布局储备各种节碳技术、节水、节电、节油。

思考与练习

一、填空题

1. 按大气污染物存在的状态，一般将污染物分成________和________两类。

2. ________侵入血液中能与血红蛋白结合，生成硫化血红蛋白而使人缺氧，甚至窒息死亡。

3. 化工企业减少硫氧化物排放的方法有很多种，包括生物脱硫、________、________等。其中，________是最常见的一种方法。

二、简答题

1. 请简要说明什么是大气污染。
2. 简述大气污染物的分类。
3. 简述化工废气主要污染物及其危害。

任务二　化工废气的综合防治

学习目标

1. 了解各类废气的特性。
2. 熟悉除尘的定义、除尘装置分类及其除尘原理。
3. 掌握各类气态污染物的治理方法。
4. 能正确分析化工废气污染问题。

任务引入

2022年12月，粤北某村受附近水泥厂粉尘污染，假设你是受委托调查处理的化工企业环保工作人员之一，工作场地是水泥厂现场，工作对象是水泥厂排放的粉尘，在调查之前，你需要对颗粒态污染物的治理技术及气态污染物的防治技术进行前期学习，了解相关的知识。

任务分析

水泥工业对大气所产生影响的主要污染物是粉尘和气态污染物，主要包括粉尘、SO_2、NO_x、CO_2、HF 等，该水泥厂排放的粉尘已对附近村民造成影响，为避免影响进一步扩大，需要对其排放的粉尘进行分析，选择制定科学有效的除尘方案，并选定合适的除尘装置。

相关知识

一、化工废气处理原则

一方面对于颗粒污染物，如粉尘、烟尘、雾滴和尘雾的颗粒状污染物等，利用其质量大的特点，通过外力的作用将其分离出来，通常称为除尘；另一方面对于气态污染物，如 SO_2、NO_x、CO、NH_3、H_2O、有机废气等，利用污染物的物理性质和化学性质，通过冷凝、吸收、吸附、燃烧、催化转化等方法进行处理。

二、颗粒态污染物的治理技术

1. 粉尘的特性

进入大气的固体粒子和液体粒子均属于颗粒污染物，化学工业排放出废气中的颗粒污染物主要含有硅、铁、镍、钙、钒等氧化物及其他粒径在 200 μm 以下的浮游物质，这些物质都会污染周围的环境。

粉尘的物理性质，对于确定采用的除尘方法有重要影响，粉尘性质中最重要的是粉尘颗粒尺寸和密度，此外还有比电阻率、附着性、粒子形状、亲水性、腐蚀性、毒性和爆炸性。

2. 除尘装置的性能指标

除尘通俗地讲就是含尘气体中去除颗粒物的过程。实际上是一个固气相混合物分离问题，即气溶胶非均相混合物的分离，从气溶胶中除去有害无用的固体或液体颗粒物的技术称为除尘技术。

除尘装置一般由集尘罩、管道、除尘器、风机、排气筒以及系统辅助装置组成。其性能指标主要包括技术指标和经济指标，如图 9-2 所示。技术指标常以气体处理量、净化效率、压力损失等参数表示。经济指标则包括设备费、运行费、占地面积等内容。

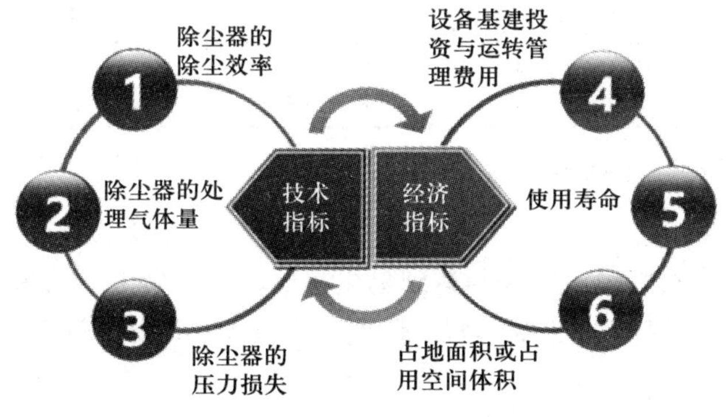

图 9-2　除尘装置的性能指标

（1）粉尘的浓度表示（根据含尘量的大小）

个数浓度是指单位体积气体所含粉尘的个数，单位为个 /cm^3。

质量浓度是指单位标准体积气体所含悬浮粉尘的质量数，单位为 g/m^3。

（2）除尘装置的处理量

该项指标表示的是除尘装置在单位时间内所能处理烟气量的大小，是表明装置处理能力大小的参数，单位为 m^3/h、m^3/s。

（3）除尘装置的效率

除尘装置的分级效率是指除尘器对某一粒径或粒径范围内粉尘的除尘效率，表示除尘效率随粒径的变化。根据分级，除尘效率和粉尘粒径分布可计算总除尘效率；根据实验测得的总除尘效率和分析出的除尘器入口和出口的粉尘粒径分布，可计算分级除尘效率。

（4）除尘装置的压力损失

压力损失是表示除尘装置消耗能量大小的指标，也称压力降。压力损失的大小用除尘装置进出口处气流的全压差来表示。

3. 除尘装置的类型

按是否使用水或其他液体可分为湿式除尘器、干式除尘器。

按效率的高低可分为高效除尘器、中效除尘器和低效除尘器。

按除尘机制可分为机械式除尘器、湿式除尘器、过滤式除尘器和静电除尘器。

除尘装置的类型及主要特点见表 9－1。

表 9－1　除尘装置的类型及主要特点

类别	除尘装置形式	除尘效率 /%	设备费用	运行费用
机械式除尘器	重力除尘器	40～60	少	少
	惯性除尘器	50～70	少	少
	离心除尘器	70～92	少	中
	旋风除尘器	80～95	中	中
湿式除尘器	喷淋（雾）洗涤器	75～95	中	中
	文丘里洗涤器	90～99.5	少	高
	自激式洗涤器	85～99	中	较高
	（旋风）水膜洗涤器	85～99	中	较高
过滤式除尘器	颗粒层除尘器	85～99	较高	较高
	袋滤式除尘器	80～99.9	较高	较高
静电除尘器	干式静电除尘器	80～99.9	高	少
	湿式静电除尘器	80～99.9	高	少

4．各类除尘装置的除尘原理

（1）机械式除尘器

机械式除尘器是通过机械力的作用达到除尘目的的除尘装置，机械力包括重力、惯性力和离心力，主要除尘器形式为重力除尘器、惯性除尘器和旋风除尘器等。

1）重力除尘器

重力除尘器是利用粉尘与气体的密度不同，使含尘气体中的尘粒依靠自身的重力从气流中自然沉降下来，达到净化目的的一种装置。其优点是结构简单、投资少、使用方便、维护管理容易。适用于颗粒粗、净化密度大、磨损强的粉尘。一般作为多级净化系统的预处理。重力除尘器示意图如图 9-3 所示。

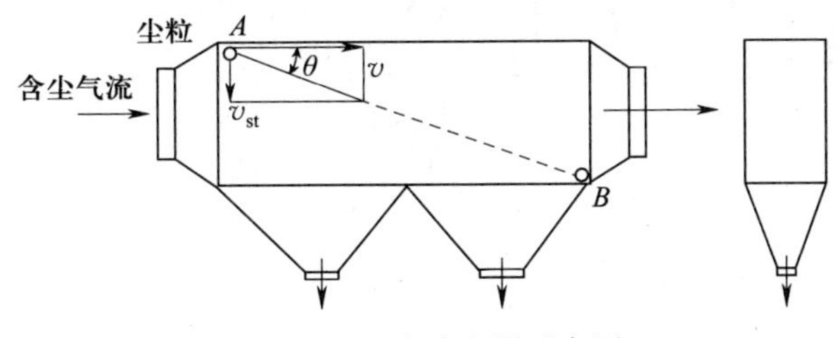

图 9-3　重力除尘器示意图

2）惯性除尘器

利用粉尘与气体在运动中的惯性力不同，使粉尘从气流中分离出来的方法称为惯性力除尘，常用方法是使含尘气流冲击在挡板上，气流方向发生急剧改变，此时气流中的尘粒由于惯性较大，不能随气流急剧转弯，从而从气流中分离出来。惯性除尘器除尘原理示意图如图 9-4 所示。

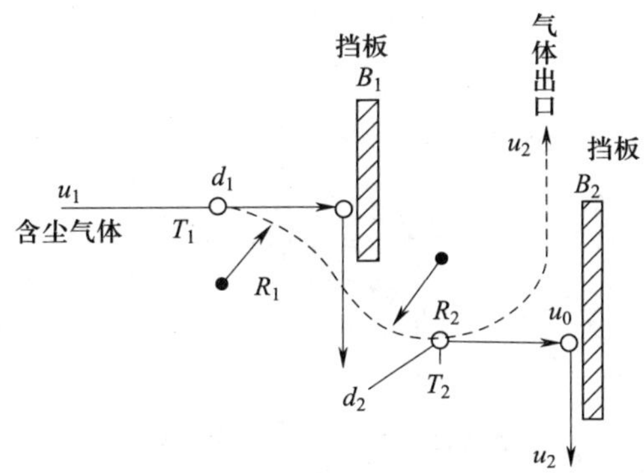

图 9-4　惯性除尘器除尘原理示意图

3）旋风除尘器

使含尘气流沿某一定方向作连续的旋转运动，粒子在随气流旋转中获得离心力，使粒子从气流中分离出来的装置称为旋风除尘器，也称为离心式除尘器。普遍旋风除尘器如图 9-5 所示。

机械式除尘器的特点为造价比较低，维护管理方便，耐高温，耐腐蚀，适宜含湿量大的烟气，但对粒径 5 μm 以下的尘粒去除率较低。当气体含尘浓度高时，这类除尘器可作为初级除尘，以减轻二级除尘的负荷。

重力除尘器适宜尘粒粒径较大（>50 μm）、要求除尘效率较低、场地足够大的情况；惯性除尘器适宜排气量较小、对除尘效率要求较低的场合；旋风除尘器是工业中应用较为广泛的除尘装置之一，通常情况下，旋风除尘器对 5 μm 以上的尘粒除尘效率最高可达 95% 左右，因此常作为初级除尘系统中的预除尘、气力输送系统中的卸料分离器和 1～20 t/h 的小型锅炉烟气的处理用。

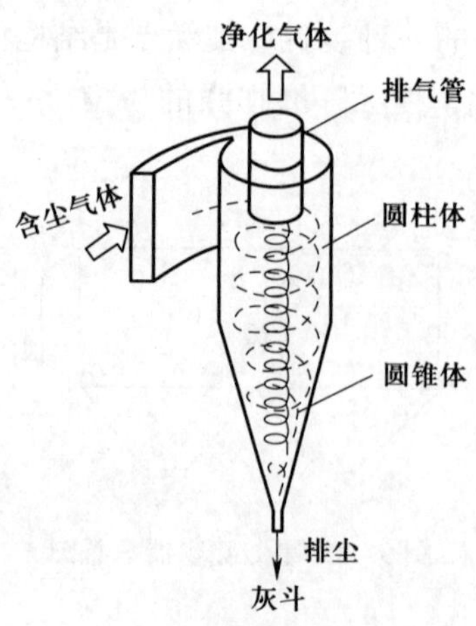

图 9-5　普通旋风除尘器

（2）湿式除尘器

湿式除尘也称为洗涤除尘。该方法是用液体（一般为水）洗涤含尘气体，使尘粒与液膜、液滴或气泡碰撞而被吸附，凝集变大，尘粒随液体排出，气体得到净化。湿式除尘器如图 9-6 所示。

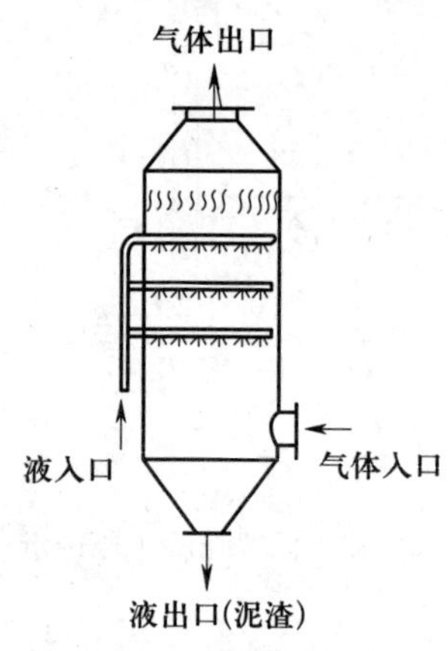

图 9-6　湿式除尘器

湿式除尘器的作用机理为惯性碰撞、扩散作用、凝聚作用及黏附作用。

湿式除尘器的特点为结构简单，造价低，除尘效率高，在处理高温、易燃、易爆气体时安全性好，在除尘的同时还可去除气体中的有害物质。湿式除尘器的不足是用水量大，易产生腐蚀性液体，产生的废液或泥浆需进行处理，并可能造成二次污染，在寒冷地区和季节，易结冰。

（3）过滤式除尘器

过滤式除尘是使含尘气体通过多孔滤料，把气体中的尘粒截留下来，使气体得到净化的方法。这种方法效率高，操作方便，适应于含尘浓度低的气体；其缺点是维修费高，不耐高温高湿气流。

按滤尘方式有内部过滤与外部过滤之分。内部过滤主要有颗粒层除尘器；外部过滤主要有袋式除尘器。袋式除尘器的除尘机制：筛分作用、惯性碰撞作用、扩散作用、静电作用和重力沉降作用。机械清灰袋式除尘器如图 9-7 所示。

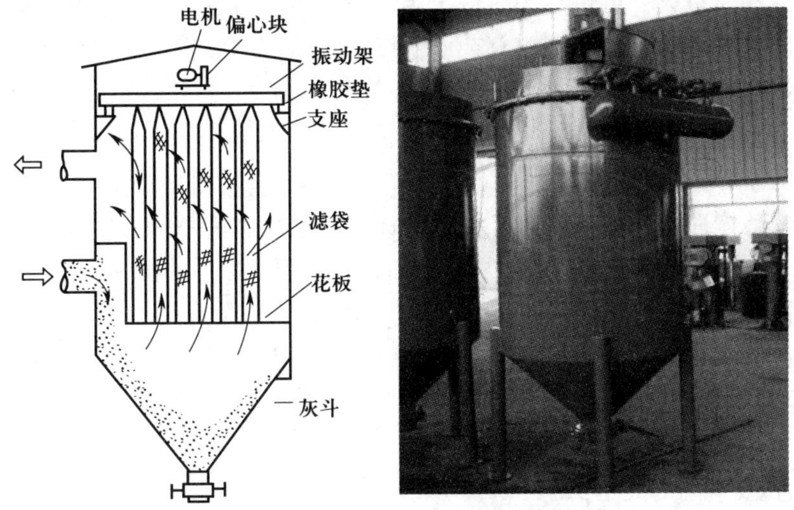

图 9-7　机械清灰袋式除尘器

袋式除尘器的特点为除尘效率高达 98%，能除掉微细尘粒，对处理气量变化的适应性强，最适宜处理有回收价值的细小颗粒物。但袋式除尘器的投资比较高，允许使用的温度低，操作时气体的温度需高于露点温度，否则不仅会增加除尘器的阻力，甚至由于湿尘黏附在滤袋表面而使除尘器不能正常工作。当尘粒浓度超过尘粒爆炸下限时，也不能使用袋滤式过滤器。袋式除尘器广泛应用于各种工业生产的除尘过程。

（4）静电除尘器

静电除尘是利用高压电场产生的静电力（库仑力）的作用实现固体粒子或液体粒子与气流分离的方法。含尘气体进入静电除尘器后，通过粒子荷电、粒子沉降和粒子清除三个阶段实现尘气分离。静电除尘器如图 9-8 所示。

常用的电离除尘器有管式与板式两类，由放电极与集成极组成。

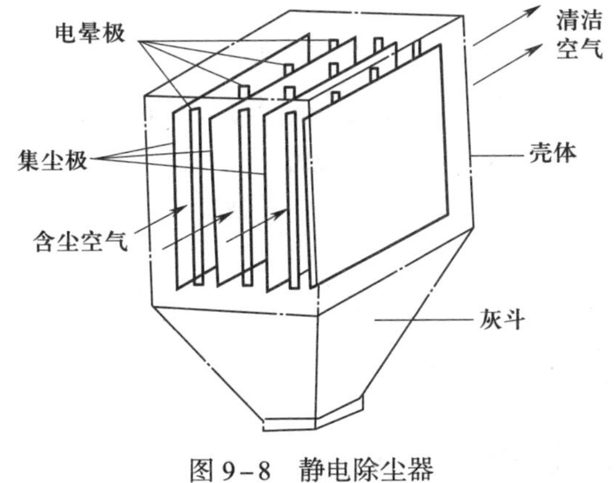

图 9-8　静电除尘器

静电除尘器已被广泛作为各种工业炉窑和火力发电站大型锅炉的除尘装置，能处理高温、高湿烟气。它的除尘效率高，可达 98% 以上，压力损失低，运行费用较低，能满足环保要求的排放浓度；处理风量大，可达每小时数千至一二百万立方米；阻力较低，仅 100～500 Pa，且运行能耗低。但静电除尘器的结构复杂，初投资大，占地面积大，对操作、运行、维护管理都有较高的要求。

5. 除尘装置的选择

（1）除尘装置的选择原则

除尘装置的整体性能主要是用三个技术指标（处理气体量、压力损失、除尘效率）和三个经济指标（一次投资、运转管理费用，占地面积及使用寿命）来衡量。

（2）选择除尘装置的考虑因素

1）需达到的除尘效率；

2）设备运行条件；

3）经济性；

4）占地面积及空间的大小；

5）设备操作要求及使用寿命。

三、气体状态污染物治理技术

对于气态污染物，如 SO_2、NO_x、CO、NH_3、H_2S、有机废气等，利用气态污染物的物理性质和化学性质，通过吸收、吸附、催化转化、燃烧、冷凝等方法进行处理。

1. 吸收法

采用适当的液体作为吸收剂，使含有有害物质的废气与吸收剂接触，废气中的有害物质被吸收于吸收剂中，使气体得到净化。

在吸收中，用来吸收气体中有害组分的液体叫作吸收剂，被吸收的气体组分叫作吸收质，而吸收了吸收质后的液体叫作吸收液。

一般将吸收法分为物理吸收与化学吸收，可根据废气的特点选择不同的吸收方法，一般在处理气量大、有害组分浓度低的各种废气时，化学吸收效果比单纯的物理吸收的效果好，所以多采用化学吸收。

吸收法具有设备简单、捕集效率高、应用范围广、一次性投资低等特点，但由于吸收是将气体中的有害物质转移到了液体中，因此必须对吸收液进行处理，否则容易引起二次污染；此外，由于吸收温度越低吸收效果越好，因此在处理高温烟气时，必须对排气进行降温的预处理。

2. 吸附法

使废气与大表面、多孔性固体物质相接触，将废气中的有害组分吸附在固体表面上，使其与气体混合物分离，达到净化目的。吸附法治理气态污染物包括吸附及吸附剂再生的全过程。

具有吸附作用的固体物质称为吸附剂，被吸附的气体组分称为吸附质。吸附剂一般为活性炭、分子筛等。吸附剂需进行再生，常用的再生方法有升温脱附、减压脱附、吹扫脱附等。

吸附法具有净化效率高，特别是对低浓度气体具有很强的净化能力。吸附法特别适用于排放标准要求严格或有害物质浓度低，用其他方法达不到净化要求的气体净化。因此，常作为深度净化手段或联合应用几种净化方法时的最终控制手段。由于一般吸附剂的吸附容量有限，对高浓度废气的净化，不宜采用吸附法。

3. 催化转化法

催化转化法净化气态污染物是利用催化剂的催化作用，使废气中的有害组分发生化学反应并转化为无害物或易于去除物质的一种方法。

催化剂成分主要包括活性组分、载体和助催化剂。

催化转化法净化效率较高，受废气中污染物浓度影响较小，无须将污染物与主气流分离，避免了二次污染；但催化剂价格较贵，操作要求较高，废气中的有害物质很难作为有用物质进行回收等。

4. 燃烧法

燃烧是伴随有光和热的激烈化学反应过程，在有氧存在的条件下，当混合气体中可燃组分浓度在燃烧极限范围浓度以内时，一经明火点燃，可燃组分即可进行燃烧。

燃烧法一般可分为直接燃烧、热力燃烧和催化燃烧。

（1）直接燃烧

把废气中的可燃有害组分当作燃料直接烧掉，只适合用于净化含可燃组分浓度高或有害组分燃烧时热值较高的废气（>1 100 ℃）。

（2）热力燃烧

利用辅助燃料燃烧放出的热量将混合气体加热到要求的温度，使可燃的有害物质进行高温分解变为无害物质（760～820 ℃）。

（3）催化燃烧

在催化剂的作用下，使有害物质在较低温度下燃烧（200～400 ℃）。

燃烧法工艺比较简单，操作方便，可回收燃烧后的热量；但不能回收有用物质，并容易造成二次污染。

5. 冷凝法

不同气态污染物在不同温度下具有不同的饱和蒸气压，采用降低废气温度或提高废气压力的方法，使一些易于凝结的有害气体或蒸气态的污染物冷凝成液体并从废气中分离出来。

冷凝法对废气的净化程度与冷却温度有关，冷却温度愈低，对易凝结组分的清除程度愈高，其设备简单，操作方便，并可回收到纯度较高的产物，只适用于处理高浓度的有机废气，常用作吸附、燃烧等方法净化高浓度废气的前处理，以减轻这些方法的负荷。

四、二氧化硫净化技术

二氧化硫是目前大气污染物中危害较大的一种，我国年排放量达 1 520 万 t，排在世界前列，造成了环境污染和硫资源浪费。二氧化硫净化技术历经多年的发展，基于不同的原理有湿法脱硫、干法脱硫、半干法脱硫等，针对不同的气源条件，选择的气体处理工艺也不同，二氧化硫转化的最终产物为单质硫、液体二氧化硫、硫酸或含硫元素的盐类等。在末端治理转化过程中，若硫元素的价态若发生变化，则反应基于催化氧化或催化还原；若硫元素价态无变化，则属于吸收再生循环的领域。

目前烟气脱硫技术种类达几十种，按脱硫过程是否加水和脱硫产物的干湿形态，烟气脱硫分为湿法、半干法、干法三大类脱硫工艺。

湿法脱硫反应在气液两相中进行，是目前二氧化硫净化的主流工艺。湿法脱硫采用液体吸收剂或浆液吸收液对废气中的二氧化硫进行处理，包括石灰石－石膏法（钙法）、氨法、双碱法（碱法）、氧化镁法（镁法）、有机胺法、柠檬酸盐法、亚硫酸钠法、海水吸收法等。

半干法脱硫反应在气液固三相中进行，结合了湿法和干法的优点，包括旋转喷雾干燥工艺、循环流化床（CFB）工艺等。

干法脱硫反应在气固两相进行，采用固体吸附剂对二氧化硫进行吸附，反应过程中不存在液相，包括等离子体脱硫法、炉内喷钙脱硫法、活性炭脱硫法等。与湿法脱硫相比，干法脱硫装置相对简单。

1. 亚硫酸钾（钠）吸收法

以亚硫酸钾或亚硫酸钠为吸收剂，二氧化硫的脱除率达 90% 以上。吸收母液先经冷却、结晶、分离出亚硫酸钾（钠），再用蒸汽将其加热分解生成亚硫酸钾（钠）和二氧化硫；亚硫酸钾（钠）可以循环使用，二氧化硫回收去制硫酸。亚硫酸钾和亚硫酸钠吸收法流程图分别如图 9－9 和图 9－10 所示。

亚硫酸钾吸收法的反应为：

$$K_2SO_3+SO_2+H_2O \longrightarrow 2KHSO_3\text{（吸收过程产物）}$$

亚硫酸钠吸收法的反应为：

$$Na_2SO_3+SO_2+H_2O \longrightarrow 2NaHSO_3\text{（吸收过程产物）}$$

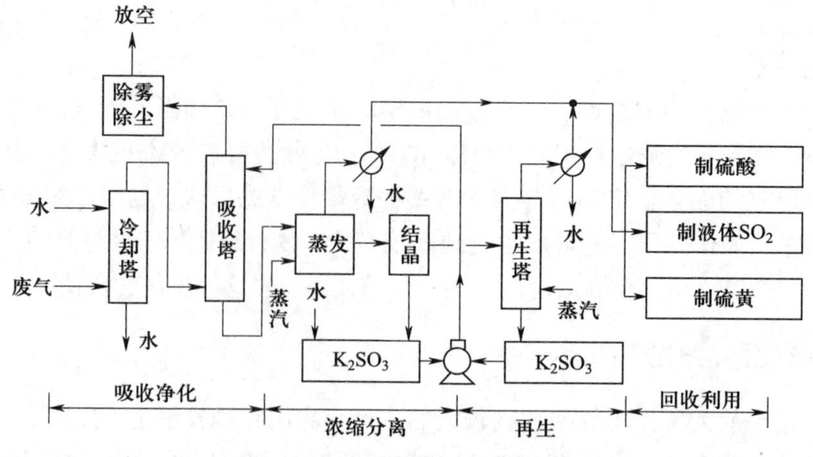

图 9－9　亚硫酸钾吸收法流程图

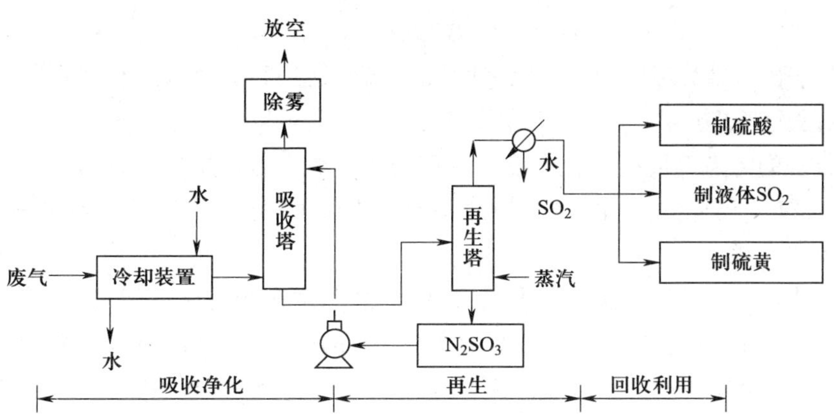

图 9-10　亚硫酸钠吸收法流程图

亚硫酸钾（钠）吸收法的特点为吸收液可循环使用，吸收剂损失少；吸收液对二氧化硫的吸收能力高，液体循环量少，泵的容量少；副产物二氧化硫的纯度高；操作负荷范围大，可以连续运转；基建投资和操作费用较低，可实现自动化操作。

必须将吸收液中可能含有的亚硫酸钠去除掉，否则会影响吸收速率；另外吸收过程中会有结晶析出而造成设备堵塞。

2. 氨液吸收法

采用氨水作为洗涤液或吸收剂，吸收二氧化硫后生成亚硫酸铵和亚硫酸氢铵吸收液，其中亚硫酸铵是氨法吸收二氧化硫的主要吸收液。氨液吸收法流程图如图 9-11 所示。

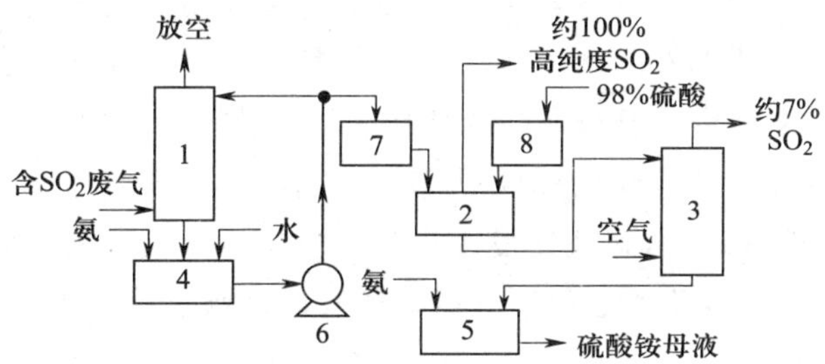

图 9-11　氨液吸收法流程图

1—吸收塔；2—混合器；3—分解塔；4—循环槽；5—中和器；6—泵；7—母液；8—硫酸

此法是以氨水或液态氨作吸收剂，吸收二氧化硫后生成亚硫酸铵和亚硫酸氢铵。

反应如下：

$$NH_3 + H_2O + SO_2 \longrightarrow NH_4HSO_3$$

$$2NH_3 + H_2O + SO_2 \longrightarrow (NH_4)_2SO_3$$

$$(NH_4)_2SO_3 + H_2O + SO_2 \longrightarrow 2NH_4HSO_3$$

当亚硫酸氢铵比例增大，吸收能力降低，须补充氨将亚硫酸氢铵转化为亚硫酸铵，即进行吸收液的再生：

$$NH_3 + NH_4HSO_3 \longrightarrow (NH_4)_2SO_3$$

此外还需引出一部分吸收液，可以采用氨 – 硫酸铵法和氨 – 亚硫酸铵法等方法进行回收硫酸铵或亚硫酸铵等副产物。

氨液吸收法的特点为脱硫工艺成熟、流程简单、成本低、操作也较为方便、脱硫副产物价值高，已广泛应用于硫酸等化工生产尾气处理。但因氨易挥发，使得吸收剂消耗量较大。

3. 活性炭吸附法

活性炭硫技术是采用活性炭为吸附剂，利用活性炭的吸附特性和催化特性使烟气中的 SO_2 与烟气中的水蒸气和氧反应生成 H_2SO_4 吸附在活性炭的表面，吸附 SO_2 的活性炭加热再生，释放出高浓度 SO_2 气体，再生后的活性炭循环使用，高浓度 SO_2 气体可加工成硫酸、单质硫等多种化工产品。该方法脱硫工艺简单、副反应少以及无污水排出等，但在使用过程中会存在吸附剂脱硫容量低、脱硫速度慢、再生频繁等缺点，不利于工业应用和推广。在吸附有害物质时，吸附剂会有损耗，对脱硫效果产生一定的影响，增加了使用量，从而增加了经济成本。

随着国家标准《火电厂大气污染物排放标准》（GB 13223—2011）的推行以及 $\rho(SO_2)<35\ mg/m^3$ 的超低排放标准的提出，部分传统的脱硫工艺达不到新标准的要求，因此需要对原装置进行改造或者开发新的技术。目前二氧化硫处理技术的研究方向主要有强化吸收传质，采用新型的吸收溶剂，开发膜吸收技术、生物脱硫技术、还原制硫技术等方面。

五、氮氧化物处理技术

氮氧化物是氮和氧的化合物的总称，分子式为 NO_x，它包括 N_2O、NO、NO_2、N_2O_3、N_2O_4 及 N_2O_5 等，在自然条件下主要是 NO 和 NO_2，它们是常见的大气污染物。

大气中的氮氧化物包括天然的和人类活动所产生的两种。人类活动所产生的氮氧化物比天然产生的要少得多，但是由于其分布较为集中，与人类活动的关系较为密切，所以危害较大。例如，NO 与血液中的血红蛋白的亲和力较强，可结成亚硝基血红蛋白或亚硝基高铁血红蛋白，使血液输氧能力下降，出现缺氧发绀症状；NO_2 对呼吸器官有强烈的刺激作用；NO_2 在自然环境中可形成酸，而在阳光照射下，可与磷氢化合物生成有致癌的光化学烟雾等。

氮氧化物处理技术按作用原理不同分为稀硝酸吸收法和催化还原法。

1. 稀硝酸吸收法

此法是用 30% 左右的稀硝酸作为吸收剂，首先在 20 ℃和 1.5×10^5 Pa 压力下，NO_x 被稀硝酸进行物理吸收，生成很少硝酸；然后将吸收液在 30 ℃下用空气进行吹脱，吹出 NO_x 后，硝酸被漂白；最后漂白酸经冷却后再用于吸收 NO_x。

由于氮氧化物在漂白稀硝酸中的溶解度要比在水中的溶解度高，一般采用此法时 NO_x 的去除率可达 80%～90%。稀硝酸吸收法流程图如图 9 – 12 所示。

2. 催化还原法

在催化剂的作用下，用还原剂将废气中的 NO_x 还原为无害的 N_2 和 H_2O 的方法称为催化还原法。根据还原剂是否与氧气发生氧化还原反应，催化还原法可分为非选择性催化还原法和选择性催化还原法。

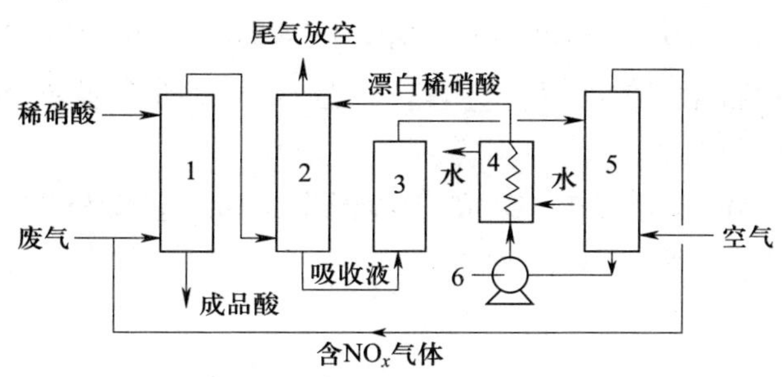

图 9－12　稀硝酸吸收法流程图

1—第一吸收塔；2—第二吸收塔；3—加热器；4—冷却塔；5—漂白塔；6—泵

（1）非选择性催化还原法

在催化剂作用下或不用催化剂，还原剂不加选择地与废气中的 NO_x 与 O_2 同时发生反应。该法由于存在着与 O_2 的反应过程，放热量大，因此在反应中必须使还原剂过量并严格控制废气中的氧含量。

（2）选择性催化还原法

在催化剂的作用下，还原剂只选择性地与废气中的 NO_x 发生反应，而不与废气中的 O_2 发生反应；废气中的 NO_2 和 NO 被还原剂还原为氮气，常用的还原剂气体为 NH_3。

【知识拓展】

2023 年 1 月 1 日起实施的部分大气污染物排放标准

1.《石灰、电石工业大气污染物排放标准》（GB 41618—2022），2023 年 1 月 1 日起实施。

2.《矿物棉工业大气污染物排放标准》（GB 41617—2022），2023 年 1 月 1 日起实施。

3.《玻璃工业大气污染物排放标准》（GB 26453—2022），2023 年 1 月 1 日起实施。

4.《印刷工业大气污染物排放标准》（GB 41616—2022），2023 年 1 月 1 日起实施。

思考与练习

一、填空题

1. 除尘装置一般由________、管道、________、风机、________以及系统辅助装置组成。

2. 机械式除尘器是通过________的作用达到除尘目的的除尘装置，机械力包括重力、惯性力和离心力，主要除尘器形式为________、________和________等。

3. 重力除尘器是利用粉尘与气体的________不同，使含尘气体中的尘粒依靠自身的________从气流中自然沉降下来，达到净化目的的一种装置。

4. 湿式除尘也称为________。该方法是用________（一般为水）洗涤含尘气体，使尘粒与液膜、液滴或气泡碰撞而被吸附，凝集变大，尘粒随液体排出，气体得到净化。

5. 过滤式除尘是使含尘气体通过________，把气体中的尘粒截留下来，使气体得到净化的方法。

6. 按脱硫过程是否加水和脱硫产物的干湿形态，烟气脱硫分为________、________、________三大类脱硫工艺。

二、简答题

1. 亚硫酸钾（钠）吸收法净化二氧化硫的优缺点分别是什么？
2. 重力沉降除尘的主要原理是什么？
3. 利用气态污染物的物理性质和化学性质，可通过哪些方法进行气态污染物的治理？
4. 气溶胶态（颗粒态）污染物的防治技术主要有哪些？
5. 针对水泥厂所排放的废气如二氧化硫与氮氧化物等如何进行防治？
6. 除尘装置的主要技术指标有哪些？

项目十

化工废水治理

随着我国经济发展迅速，化学工业取得了巨大的发展，但是在快速发展的同时会产生大量的化工废水，也就会带来严重的化工废水处理问题。化工废水的排放，会影响土壤和河流，蒸发之后还会影响大气，所以必须做好对化工废水的处理工作。为了保护我们赖以生存的水资源，为了应对全球水危机，我们必须提高对化工废水的利用率，要重视化工生产产生的化工废水处理，从而减少对水资源的污染和破坏。

任务一　化工废水的危害

学习目标

1. 了解化工废水的来源及分类。
2. 熟悉化工废水的特点及危害。
3. 熟悉化工废水污染物的指标。
4. 通过对化工废水的相关内容学习加强环境保护意识和责任感。

任务引入

城市水体污染的来源不仅有化工污染源，还有生活污染源、农业污染源、其他污染源等。你是某化工企业环保工作人员，现需对所在城市水体受化工废水污染情况开展调研，在调研前你需要对化工废水的来源、分类、排放标准及水质的主要指标等知识进行前期学习，了解相关的知识。

任务分析

对所在城市水体受化工废水污染情况开展调研，工作场景是本市主要水体水流域，调查所在城市是否有水体受到污染、化工污染源有哪些、化工废水的排放情况、可能造成哪些危害。为此需要对化工废水来源、分类、水质指标及主要污染物的排放标准有清晰的认知。

相关知识

一、化工废水来源

1. 化工废水

化学工业是一个多行业、多品种的工业部门，包括化学矿山、石油化学工业、酸碱工业、化肥工业、塑料工业、染料工业、洗涤剂工业等，化工废水都是在化工生产过程中产生的。不同行业、不同企业、不同原料、不同生产方式和不同类型的设备等都对化工废水的产生数量和污染物的种类及浓度有很大影响。

化工废水就是在化工生产中排放出的工艺废水、冷却水、废气洗涤水、设备及场地冲洗水等废水。这些废水如果不经过处理而排放，会造成水体的不同性质和不同程度的污染，从而危害人类的健康，影响工农业的生产。

2. 化工废水的来源

（1）化工生产的原料和产品在生产、包装、运输、堆放的过程中因一部分物料流失又经雨水冲刷而形成的化工废水。

（2）化学反应不完全而产生的废料。由于反应条件和原料纯度的影响，任何反应都有一个转化率问题，一般反应的转化率只有 70%～80%。未反应的原料由于累积杂质较多，无法使用，常常以化工废水形式排放。

（3）化学反应中副反应过程生成的化工废水。化工生产中，主反应过程中，常伴随副反应，产生了副产物。某些情况下，副产物数量不大，成分比较复杂，作为化工废水排放。

（4）化工生产常在高温下进行，因此需要对成品或半成品进行冷却。采用水冷时，就排放冷却水。若采用冷却水与反应物料直接接触的直接冷却方式，则不可避免地排出含有物料的化工废水。

（5）一些特定生产过程排放的废水。例如，蒸馏和汽提的排水与高沸残液，酸洗或碱洗过程排放的废水。

（6）地面和设备冲洗水和雨水，因常带有某些污染物，最终也形成化工废水。化工废水污染来源如图 10－1 所示。

二、化工废水分类

化工废水按成分可分为以下三大类。

第一类为含有有机物的化工废水，如基本有机原料、合成材料（含合成塑料、合成橡胶、

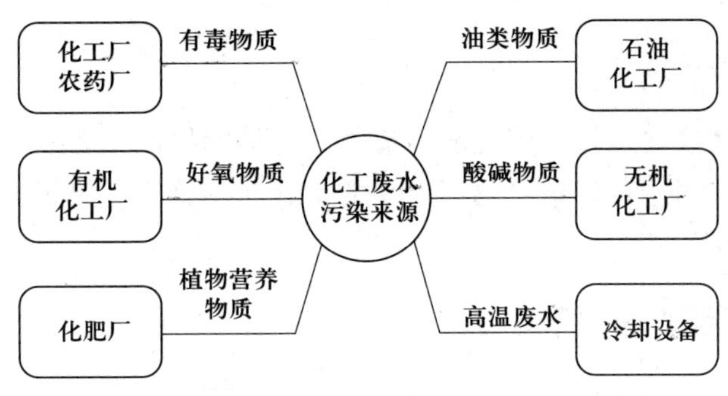

图 10－1　化工废水污染来源

合成纤维）、农药、染料等行业排出的废水。

第二类为含无机物的废水，如无机盐、氮肥、磷肥、硫酸、硝酸及纯碱等行业排出的废水。

第三类为既含有有机物又含有无机物的废水，如氯碱、感光材料、涂料等行业。

化工废水按所含有的污染物不同可分为含油废水、含酸碱废水、含酚废水、含苯废水、含硫废水、含氟废水、含铬废水、含氰废水及含有机磷化合物废水等。

三、化工废水的特点及危害

1. 有毒性和刺激性

化工废水中含有许多污染物，有些是有毒或有剧毒的物质，如氰、酚、砷、汞、镉和铅等；有的物质不易分解，在生物体内长期积累会造成中毒，如有机氯化合物；有些是致癌物质，如多环芳烃化合物等；此外，还有一些有刺激性、腐蚀性的物质，如无机酸、碱类等。

2. 生化需氧量（BOD）和化学需氧量（COD）都较高

化工废水（特别是石油化工生产的废水），含有各种有机酸、醇、醛、酮、醚和环氧化物等，其特点是生化需氧量（BOD）和化学需氧量（COD）都较高，这种化工废水一经排入水体，就会在水中进一步氧化分解，从而消耗水中大量的溶解氧，直接威胁水生生物的生存。

3. pH 值不稳定

化工生产排放的化工废水，时而呈强酸性，时而呈强碱性，pH 值不稳定，对水生生物、建（构）筑物和农作物都有极大危害。

4. 营养化物质较多

化工废水中有的含磷、氮量过高，造成水域富营养化，使水中藻类和微生物大量繁殖，严重时还会形成“赤潮”，造成鱼类大量死亡。

5. 化工废水温度较高

由于化学反应常在高温下进行，排出的化工废水水温较高。这种高温废水排入水域后，会造成水体的热污染，使水中溶解氧降低，从而破坏水生生物的生存条件。

6. 油污染较为普遍

石油化工废水中一般都含有油类，不仅危害水生生物的生存，而且增加了废水处理的复杂性。

7. 恢复比较困难

受化工有害物质污染的水域，即使减少或停止污染物排出，要恢复到水域原来状态，仍需要很长时间，特别是对于可以被生物所富集的重金属污染物，停止排放后仍很难消除污染状态。

四、化工废水污染物的指标

水体污染物是指造成水体水质、水中生物群落以及水体底泥质量恶化的各种有害物质（或能量），水污染指标是衡量水体被污染程度的数值标示，也是控制好检测水处理设备运行状态的重要依据，一般分为化工废水物理指标和化工废水化学指标。

1. 化工废水的物理指标

表示化工废水的物理指标主要包括水温、色度、浊度、臭味、固体物质等。

（1）水温

化工废水的水温对化工废水的物理、化学及生物性质有直接的影响，所以，水温是表征化工废水水质的重要指标之一。化工废水的水温与生产工艺有关，变化很大，化工废水的水温过低（如低于 5 ℃）或过高（如高于 40 ℃）都影响化工废水的生物处理效果。

（2）色度

水的色度是指对天然水或处理后的各种水进行颜色定量测定所得出的指标，是化工废水处理中主要的污染指标之一。各类化工废水中的污染物会呈现不同的颜色，例如，石油行业中的化工废水就会因水质受污染严重，化工废水内的人工化合物过高，在阳光的照射下呈现出多种颜色。

水的色度分为真色和表色两种，真色是指去除悬浮物后水的颜色，仅由溶解性有色物质影响；表色是指没有去除水中悬浮物时水的颜色，包括由溶解性物质和不溶性悬浮物质产生的颜色影响。清洁或浊度很低的水，其真色和表色较为接近，而着色很深、悬浮物较多的化工废水的真色和表色差别较大。水质理化检验通常只测定真色。

化工废水色度的最高允许排放浓度在我国的国家标准和相关行业排放标准中都有规定，各行业企业需要对照相应的标准执行。

（3）浊度

浊度是指溶液对光线通过时所产生的阻碍程度，它包括悬浮物对光的散射和溶质分子对光的吸收。水的浊度不仅与水中悬浮物质的含量有关，而且与它们的大小、形状及折射系数等有关。在水质分析中规定，1 mg 一定粒径的藻土在 1 L 水中所构成的浊度为一个标准浊度单位，简称 1 度。

浊度的高低一般不能直接说明水质的污染程度，但由人类生活和工业生活污水造成的浊度增高，表明水质变坏。

（4）臭味

化工废水中的臭味、异味一般来源于硫化氢、硫醚、氨气、胺类、烃类、酚类等具有影

响感官特性的物质，这些异味是由化工废水中的物质发酵产生的，或者是化工废水中某种物质本身所具有的。

臭味不仅给人以感官不悦，甚至会危及人体生理健康，引起呼吸困难、胸闷、呕吐等。

（5）固体物质

化工废水中的固体物质按存在形态的不同可分为悬浮的、胶体的和溶解的三种，按性质的不同可分为有机物、无机物和生物体三种，固体含量用总固体量作为指标，英文缩写为 TS。

2. 化工废水的化学指标

化工废水的化学指标主要包括酸碱度、重金属离子、硫化物、生化需氧量（BOD）、化学需氧量（COD）、总需氧量（TOD）、总有机碳（TOC）、氨氮、总氮、总磷及溶解氧等。

（1）化学需氧量（COD）

化学需氧量（COD）是指在一定的条件下，采用一定的强氧化剂处理水样时，所消耗的氧化剂量。它是表示水中还原性物质多少的一个指标，水中的还原性物质有各种有机物、亚硝酸盐、硫化物、亚铁盐等，但主要的是有机物。因此，化学需氧量（COD）又往往作为衡量水中有机物质含量多少的指标。化学需氧量（COD）越大，说明水体受有机物的污染越严重。

（2）生化需氧量（BOD）

生化需氧量（BOD）是指在有氧的条件下，由于微生物的作用，水中能分解的有机物质氧化分解时所消耗氧的量称为生化需氧量（BOD）。它是以水样在一定的温度（如 20 ℃）下，在密闭容器中，保存一定时间后溶解氧所减少的量（mg/L）来表示的。当温度在 20 ℃时，一般的有机物质需要 20 天左右就能基本完成氧化分解过程，而要全部完成这一分解过程就需 100 天。但是，这么长的时间对于实际生产控制来说就失去了实用价值，因此，目前规定在 20 ℃下，培养 5 天作为测定生化需氧量（BOD）的标准。这时候测得的生化需氧量（BOD）就称为五日生化需氧量，用 BOD_5 表示。《城镇污水处理厂污染物排放标准》规定，其污水生化需氧量（BOD）最高允许排放质量浓度为：一级（A）10 mg/L、一级（B）20 mg/L、二级 30 mg/L、三级 60 mg/L。

（3）总需氧量（TOD）

有机物中含 C、H、N、S 等元素，当有机物全都被氧化时，这些元素分别被氧化为 CO_2、H_2O、NO_2 和 SO_2，此时的量称为总需氧量（TOD）。

（4）总有机碳（TOC）

总有机碳（TOC）表示水中所有有机污染物的总含碳量，是评价水中有机污染物的一个综合参数。它是用燃烧法测定水样中总有机碳（TOC）元素量来反映水中有机物总量的一种综合测定指标。其测定结果以 C 含量表示，单位为 mg/L。

（5）溶解氧

溶解在水中的分子态氧称为溶解氧，化工废水中溶解氧的含量取决于污水排出前的处理工艺过程，一般含量较低，差异很大。鱼类死亡事故多是由于大量污水排入水体，导致水体中耗氧性物质增多，溶解氧含量降低，造成鱼类因缺氧窒息死亡，因此溶解氧是评价水质的重要指标之一。

（6）氮（有机氮、氨氮、总氮）

有机氮是反映水中蛋白质、氨基酸、尿素等含氮有机化合物总量的一个水质指标，若使有机氮在有氧的条件下进行生物氧化，可逐步分解为 NH_3、NH_4^+、NO_2^-、NO_3^- 等形态，NH_3 和 NH_4^+ 称为氨氮，NO_2^- 称为亚硝酸氮，NO_3^- 称为硝酸氮，这几种形态的含量均可作为水质指标，分别代表有机氮转化为无机物的各个不同阶段。

总氮（TN）则是一个包括从有机氮到硝酸氮等全部含量的水质指标。

氨氮（NH_3-N）是污水的重要监测指标之一，以游离氨（NH_3）或铵盐（NH_4^+）形式存在于水中，两者的组成比取决于水的 pH 值和水温，当 pH 值偏高时，游离氨的比例较高，反之，则铵盐的比例高，水温则相反。因此，在监测时应该对 pH 值和水温进行足够的注意。

（7）磷（总磷、溶解性磷酸盐和溶解性总磷）

水体中磷含量过高（如超过 0.2 mg/L），可造成藻类的过度繁殖，直至数量上达到有害的程度（称为富营养化），造成湖泊、河流透明度降低，水质变坏。测定总磷是将水样经消解后将各种形态的磷转化为正磷酸盐后测定的结果，单位为 mg/L。

（8）酸碱度

酸碱度是指水体的酸碱性，一般对水质 pH 值及总碱度两项指标进行监测。一般要求处理后污水的 pH 值为 6～9，当 pH 值小于 5 时，就能使一般的鱼类死亡。

3. 化工废水的排放标准

根据污水排放去向，即污水受纳水体的不同，需要将污水处理到一定的程度，满足相应的排放标准，以保证自然水体的水质功能不受其影响，保证水资源的可持续利用。部分化工废水污染排放限值分别见表 10－1 和表 10－2。

表 10－1　皂素企业废水污染排放限值

污染物项目	化学需氧量（COD_{Cr}）		五日生化需氧量（BOD_5）		悬浮物（SS）		氨氮		氯化物（Cl^-）		总磷		排水量	pH 值	色度
	kg/t	mg/L	kg/t	mg/L	kg/t	mg/L	kg/t	mg/L	kg/t	mg/L	kg/t	mg/L	m^3/t		倍
标准限值	120	300	20	50	28	70	32	80	120	300	0.2	0.5	400	6～9	80

表 10－2　采煤废水污染排放限值

序号	污染物	日最高允许排放质量浓度 /(mg/L)（pH 值除外）	
		现有生产线	新建（扩、改）生产线
1	pH 值	6～9	6～9
2	总悬浮物	70	50
3	化学需氧量（COD_{Cr}）	70	50
4	石油类	10	5
5	总铁	7	6
6	总锰	4	4

注：总锰限值仅适用于酸性采煤废水。

【知识拓展】

《合成氨工业水污染物排放标准》(GB 13458—2013)(部分)

1. 术语和定义

(1)合成氨工业

合成氨工业包括生产合成氨以及以合成氨为原料生产尿素、硝酸铵、碳酸氢铵以及醇氨联产的生产企业或生产设施。

(2)新建企业

新建企业是指在本标准实施之日起，环境影响评价文件通过审批的新建、改建和扩建的合成氨工业生产设施建设项目。

(3)排水量

排水量是指生产设施或企业向企业法定边界以外排放的废水的量，包括与生产有直接或间接关系的各种外排废水(含厂区生活污水、冷却废水、厂区锅炉和电站排水等)。

(4)单位产品基准排水量

单位产品基准排水量是指用于核定水污染物排放浓度而规定的生产吨氨的废水排放量上限值。

注：醇氨联产企业需将醇生产量折算为氨生产量后再加和核定单位产品基准排水量。

(5)直接排放

直接排放是指排污单位直接向环境排放水污染物的行为。

(6)间接排放

间接排放是指排污单位向公共污水处理系统排放水污染物的行为。

(7)公共污水处理系统

公共污水处理系统是指通过纳污管道等方式收集废水，为两家以上排污单位提供废水处理服务并且排水能够达到相关排放标准要求的企业或机构，包括各种规模和类型的城镇污水处理厂、区域(包括各类工业园区、开发区、工业聚集地等)废水处理厂等，其废水处理程度应达到二级或二级以上。

2. 水污染物排放控制要求

(1)自 2013 年 7 月 1 日起，新建企业执行表 10－3 规定的水污染物排放限值。

表 10－3　　新建企业水污染物排放浓度限值及单位产品基准排水量

单位：mg/L(pH 值除外)

序号	污染物项目	限值		污染物排放监控位置
		直接排放	间接排放	
1	pH 值	6～9	6～9	企业废水总排放口
2	悬浮物	50	100	
3	化学需氧量(COD_{Cr})	80	200	
4	氨氮	25	50	

续表

序号	污染物项目	限值		污染物排放监控位置
		直接排放	间接排放	
5	总氮	35	60	企业废水总排放口
6	总磷	0.5	1.5	
7	氰化物	0.2	0.2	
8	挥发酚	0.1	0.1	
9	硫化物	0.5	0.5	
10	石油类	3	3	
单位产品（氨）基准排水量 / （m^3/t）		10		排水量计量位置与污染物排放监控位置相同

（2）根据环境保护工作的要求，在国土开发密度已经较高、环境承载能力开始减弱，或环境容量较小、生态环境脆弱，容易发生严重环境污染问题而需要采取特别保护措施的地区，应严格控制企业的污染物排放行为，在上述地区的企业执行表 10-4 规定的水污染物特别排放限值。执行水污染物特别排放限值的地域范围、时间，由国务院环境保护行政主管部门或省级人民政府规定。

表 10-4　　水污染物特别排放限值

单位：mg/L（pH 值除外）

序号	污染物项目	限值		污染物排放监控位置
		直接排放	间接排放	
1	pH 值	6～9	6～9	企业废水总排放口
2	悬浮物	30	50	
3	化学需氧量（COD_{Cr}）	50	80	
4	氨氮	15	25	
5	总氮	25	35	
6	总磷	0.5	0.5	
7	氰化物	0.2	0.2	
8	挥发酚	0.1	0.1	
9	硫化物	0.5	0.5	
10	石油类	3	3	
单位产品（氨）基准排水量 / （m^3/t）		10		排水量计量位置与污染物排放监控位置相同

部分污水排放标准

1.《皂素工业水污染物排放标准》(GB 20425—2006)。
2.《缫丝工业水污染物排放标准》(GB 28936—2012)。
3.《毛纺工业水污染物排放标准》(GB 28937—2012)。
4.《磷肥工业水污染物排放标准》(GB 15580—2011)。
5.《钢铁工业水污染物排放标准》(GB 13456—2012)。
6.《合成氨工业水污染物排放标准》(GB 13458—2013)。
7.《杂环类农药工业水污染物排放标准》(GB 21523—2008)。
8.《化学合成类制药工业水污染物排放标准》(GB 21904—2008)。
9.《污水综合排放标准》(GB 8978—1996)。
10.《电镀污染物排放标准》(GB 21900—2008)。
11.《铝工业污染物排放标准》(GB 25465—2010)。
12.《硝酸工业污染物排放标准》(GB 26131—2010)。
13.《硫酸工业污染物排放标准》(GB 26132—2010)。

思考与练习

一、填空题

1. 化工废水按成分可分____________、____________、____________三大类。

2. 水污染指标是衡量水体被污染程度的数值标示，也是控制好检测水处理设备运行状态的重要依据，一般分为____________和____________。

3. 化工废水中的固体物质按存在形态的不同可分为________、________和溶解的三种，按性质的不同可分为________、无机物和________三种。

4. ________(COD)又往往作为衡量水中有机物质含量多少的指标。化学需氧量________，说明水体受有机物的污染越严重。

二、简答题

1. 请比较化学需氧量(COD)、生化需氧量(BOD)的区别与联系。
2. 请说明什么是真色、什么是表色。
3. 请分析化工废水的主要来源。
4. 简述化工废水的主要特点及其危害。
5. 简述化工废水的主要物理、化学指标。

任务二　化工废水处理技术

学习目标

1. 了解水体污染控制的基本途径。
2. 掌握化工废水的处理方法。
3. 能根据化工废水的特点选择合适的处理方法。
4. 通过化工废水治理增强学生的安全生命意识。

任务引入

我国酒精工业的发展已有近百年的历史，中华人民共和国成立后，随着国民经济的发展和白酒液态法生产法的推广，酒精工业进入崭新的发展阶段。我国酒精制造业的主要原料以玉米等粮食原料为主，2021 年我国发酵酒精产量 808.3 万千升，酒精生产过程不同阶段会产生不同的化工废水，现需对其进行分析，工作场地是酒精生产现场，工作对象是酒精生产过程中产生的化工废水，在分析之前，需要对化工废水的特点、分类、处理方法等进行前期学习，了解相关的知识。

任务分析

我国生产酒精的主要原料是淀粉质，而生产淀粉质的原料主要是薯干、玉米。酒精生产过程中的化工废水主要来自蒸馏发酵成熟醪后排出的酒精糟，生产设备的洗涤水，冲洗水以及蒸煮、糖化、发酵、蒸馏工艺的冷却水等。请你对酒精生产过程中产生的化工废水进行分析，归纳出其特点，并为其选择合适的废水处理方法。

相关知识

一、水体污染控制的基本途径

随着工业的发展，化工废水量日益增大，含污染物多而复杂，在这种情况下，仅采取对化工废水进行处理的措施，不仅耗资大、耗能多，而且难以控制污染，不能从根本上解决污染问题，在生产过程中人们更应该注意从源头控制，即减少化工废水及其污染物的产生量和排放量。

1. 减少化工废水及其污染物的产生量

（1）改革生产工艺

改革生产工艺，实行清洁生产，尽量不用或少用易产生污染的原料及生产工艺。如采用无水印染工艺，即干法印染工艺代替有水印染工艺，可消除印染废水的排放；采用无毒工艺，用酶法制革代替碱法制革，便可避免产生危害大的碱性废水，而酶法制革废水稍加处理可成为灌溉农田的肥料；采用无氰电镀工艺，在生产过程中用非氰化物电解液代替氰化物电镀工艺，可使化工废水中不含有毒的氰化物。

（2）改进生产设备

改进生产设备，健全生产管理制度，减少人为的污染产生量。一些工厂往往由于生产程序不合理、生产设备老化和管理制度不健全，人为地造成了许多化工废水问题，更新、改进生产设备有利于减少化工废水的产生量。

2. 减少化工废水及其污染物的排放量

（1）提高水的重复利用率

我国在工业用水方面，重复利用率较低，一般为30%～40%，大量宝贵的水用过一次以后，就排放到江河里，造成水污染。加强水的重复利用、循环回用和闭路循环等技术措施，可提高水的重复利用率，使化工废水排放量减至最少。

（2）回收有用物质

化工废水中的污染物，都是在生产过程中进入水中的原料，如果能将这些流失至化工废水中的原料和成品与水分离，就地回收，不仅可以降低成品的成本，又可变废为宝，化害为利，大大减少污染物的排放量，使化工废水中污染物的浓度降低，以减轻化工废水处理的负担。如造纸厂用水量大，所排化工废水中含有大量有机物和某些化学药品，是一项重要的污染源，但如将纸浆废液加以回收，可收回碱，重复利用；从漂白液中回收氯化钠；从黑液中提取碱木素、二甲基亚砜、妥尔油、松节油等副产物，则可使污染源变为生产源。

二、化工废水处理方法的分类

化工废水中的污染物是多种多样的，所以往往不可能用一种处理单元就能够把所有的污染物去除干净。一般一种化工废水往往需要通过由几种方法和几个处理单元组成的处理系统处理后，才能够达到排放要求。

1. 按作用原理划分

针对不同污染物的特征，发展了各种不同的化工废水处理方法，这些处理方法按其作用原理划分为四大类，即物理处理法、化学处理法、物理化学法和生物处理法。

（1）物理处理法

通过物理作用，以分离、回收化工废水中不溶解的呈悬浮状态污染物（包括油膜和油珠）的化工废水处理法。根据物理作用的不同，又可分为重力分离法、离心分离法和筛滤截留法等。

与其他方法相比，物理处理法具有设备简单、成本低、管理方便、效果稳定等优点，主要用于去除化工废水中的漂浮物、悬浮固体、砂和油类等物质。

（2）化学处理法

化学处理法是化工废水处理的基本方法之一，它是利用化学作用来处理化工废水中的溶解物质或胶体物质，可用来去除化工废水中的金属离子、细小的胶体有机物、无机物、植物营养素（氮、磷）、乳化油、色度、臭味、酸、碱等，对于化工废水的深度处理有着重要作用。

化学法包括中和法、混凝法、氧化还原、电化学等。

（3）物理化学法

化工废水经过物理方法处理后，仍会含有某些细小的悬浮物以及溶解的有机物。为了进一步去除残存在水中的污染物，可以采用物理化学方法进行处理。

常用的物理化学方法包括吸附、浮选、电渗析、反渗透、超过滤等。

（4）生物处理法

1）好氧生物法。利用好氧生物的作用净化污水的方法，称为好氧生物法。主要用于处理城市污水和有机污水。

2）厌氧生化法。利用厌氧生物的作用净化污水的方法，称为厌氧生物法。主要用于处理高浓度有机污水。

2. 按处理程度划分

按处理程度划分，现代废水处理技术可分为一级处理、二级处理和三级处理。

（1）一级处理

去除化工废水中的漂浮物和部分悬浮物状态的污染物，调节化工废水 pH 值、减轻化工废水的腐化程度和后续处理工艺负荷的处理方法。

污水经一级处理后，一般达不到排放标准，必要时再进行三级处理。一级处理常用的方法包括筛滤法、沉淀法、上浮法、预曝气法等。

（2）二级处理

二级处理是化工废水通过一级处理后，再加以处理，用以除去化工废水中大量有机污染物，使化工废水进一步净化的工艺过程。

二级处理的主要方法包括活性污泥法、生物膜法等。

（3）三级处理

三级处理又称深度处理，进一步去除二级处理未能去除的污染物，其中包括微生物未能降解的有机物或磷、氮等可溶性无机物。

完善的三级处理由除磷、除氮、除有机物（主要是难以降解的有机物）、除病毒和病原菌、除悬浮物和矿物质等单元过程组成。

三级处理的主要方法包括生物脱氮除磷法、混凝沉淀法、砂滤法、活性炭吸附法、离子交换法和电渗析法等。

三、化工废水处理技术

1. 沉淀法

化工废水中除去悬浮固体的方法，一般常采用沉淀法。此法是利用固体与水两者相对密度差异的原理，使固体和液体分离。这是对化工废水预先进行净化处理的方法之一，被广泛

用作化工废水的预处理。例如，对化工废水进行生化处理之前，为保证生化处理顺利进行，先要从化工废水中除去砂粒固体颗粒杂质以及一部分有机物质，以减轻生化装置的处理负荷。因此，在生化处理前，化工废水先要通过沉淀池进行沉淀，设备在生化处理之前的沉淀池，称为初级沉淀池，或称为一次沉淀池。而在生化处理后的沉淀池，称为二次沉淀池，其目的是进一步去除残留的固体物质，包括生化处理后多余的活性污泥。

（1）沉淀法的分类

1）自然沉淀是依靠化工废水中固体颗粒的自身重量进行沉降。此法仅对较大颗粒，可以达到去除的目的，是物理方法。

2）混凝沉淀的基本原理是在废水中投入电解质作为混凝剂，使化工废水中的微小颗粒与混凝剂能结成较大的胶团，加速在水中的沉降，是化学方法。

（2）影响沉淀的因素

影响化工废水或污水悬浮颗粒沉降效率的主要因素有三个方面，即污水的流速、悬浮颗粒的沉降速度、沉淀池的尺寸。在一定的污水流速下，对一定大小的沉淀池，其沉降效率主要取决于颗粒的沉降速度。自由沉降颗粒的沉降速度，与颗粒的形状以及颗粒与流体间的相对运动情况有关。

2. 过滤法

化工废水中含有的微粒物质和胶状物质，可以采用机械过滤的方法加以去除。有时过滤方法作为化工废水处理的预处理方法，用以防止水中的微粒物质及胶状物质破坏水泵，堵塞管道及阀门等。另外，过滤法也常用在化工废水的最终处理，使滤出的水可以进行循环使用。

（1）格栅过滤

格栅一般斜置在进水泵站集水井的进口处。它本身的水流阻力并不大，只有几厘米，阻力主要产生于筛余物堵塞栅条。一般当格栅的水头损失达到 10～15 cm 时就该清洗。

格栅按形状，可分为平面格栅和曲面格栅两种。按格栅栅条的间隙，可分为粗格栅（50～100 mm）、中格栅（10～40 mm）、细格栅（3～10 mm）三种，新设计的废水处理厂一般都采用粗、中两道格栅，甚至采用粗、中、细三道格栅。

（2）筛网过滤

一些化工废水含有较细小的悬浮物，它们不能被格栅截留，也难以用沉淀法去除。为了去除这类污染物，工业上常用筛网。选择不同尺寸的筛网，能去除和回收不同类型和大小的悬浮物，如纤维、纸浆、藻类等，相当于一个初沉池的作用。筛网过滤装置很多，有振动筛网、水力筛网、转鼓式筛网、转盘式筛网、微滤机等。

（3）颗粒介质过滤

颗粒介质过滤适用于去除废水中的微粒物质和胶状物质，常用作离子交换和活性炭处理前的预处理，也能用作化工废水的三级处理。

颗粒介质过滤器可以是圆形池或方形池。颗粒介质过滤器无盖的称为敞开式过滤器，一般化工废水自上流入，清水由下流出。颗粒介质有盖而且密闭的，称为压力过滤器，化工废水用泵加压送入，以增加压力。

3. 气浮法（浮选法）

气浮法就是利用高度分散的微小气泡作为载体去黏附化工废水中的污染物，使其视密度小于水而上浮到水面，从而实现固液或液液分离的过程。

气浮法主要是根据表面张力的作用原理，当液体和空气相接触时，在接触面上的液体分子与液体内部分子的引力，使之趋向于被拉向液体的内部，引起液体表面收缩至最小，使得液珠总是呈圆球形存在。这种企图缩小表面面积的力，称为液体的表面张力，其单位为 N/m。如欲增大液体的表面积，就需对其做功，以克服分子间的引力。同样，在相界面上也存在界面张力。

气浮法的形式比较多，常用的浮选方法有加压气浮、曝气气浮、真空气浮、电解气浮及生物气浮等。

4. 中和法

在化工、炼油企业中，对于低浓度的含酸、含碱化工废水，在无回收及综合利用价值时，往往采用中和的方法进行处理。中和法也常用于化工废水的预处理，调整化工废水的 pH 值。

中和就是酸碱相互作用生成盐和水。对含酸、含碱废水质量分数在 4% 以下时，如果不能进行经济有效地回收、利用，则应经过中和，将化工废水的 pH 值调整到呈中性状态，才能够排放。而对含酸、含碱浓度高的化工废水，则必须考虑回收及开展综合利用的方法。

5. 化学沉淀法

向化工废水中投加某些化学物质，使它和化工废水中欲去除的污染物发生直接的化学反应，生成难溶于水的沉淀物从而使污染物分离除去的方法。但由于化学沉淀法普遍要加入大量的化学药剂，并以沉淀物的形式沉淀出来。这就决定了化学沉淀法处理后会存在大量的二次污染，如大量固体废物的产生，而这些固体废物的处理目前尚无较好的处理处置方法，所以对其在工程上的应用和以后的可持续发展都存在巨大的负面作用。

（1）原理

向化工废水中投加某种化学药剂，使其与水中某些溶解物质产生反应，生成难溶于水的盐类沉淀下来，从而降低水中这些溶解物质的含量，这种方法称为水处理的化学沉淀法。

水中难溶解盐类服从溶度积原则，即在一定温度下，在含有难溶盐的饱和溶液中，各种离子浓度的乘积为常数，也就是溶度积常数。为去除化工废水中的某种离子，可以向水中投加能生成难溶解盐类的另一种离子，并使两种离子的乘积大于该难溶解盐的溶度积，形成沉淀，从而降低化工废水中这种离子的含量。化工废水中某种离子能否采用化学沉淀法与化工废水分离，决定于能否找到合适的沉淀剂。

（2）应用

化学沉淀法经常用于处理含有汞、铅、铜、锌、六价铬、硫、氰、氟、砷等有毒化合物的化工废水。利用向化工废水中投加氢氧化物、硫化物、碳酸盐、卤化物等生成金属盐沉淀可以去除化工废水中的金属离子，向化工废水中投加钡盐可用于处理含六价铬的化工废水生成铬酸盐沉淀，向化工废水中投加石灰生成氟化钙沉淀可以去除水中的氟化物。

根据使用的沉淀剂不同，常见的化学沉淀法包括氢氧化物沉淀法、硫化物沉淀法、碳酸盐沉淀法、钡盐沉淀法、卤化物沉淀法等。

6. 氧化还原法

化工废水经过氧化还原处理，可使化工废水中所含的有机物质和无机物质转变成无毒或毒性不大的物质，从而达到化工废水处理的目的。一般用得比较多的氧化剂主要是 Cl_2、O_2 等。

（1）空气氧化法

空气氧化法是利用空气中的氧气氧化化工废水中的有机物和还原性物质的一种处理方法，空气因氧化能力比较弱，主要用于含还原性较强物质的化工废水处理，如炼油厂的含硫废水。

（2）氯氧化法

氯气是普遍使用的氧化剂，既用于给水消毒，又用于化工废水氧化，主要是起到消毒杀菌的作用。通常的含氯药剂有液氯、漂白粉、次氯酸钠、二氧化氯等。各药剂的氧化能力用有效氯含量表示。氧化价大于 -1 的那部分氯具有氧化能力，称为有效氯。作为比较基准，取液氯的有效氯含量为 100%。

（3）湿式氧化法

湿式氧化法是在较高温度和压力下，用空气中的氧气来氧化化工废水中溶解和悬浮的有机物和还原性无机物的一种方法，因氧化过程在液相中进行，故称为湿式氧化法。与一般方法相比，湿式氧化法具有适用范围广、处理效率高、二次污染低、氧化速度快、装置小、可回收能源和有用物料等优点。

7. 离子交换法

离子交换法是利用交换剂与溶液中的离子发生交换进行分离的方法，是一种固液分离方法。

天然的离子交换剂有黏土、沸石、淀粉、纤维素、蛋白质等，但实际应用中最主要的类别是离子交换树脂、离子交换膜等。离子交换树脂又分为酸性离子交换树脂、碱性离子交换树脂和中性离子交换树脂等。

离子交换的过程，就是交换剂中的离子与溶液中的离子实现总量上的等电荷互换，从而实现分离溶液中目标离子的效果。

离子交换法具有如下特点：分离效率高，既能实现相反电荷离子的分离，又能实现相近电荷离子的分离；应用范围广，可以用于分离、富集、纯化；使用方便，处理量大，多数可再生利用；操作比较麻烦，周期长。

最早的离子交换法应用是从工业锅炉用水的处理开始的，水中所含的钙、镁离子会使锅炉结垢，导致锅炉效率降低，久之还有爆炸风险，人们先后采用天然泡沸石、磺化、煤、离子交换树脂等解决了这一问题，也带动了离子交换法在其他水处理领域，尤其是饮用水处理领域的应用。

8. 膜分离技术

膜分离技术是利用半渗透膜进行分子过滤来处理化工废水的一种新的方法，所以又称为反渗透。这种方法是利用“半渗透膜”的性质进行分离作用。这种膜可以使水通过，但不能使水中悬浮物及溶质通过，所以这种膜称为半渗透膜。利用它可以除去水中的溶解固体、大部分溶解性有机物和胶状物质。近年来该技术开始得到人们的重视，应用范围也在不断扩大。

【知识拓展】

广州某混凝土有限公司的废水处理及利用方案

污水排放要求有以下几个方面。

1. 生产废水要求

零排放、必须全部回收使用、雨污必须分流。

2. 雨水系统要求

单独设立雨水管网、可排入市政雨水管网、设立雨水收集池。

3. 生活污水要求

设立三级化粪池、领取排污许可证、可排入市政污水管网。

污水处理方法有以下几种。

1. 污水处理工艺流程图如图 10-2 所示。

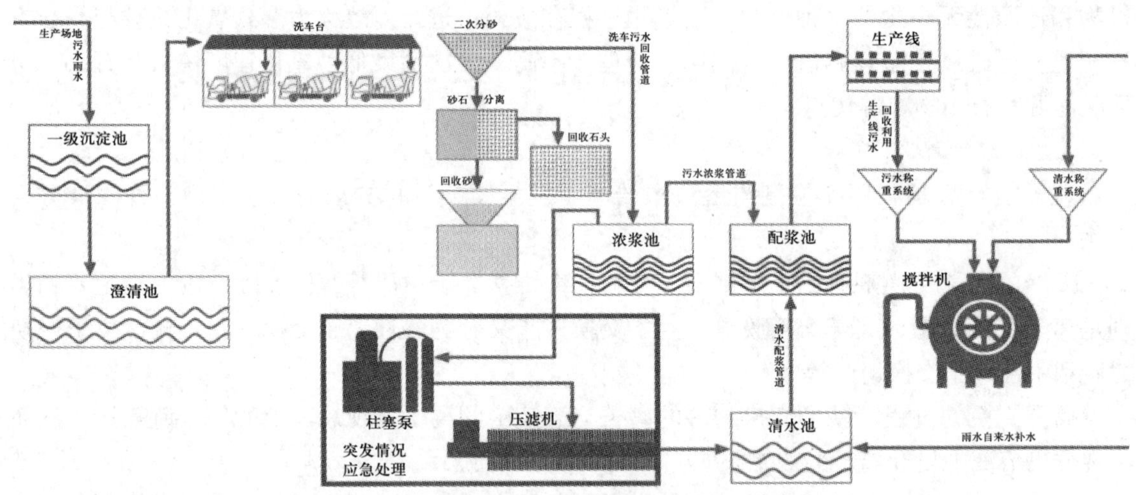

图 10-2　污水处理工艺流程图

2. 生产废水、废浆处置系统包括排水沟系统、多级沉淀池系统和管理系统，如图 10-3 所示。

3. 处理的生产废水利用于冲洗运输车和地面降尘，如图 10-4 所示。

图 10－3　生产废水、废浆处置系统

(a) 冲洗运输车

(b) 地面降尘

图 10－4　利用冲洗运输车和地面降尘

思考与练习

一、填空题

1. 化工废水处理方法按作用原理可分为________、________、________和________四大类。

2. 化工废水处理方法按处理程度可分为________、________和________。

3. 化工废水中除去悬浮固体的方法，一般常采用________。此法是利用固体与水两者相对________的原理，使固体和液体分离。

二、简答题

1. 化工废水的处理方法如何分类？
2. 什么是化学沉淀法？其原理是什么？
3. 水体污染控制的基本途径有哪些？
4. 化工废水处理主要有哪些方法？各有什么特点？

项目十一

化工固体废物的处理与利用

随着工业生产的发展，化工固体废物数量日益增加。一些化工固体废物未经处理直接排放，严重污染了周围的环境。因此，防治化工固体废物的污染，开展化工固体废物综合开发利用、变废物为资源，对于减轻化工固体废物对周围环境和人体健康的影响和危害有着非常重要的作用。

任务一　化工固体废物的危害

学习目标

1. 了解化工固体废物的来源及分类。
2. 掌握化工固体废物的特点。
3. 熟悉化工固体废物的危害。
4. 增强环保意识和保护环境的理念。
5. 增强学生绿色生产及循环经济的理念。

任务引入

你是某化工企业的工作人员之一，现接到任务需对本厂的化工固体废物污染情况进行自查与整改，工作场地是化工企业，工作对象是化工固体废物，在自查与整改之前你需对化工固体废物的相关知识进行学习。

任务分析

化工固体废物能够通过水体、大气等方面污染环境，影响人体健康，对化工固体废物污染进行排查并选择合适的处置原则是每一个化工生产单位的重要工作之一，作为从业人员，需要对化工固体废物的来源、分类、特点及其危害有清晰的认知，并应用于工作实际中。

相关知识

一、化工固体废物的来源及分类

固体废物是指在生产、生活和其他活动中产生的丧失原有利用价值或者虽未丧失利用价值但被抛弃或者放弃的固态、半固态和置于容器中的气态的物品、物质以及法律、行政法规规定纳入固体废物管理的物品、物质。

1. 化工固体废物的来源

化工固体废物是指人类在生产、生活以及其他活动中产生的，在特定的时间和地点无法利用（不再具有原始使用价值的）而被丢弃的固态和半固态（泥状态）废弃物。具有较大危害的、不能排入水体的液体废物和不能排入大气而置于密闭容器中的气态废物也归入化工固体废物。

化工固体废物来源包括化工生产过程中进行化合、分解、合成等化学反应产生的不合格产品（含中间产品）、副产物、失效催化剂、废添加剂、未反应的原料及原料中夹带的杂质等，这些是直接从反应装置排出的，或在产品精制、分离、洗涤时由相应装置排出的工艺废物；还包括大气污染控制设施排出的粉尘，废水处理产生的污泥，设备检修和事故泄漏产生的固体废物，以及报废的旧设备、化学品容器和工业垃圾等。

2. 化工固体废物的分类

化工固体废物一般可分为工业化工固体废物、矿业化工固体废物、农业固体废物、城市固体废物、放射性及有害化工固体废物。化工固体废物的来源和分类见表 11－1。

表 11－1　化工固体废物的来源和分类

类别	来源	主要组成
工业	矿山开采、选矿	废石、尾矿、金属、废木、砖瓦等
	能源、煤炭	煤、炭、粉煤灰、炉渣、金属等
	黑色冶金	金属、矿渣、橡胶、塑料、陶瓷等
	石油化工	催化剂、化学试剂、橡胶、塑料、涂料、沥青等
	有色金属	化学试剂、固体废物、金属、烟道灰、炉渣等
	交通运输、机械	涂料、木材、橡胶、塑料、陶瓷、金属等
	轻工	木材、化学试剂、橡胶、塑料、纸类等
	建筑	瓦、陶瓷、石棉、石膏、涂料、木材等
	电器仪表	绝缘材料、玻璃、陶瓷、金属、塑料、化学试剂等

续表

类别	来源	主要组成
工业	军工	含放射性固体废物、一般危险废物、化学药物、含放射性防护用品等
生活	居民生活	煤炭渣、塑料、家用电器、陶瓷、杂物等
	各事业单位	金属管道、烟道灰、玻璃、橡胶、办公杂品等
	机关、商业	废汽车、轮胎、电器、办公杂品等
其他	农林	塑料、农药、污泥等
	水产	水产加工污泥、塑料、添加剂等

二、化工固体废物的特点及危害

1. 化工固体废物的特点

（1）产生量大

化工固体废物的产生量大，一般每生产 1 t 化工产品会产生 1～3 t 固体废物，有的产品甚至可达 8～12 t。

（2）种类多、危害大

化工固体废物中有相当一部分具有急性毒性、反应性、腐蚀性等特点，而且化工固体废物中有毒物质含量高对人体健康和环境会构成较大危害。

（3）再生资源化潜力大

化工固体废物中有相当一部分是反应原料和反应副产物，如硫铁矿烧渣、废胶片、废催化剂等，通过加工就可将有价值的物质从化工固体废物中回收利用，能取得较好的经济和环境双重效益。也就是说，废与不废是相对的，与时间、地点与技术水平和经济条件有关，只是相对于某一过程或某一方面没有利用价值。

2. 化工固体废物的危害

化工固体废物可以造成土壤、水域和空气的污染，而其中的有毒、有害物质可以对人类造成极大的危害。其主要污染途径有两个方面，一方面是化工固体废物所含化学成分能形成化学物质型污染，另一方面是人畜粪便和生活垃圾形成各种病原微生物的滋生地和繁殖场，能形成病原体型污染。化工固体废物的危害具体有以下几个方面。

（1）侵占土地

化工固体废物不加利用时需占地堆放，堆积量越大，占地越多。据估算，每堆积 1 万 t，约需占地 1 亩。我国仅煤矸石存积量就占用了大量土地，我国每年生产 1 亿 t 煤炭，排放煤矸石 1 400 万 t 左右，全国国有煤矿现有煤矸石山 1 500 余座，堆积量 30 亿 t 以上，占中国化工固体废物排放总量的 40% 以上。

（2）污染土壤

化工固体废物及其渗滤液中所含有害物质会改变土壤的性质和结构，对农作物、植物生长产生不利影响。

（3）污染水体

化工固体废物弃置于水体，将使水质直接受到污染，严重危害生物的生存条件和水资源的利用。此外，堆积的化工固体废物经过雨水的浸渍和废物本身的分解，其渗滤液和有害化学物质的迁移和转化，将对河流及地下水系造成污染。

（4）污染大气

化工固体废物在堆存和处理处置过程中会产生有害气体，若不加以妥善处理，将对大气环境造成不同程度的影响，露天堆放的化工固体废物会因有机成分的分解产生有味的气体，形成恶臭；化工固体废物在焚烧过程中会产生粉尘、酸性气体和二噁英等污染大气；垃圾在填埋处置后会产生甲烷、硫化氢等有害气体等。化工固体废物污染的危害如图 11－1 所示。

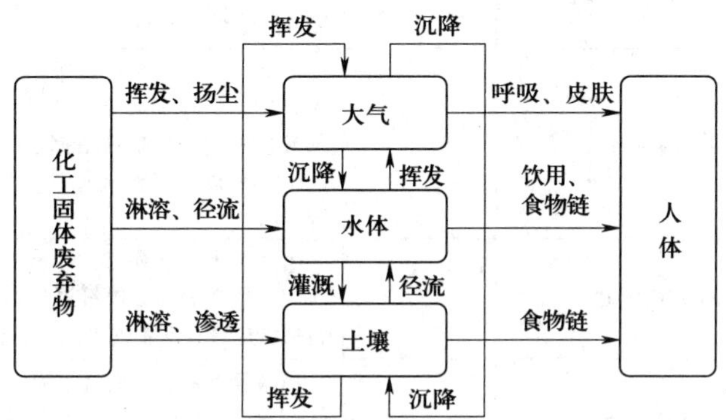

图 11－1　化工固体废物污染的危害

【知识拓展】

一般固体废物的分类（见表 11－2）。

表 11－2　一般固体废物的分类

来源	类别	类别代码	说明
废弃资源	废旧纺织品	01	指从纺织品原材料生产、加工和使用中产生的废物
	废皮革制品	02	指从皮革鞣制、皮革加工和使用中产生的废物
	废木制品	03	指森林或园林采伐废弃物、木材加工废弃物及育林剪枝废弃物
	废纸	04	指从造纸、纸制品加工和使用中产生的废物
	废橡胶制品	05	指从橡胶生产、加工和使用中产生的废物，包括废橡胶轮胎及其碎片
	废塑料制品	06	指从塑料生产、加工和使用中产生的废物
	废复合包装	07	指生产、生活中产生的含纸、塑料、金属等材料的报废复合包装物
	废玻璃	08	指从玻璃生产、加工和使用中产生的废物及废弃制品
	废钢铁	09	指铁等黑色金属及其合金在生产、加工和使用时产生的废料和使用过程中产生的废物

续表

来源	类别	类别代码	说明
废弃资源	废有色金属	10	指各种有色金属及其合金在生产、加工和使用时产生的废料和使用过程中产生的废物
	废机械产品	11	指生产、生活中产生的报废机械设备
	废交通运输设备	12	指生产、生活中产生的报废车辆、飞机、船舶等交通运输设备
	废电池	13	指生产生活中产生的报废电池，不包括已确定为危险废物的废铅蓄电池、废镉镍电池、废氧化汞电池
	废电器电子产品	14	指生产、生活中产生的废弃电子产品、电气设备及其废弃零部件、元器件
采矿业产生的一般固体废物	煤矸石	21	指采煤过程和洗煤过程中排放的固体废物，是一种在成煤过程中与煤层伴生的一种含碳量较低、比煤坚硬的黑灰色岩石。包括巷道掘进过程中的掘进矸石、采掘过程中从顶板、底板及夹层里采出的矸石以及洗煤过程中挑出的洗矸石
	其他尾矿	29	指选矿中分选作业产生的有用目标组分含量较低而无法用于生产的部分矿石和破碎分选过程产生的固体废物，包括洗煤过程产生的煤泥，不包括表中已提到的煤矸石
食品、饮料等行业产生的一般固体废物	植物残渣	31	指植物在种植、加工、使用过程产生的剩余残物，包括植物饲料残渣，不包括表中已提到的林木废物、粮食及食品加工废物
	动物残渣	32	指动物原材料（如猪肉、鱼肉等）加工、使用过程产生的剩余残物
	禽畜粪肥	33	指养殖等过程产生的动物粪便、尿液和相应污水
	粮食及食品加工废物	34	指粮食在食品加工过程中产生的废物
	其他食品加工废物	39	指食品、饮料、烟草等行业生产过程中产生的其他废物，不包括表中已提到的植物残渣、动物残渣、禽畜粪肥和粮食及食品加工废物
轻工、化工医药、建材行业产生的一般固体废物	硼泥	41	指生产硼酸、硼砂等产品产生的固体废物，为灰白色、黄白色粉状固体，呈碱性，含氧化硼和氧化镁等组分
	盐泥	42	指制碱生产中以食盐为主要原料用电解方法制取氯、氢、烧碱过程中排出的废渣和泥浆，主要含有镁、铁、铝、钙等的硅酸盐和碳酸盐
	磷石膏	43	指生产磷酸过程中用硫酸处理磷矿时产生的固体废物
	含钙废物	44	指工业生产中产生的电石渣、废石、造纸白泥、氧化钙等废物，不包括磷石膏、脱硫石膏
	中药残渣	45	指从中药生产中生产的植物残渣
	矿物型废物	46	指废陶瓷、铸造型砂、金刚砂等无机矿物型废物，不包括表中已提到的废玻璃
	其他轻工化工废物	49	指轻工、化工、医药、建材等行业生产过程产生的其他废物，不包括表中已提到的硼泥、盐泥、磷石膏、含钙废物、中药残渣、矿物型废物

续表

来源	类别	类别代码	说明
钢铁、有色金等行业产生的一般固体废物	高炉渣	51	指在高炉炼铁过程中由矿石中的脉石、燃料中的灰分和溶剂（一般是石灰石）形成的固体废物，包括炼铁和化铁冲天炉产生的固体废物
	钢渣	52	指在炼钢过程中排出的固体废物，包括转炉渣，平炉渣、电炉渣
	赤泥	53	指生产氧化铝过程中产生的含氧化铝、二氧化硅、氧化铁等的废物，一般因含有大量氧化铁而呈红色
	金属氧化物废物	54	指生产中产生的主要含铁、镁、铝等金属氧化物的废物，包括铁泥，不包括表中已提到的硼泥、赤泥
	其他冶炼废物	59	指金属冶炼（干法和湿法）过程中产生的其他废物，不包括表中已提到的高炉渣、钢渣、赤泥和含金属氧化物的废物
非特定行业生产过程中产生的一般固体废物	无机废水污泥	61	指含无机污染物废水经处理后产生的污泥
	有机废水污泥	62	指含有机污染物废水经处理后产生的污泥，包括城市污水处理厂的生化活性污泥，渔业养殖产生的污泥等，不包括表中已提到的禽畜粪便
	粉煤灰	63	指从煤燃烧后的烟气中收捕下来的细灰，是燃煤发电过程特别是燃煤电厂排出的主要固体废物
	锅炉渣	64	指工业和民用锅炉及其他设备燃烧煤或其他燃料所排出的固体废物（灰），包括煤渣、稻壳灰等
	脱硫石膏	65	指废气脱硫过程中产生的以石膏为主要成分的废物
	工业粉尘	66	指各种除尘设施收集的工业粉尘，不包括粉煤灰
	其他废物	69	不能与本表中上述各类对应的其他废物

思考与练习

一、填空题

1. 化工固体废物一般可分为____________、____________、农业固体废物、城市固体废物、________________。

2. 化工固体废物中有相当一部分是________和________，如硫铁矿烧渣、废胶片、废催化剂等，通过加工就可将有价值的物质从废物中回收利用，能取得较好的经济和环境双重效益。

二、简答题

1. 什么是化工固体废物？
2. 化工固体废物的来源及特点是什么？
3. 简述化工固体废物的主要危害及其污染途径。

任务二　化工固体废物的综合利用

学习目标

1. 熟悉化工固体废物的处理原则及处理技术。
2. 了解固体废物的综合利用。
3. 能根据化学固废的特点选择合适的处理方法。
4. 通过任务学习培养学生的分析归纳力。

任务引入

近年来，国家相继发布《国家工业固体废物资源化综合利用产品目录》，关于化工固体废物再利用的相关规定和法律已逐步健全，然而，我国作为世界上最大的发展中国家，经济建设仍处于重要地位。在冶金、化工产业促进我国快速发展的同时，产生的大量化工固体废物也对我国环境带来了危害。化工固体废物主要包括尾矿、矿渣、粉煤灰等。各类化工固体废物大量堆积，不仅占用土地资源，其中的有害成分还会侵蚀、污染环境。但堆积的化工固体废物中往往含有大量可利用元素，直接丢弃会造成极大的资源浪费。如何对废塑料、煤矸石、粉煤灰等化工固体废物进行综合利用，是实现生态环境良性循环的必由之路，也是我们每一个化工环保行业从业人员共同的责任与使命。

任务分析

我国生态环境保护工作正在如火如荼地开展，为了全面贯彻环境保护要求，应该重视化工固体废物处理工作，借助资源化技术和综合利用技术对化工固体废物实施科学高效处理，充分认识到化工固体废物资源处理和综合利用的意义，真正实现资源科学合理的运用。请你对化工固体废物处理进行分析，归纳出其特点，并为其选择合适的固体废物处理方法。

相关知识

一、化工固体废物的处理原则

自 2020 年 9 月 1 日起施行的《中华人民共和国固体废物污染环境防治法》总则中要求，固体废物污染环境防治坚持减量化、资源化和无害化的原则。任何单位和个人都应当采取措施，减少固体废物的产生量，促进固体废物的综合利用，降低固体废物的危害性。

1. 无害化

基本任务：将化工固体废物通过工程处理，达到不损害人体健康，不污染周围的自然环境（包括原生环境与次生环境）。

处理工程：垃圾的焚烧、卫生填埋、堆肥、粪便的厌氧发酵、有害废物的热处理和解毒处理等。

2. 减量化

基本任务：通过适宜的手段减少和减小化工固体废物的数量和容积。

实现战略：一方面对化工固体废物进行处理利用，另一方面减少化工固体废物的产生。

3. 资源化

基本任务：采取工艺措施从化工固体废物中回收有用的化工固体废物。

具体要求：技术可行、经济效益好且经资源化回收的产品应当符合国家相应产品的质量标准。

二、化工固体废物的处理技术

化工固体废物的处理技术包括压实、破碎、分选、堆肥、焚烧、热解和土地填埋等，其中堆肥、焚烧、热解等方法属于资源化处理法，卫生土地填埋属于非资源化处理法，但其经济成本低。

1. 压实

压实是利用机械的方法增加化工固体废物的聚集程度，增大容重和减小体积，便于装卸、运输、储存和填埋。其原理主要是减小空隙率，将空气压掉。目的在于将体积减小、容重增大，便于装卸、运输，降低运输成本，制作高密度惰性块料，以便于储存、填埋或作建筑材料。压实的处理对象主要是压缩性能大而复原性小的物质，液态废物不宜作压缩处理。

2. 破碎

破碎是用外力克服化工固体废物质点间的内聚力，使大块化工固体废物分裂成小块的过程。先通过破碎将大块化工固体废物破碎成小块，再通过磨碎使小块化工固体废物颗粒分裂成细粉的过程。

破碎的方法一般有机械能破碎和非机械能破碎，其中机械能破碎是利用破碎工具对化工固体废物施力破碎，而非机械能破碎是利用电、热能等将化工固体废物破碎。

破碎的目的主要有以下五个方面：

（1）便于压缩、运输、储存和高密度填埋；

（2）可提高焚烧、热解、熔烧及压缩等处理过程的稳定性和处理效率；

（3）便于分选、拣选回收有价物质和材料；

（4）避免粗大、锋利的废物损坏分选、焚烧、热解等设备或炉腔；

（5）为化工固体废物的下一步加工和资源化做准备。

3. 分选

分选是实现化工固体废物资源化、减量化的重要手段。其目的在于将有用的可回收成分分选出来加以利用，将不利于后续处理处置工艺要求的成分分离出来。

基本原理是根据粒径、密度、磁性、带电性、摩擦性、弹性、表面湿润性等物理或物理化学性质的不同进行分选。分选的类型有筛选、重力分选、磁力分选、电力分选、光电分选、摩擦分选、弹性分选、浮选等。

4. 焚烧

焚烧是一种高温热处理技术，即以一定的过剩空气量与被处理的有机废物在焚烧炉内进行氧化燃烧反应，有机废物中的有害、有毒物质在高温下氧化、热解而被破坏，是可同时实现有机废物无害化、减量化、资源化的处理技术。

主要目的是尽可能焚毁有机废物，使被焚烧的物质变为无害和最大限度地减容，并尽量减少新的污染物产生，避免造成二次污染。

焚烧不但可以处理化工固体废物，还可以处理液体废物和气体废物；不但可以处理城市垃圾和一般工业废物，而且可以用于处理危险废物。危险废物中的有机固态、液态和气态废物，常用焚烧来处理。

5. 热解

热解在工业上也称为干馏，在无氧或缺氧条件下，使固体物料中有机固体成分在高温下分解，最终转化为可燃气（油）、固形碳的热化学过程。其能源回收性好，环境污染小，这也是热解处理技术最优越、最有意义之处。

热解和焚烧有本质上的不同，主要体现在以下几个方面。

（1）焚烧需要充分供氧，物料完全燃烧，而热解无须供氧（少量的氧），物料不燃烧或部分燃烧。

（2）焚烧是放热反应，而热解是吸热反应。

（3）焚烧可产生大量的废气，处理难度大，环保问题严重，热解产生可燃低分子化合物、可燃气、油等。

（4）焚烧是一种直接利用法（生产蒸汽和发电），而热解是一种间接回收利用法，即把固体废物能转变为可以储存和输送的燃料形式。

6. 土地填埋

土地填埋是一种最主要的化工固体废物最终处置方法，是由传统的倾倒、堆放和填埋处置发展起来的。按照处置对象和技术要求上的差异，可分为卫生土地填埋和安全土地填埋。其中卫生土地填埋适于处置城市垃圾，安全土地填埋适于处置工业化工固体废物（有害废物），也称安全化学土地填埋。

三、典型化工固体废物的综合利用

1. 废塑料的综合利用

（1）废塑料的来源

塑料是指以树脂（或在加工过程中用单体直接聚合）为主要成分，以增塑剂、填充剂、润滑剂、着色剂等添加剂为辅助成分，在加工过程中能流动成型的材料。

废塑料则是在民用、工业等用途中，使用过且最终淘汰或替换下来的塑料的统称，废塑料来源广，使用情况复杂，必须经过处理才能回收再用。

废塑料来源包括以下几种：

1）化学工业中使用过的袋、桶等；

2）纺织工业中的容器、非人造纤维等；

3）家电行业中的包装材料、泡沫防震垫等；

4）建筑行业中的建材、管材等；

5）灌装工业中的收缩膜、拉伸膜等；

6）食品加工业中的周转箱、蛋托等；

7）农业中的地膜、大棚膜、化肥袋等；

8）渔业中的渔网、浮球等；

9）报废车辆上拆卸下来的保险杠、燃油箱、蓄电池箱等；

10）生活消费后的废塑料等。

（2）废塑料的种类及特性

按再利用途径的不同可分为再生塑料、再加工塑料、可回收塑料、可重复使用塑料、可回收再利用塑料、不可回收再利用塑料。

1）再生塑料：经工厂模塑、挤塑等预先加工后，用边角料或不合格模制品在二次加工厂再加工制备的热塑性塑料。

2）再加工塑料：由非原加工者，用废弃的工业塑料制备的热塑性塑料。

3）回收塑料：由经清洗和粉碎的废弃制品制得的塑料。

4）可重复使用塑料：成型后制品可以多次重复使用，且性质满足相关规定的要求的塑料。

5）可回收再利用塑料：废弃后，允许被回收，并经过一定处理后，可再加工利用的一类塑料。

6）不可回收再利用塑料：废弃后，不允许被回收再加工利用的一类塑料。

按特性的不同可分为热塑性塑料和热固性塑料。

1）热塑性塑料：在特定温度范围内能反复加热软化和冷却硬化的塑料。

常见的热塑性材料有聚氯乙烯、聚乙烯、聚丙烯、聚苯乙烯、乙烯—乙酸乙烯酯共聚物、聚酯、丙烯腈—丁二烯—苯乙烯共聚物、聚碳酸酯、聚酰胺、聚甲醛、聚甲基丙烯酸甲酯。

2）热固性塑料：树脂在加热过程中发生化学反应，由线型高分子变成体型高分子结构，此后遇热不再熔融，也不溶于有机溶剂。常见的热固性塑料有酚醛树脂、环氧树脂、聚氨酯。

（3）废塑料的处理方式

根据我国现有的技术综合考虑可将废塑料的处理方式分为两种，即熔融再生和热解技术。废塑料的处理如图 11-2 所示。

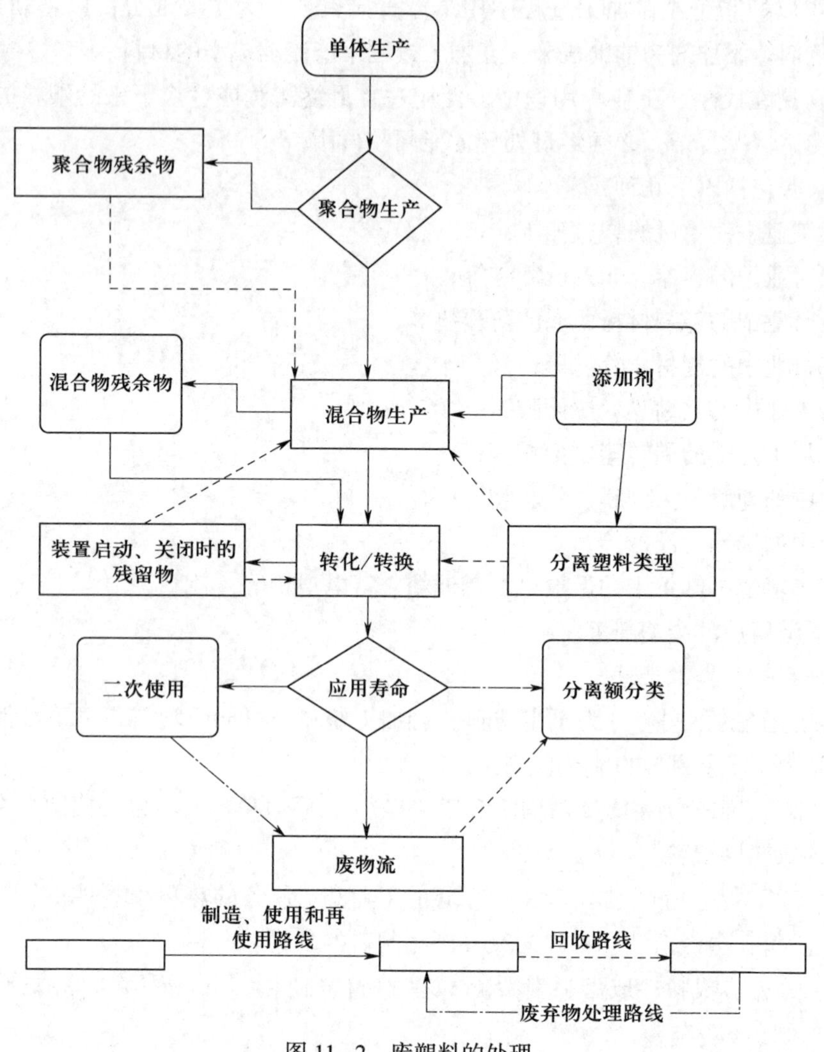

图 11-2　废塑料的处理

1）熔融再生，该技术是将废塑料加热熔融后重新塑化，根据原料性质，可分为简单再生和复合再生两种。简单再生回收对象主要是树脂生产厂和塑料制品厂生产过程中产生的边角废料，也可以包括那些易于清洗、挑选的一次性使用废弃品，如聚酯软饮料瓶、食品包装袋等。复合再生塑料的性质不稳定，易变脆，故常被用来制备较低档次的产品，如建筑填料、垃圾袋，微孔凉鞋、雨衣及器械的包装材料等。

2）热分解技术，该技术是通过加热等手段促进塑料高分子化合物的分子链发生断裂，使之变成低分子化合物、燃烧气或油类物质，随后对这些转化物进行有效利用的一项技术。热分解技术可以分为熔融液槽法、流化床法、螺旋加热挤压法、管式加热法等。熔融液槽热分解法工艺流程图如图 11－3 所示，将经过破碎、干燥的废塑料加入熔融液槽中，进行加热熔化使其进入分解。

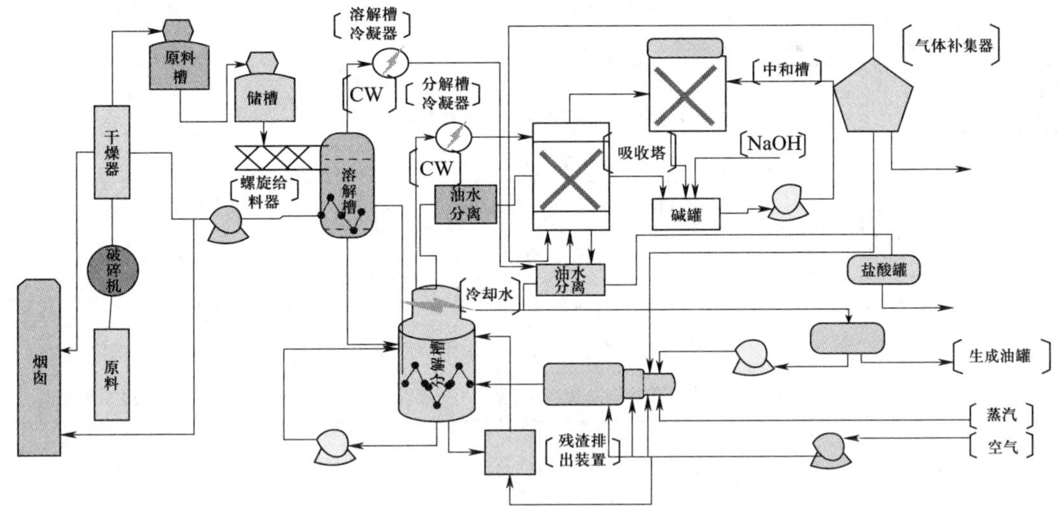

图 11－3　熔融液槽热分解法工艺流程图

（4）废塑料燃烧热的回收利用

废塑料燃烧热回收的关键问题，一是焚烧技术，因塑料的热值较高以及废塑料种类不同，对焚烧炉的设计有一定的要求；二是燃烧废气的处理，由于环境保护的要求，对排出的废气要求无公害，所以必须处理。

现在流行的燃烧废塑料的方式有以下三种：

1）使用专用焚烧炉焚烧废塑料回收利用能量法；

2）作为补充燃料与生产蒸气的其他燃料掺用法；

3）通过氢化物作用或无氧分解转化成可燃气体或可燃物再生热法。

2. 煤矸石的资源化技术

煤矸石是采煤过程和洗煤过程中排放的化工固体废物，是一种在成煤过程中与煤层伴生的一种含碳量较低、比煤坚硬的黑灰色岩石，包括巷道掘进过程中的掘进矸石、采掘过程中从顶板、底板及夹层里采出的矸石以及洗煤过程中挑出的洗矸石。煤矸石属劣质燃料，其发热量低（4.2～12.6 MJ/kg），碳质量分数低（20%～30%），硬度大，矿物含量高，有机质含量低。

煤矸石是我国排放量最大的化工固体废物之一，每年排放量约为 1.5 亿 t，目前堆积量在 30 亿 t 以上。煤矸石是多种矿岩组成的混合物，属沉积岩。主要岩石种类有黏土岩类、砂岩类、碳酸盐类和铝质岩类等。煤矸石的化学成分见表 11－3，表中所列的化学成分是煤矸石煅烧后灰渣的成分。

表 11－3　　煤矸石的化学成分　　单位：%

SiO_2	Al_2O_3	CaO	MgO	Fe_2O_3	R_2O	烧失量
40～50	15～35	1～7	1～4	2～9	1～2.5	2～17

我国煤矸石的发热量多在 6 300 kJ/kg 以下，其中 3 300～6 300 kJ/kg、1 300～ 3 300 kJ/kg 和低于 1 300 kJ/kg 的各占 30%，高于 6 300 kJ/kg 的仅占 10%，各地煤矸石的热值差别很大，其合理利用途径与其热值高低有关，见表 11－4。

表 11－4　　不同热值煤矸石的合理利用途径

热值 /（kJ/kg）	合理用途	说明
＜2 095	回填、筑路、造地、制集料	制集料以砂岩类未燃矸石为宜
2 095～4 190	烧内燃砖	CaO 质量分数＜5%
4 190～6 285	烧石灰	渣可作集料和水泥混合材料
6 285～8 380	烧混合材、制集料、代煤、节煤烧水泥	用小型沸腾炉供热产汽
8 380～10 475	烧混合材、制集料、代煤、烧水泥	用大型沸腾炉供发电

（1）煤矸石作锅炉燃料和发电

煤矸石发电以循环流化床锅炉为主要炉型。加入石灰石或白云石等脱硫剂，可降低烟气中硫氧化物和氮氧化物的产生量。燃烧后的灰渣具有较好的活性；是生产建材的良好材料。我国推广适合燃烧煤矸石的 75 t/h 及以上循环流化床锅炉，实行热电联产联供，取得较好的效果。许多煤矿建设了煤矸石电厂，既处理了煤矸石，又节约了能源。

煤矸石应用于循环流化床锅炉，可大大地节约燃料和降低成本。但是，由于循环流化床锅炉要求将煤矸石破碎至 8 mm 以下，故燃料的破碎量大；此外煤灰渣量大，沸腾层埋管磨损较重，耗电量亦较大。

（2）煤矸石生产建筑材料

目前技术成熟、利用量比较大的煤矸石资源化途径是生产建筑材料。

1）煤矸石制砖包括用煤矸石生产烧结砖和作烧砖内燃料；煤矸石砖生产以烧结砖为主，煤矸石为主要原料，一般占坯料质量分数的 80% 以上，有的全部以煤矸石为原料，有的掺少量黏土。煤矸石经破碎、粉磨、搅拌、压制成型、干燥、焙烧，制成煤矸石砖，焙烧时基本上无须外加燃料。

以煤矸石作烧砖内燃料制砖生产工艺与用煤作内燃料基本相同，仅需增加煤矸石粉碎工序。

2）适宜烧制轻集料的煤矸石主要是炭质页岩和选矿厂排出的洗矸，煤矸石的含碳量不要过大，以低于 13%（质量分数）为宜，有成球法与非成球法两种烧制方法。

成球法是首先将煤矸石破碎、粉磨后制成球状颗粒，然后焙烧。将球状颗粒送入回转窑预热后进入脱碳段，料球内的碳开始燃烧，继而进入膨胀段，此后经冷却、筛分出厂，其松散容重一般在 1 000 kg/m^3 左右。

非成球法是把煤矸石破碎到一定粒径直接焙烧。将煤矸石破碎到 5～10 mm，铺在烧结机炉排上，当煤矸石点燃后，料层中部温度可达 1 200 ℃，底层温度小于 350 ℃，未燃烧的煤矸石经筛分分离再返回重新烧结，烧结好的轻集料经喷水冷却、破碎、筛分出厂，其容重一般在 800 kg/m^3 左右。

3）煤矸石和黏土的化学成分相近并能释放一定的热量，用其代替黏土和部分燃料生产普通水泥能提高熟料质量。这是因为前者比后者所需配入的生料活化能降低了许多，即用少量燃料就可提高生料的预烧温度，且前者中的可燃物也有利于硅酸盐等矿物的溶解和形成；此外它的生料表面能耗高，硅铝等酸性氧化物易于吸收氧化钙，可加速硅酸钙等矿物的形成。

煤矸石用作水泥原燃料的生产工艺过程与生产普通水泥基本相同。将原燃料按一定比例配合，磨细成生料，烧至部分熔融，得到以硅酸钙为主要成分的熟料，再加入适量石膏和混合材料，磨成细粉而制成水泥。

4）煤矸石经自然或人工煅烧后具有一定活性，可掺入水泥中用作活性混合材料，与熟料和石膏按比例配合后放入水泥磨细。煤矸石的掺入量取决于水泥的品种强度等级，在水泥熟料中掺入 15%（质量分数）的煤矸石，可制得 325～425 号普通硅酸盐水泥；掺量超过 20%（质量分数）时，按国家规定为火山灰硅酸盐水泥。

用煤矸石作混合材料时，应控制烧失量≤5%（质量分数），SO_3≤3%（质量分数），火山灰性试验必须合格，水泥胶砂 28 d 抗压强度比≥62%。

3. 粉煤灰的资源化技术

（1）粉煤灰及其结构

粉煤灰是燃煤电厂排出的主要污染物。粉煤灰实际上是煤的非挥发物残渣。它是煤粉进入 1 300～1 500 ℃的炉膛，在悬浮燃烧后产生的三种固体产物的总和，包括：

1）漂灰，它是从烟囱中飘出来的细灰；

2）粉煤灰，又称飞灰，它是烟道气体中收集的细灰；

3）炉底灰，它是从炉底中排出的炉渣中的细灰。

粉煤灰在普通光学显微镜下呈球形，泛贝壳状光泽，很像粒粒晶莹珍珠的微珠：在扫描电镜下观察，会发现这些微珠并不像在显微镜下看到的中空亮球，而是微珠的外表有许多不规则的突起，壳壁上可见气孔，而且大颗粒里面包裹了大量的玻璃微珠像石榴一样，粒径约为 6 μm，这就是通常所称的子母珠或复珠。

（2）粉煤灰的活性

1）物理活性是指粉煤灰在硅酸盐材料中的颗粒形态效应和微集料效应的总和。它能促进硅酸盐制品的胶凝活性和改善制品的性能，如强度、抗渗性、耐磨性等，是早期活性的主要来源。

2）粉煤灰的化学活性来源于熔融后被迅速冷却而形成的玻璃态颗粒（多孔玻璃体和玻璃珠）中可溶性的 SiO_2、Al_2O_3 等活性组分。活性 SiO_2、Al_2O_3 在有水存在时，可以与 $Ca(OH)_2$ 反应，生成水化硅酸和水化硅酸铝。这个性质成为粉煤灰在水泥和混凝土中以及粉煤灰建材制品中应用的基础。

（3）粉煤灰的综合利用

1）粉煤灰在建筑材料中的应用。电厂排放的粉煤灰可直接用作建筑材料，如可用粉煤灰制作空心砖、砌块和水泥的填料；粉煤灰中含有少量碳，可节省燃料，降低能耗；粉煤灰砖比黏土砖轻 10%～20%，可减轻建筑物自重和建筑工人劳动强度；以粉煤灰为主要原料制成的粉煤灰砌块具有重量轻、导热系数小、成型方便、工艺简单等特点，可取代黏土砖，广泛用于建筑行业。

2）粉煤灰在建筑工程中的应用。粉煤灰在建筑工程中可用于制作砂浆粉和混凝土的掺料；粉煤灰砂浆粉是以粉煤灰为主要原料，按一定比例加入水泥、石灰、石膏等制成。用固化剂固化粉煤灰作建筑材料，其性能优于黏性土料，达到并超过用 10% 的水泥固化粉煤灰的性能。

3）粉煤灰在农业上的应用。改良盐碱地：施加粉煤灰的盐碱地土壤变松散，返盐返碱程度轻，可防止或减少由于表土盐分过高而盐害幼苗的现象；粉煤灰作堆肥：粉煤灰堆肥发酵比纯用城市垃圾堆肥发酵慢，不过发酵后热量散失也慢，雨水不易渗下去，对防止肥效流失有利；制作粉煤灰肥料：由于粉煤灰含有锌、铜、硼、铂、铁等微量元素，可将其加工成高效复合肥料，比如制成硅、钙肥。

4）粉煤灰在环保与化工方面的应用。物理吸附：粉煤灰比表面不大，粒径很小，有众多微孔和次微孔，合适的孔结构为化工废水中的污染物提供了极好的通道与被吸附孔穴。物理吸附主要特征是吸附时粉煤灰颗粒表面能降低、放热，故在低温下可自发进行，吸附无选择性，对各种污染物都有一定的吸附去除能力。化学吸附：粉煤灰分子结构中存在大量 Al-O 和 Si-O 活性基团，能与吸附质化学键或离子发生结合，从而产生吸附。其特点是选择性强，通常为不可逆。中和反应：粉煤灰组分中含有 $CaCO_3$、MgO、K_2O 等碱性物质，可用来中和气体中的酸性成分，净化含酸性污染物的废水和气体。制备混凝剂：在粉煤灰中加入少量硫铁矿烧渣和适量氯化钠，在一定温度下用盐酸浸提，即制得集物理吸附和化学混凝为一体的粉煤灰混凝剂。这种混凝剂可用于造纸、制药、印染、制革等化工废水处理。

【知识拓展】

认识表 11－5 中几种典型化工固体废物的用途。

表 11－5　几种典型化工固体废物的用途

类别	用途
废石膏	水泥缓凝剂、抹灰石膏、加固软土地基、轻质隔热材料
硫铁矿烧渣	制取三氯化铁、铁粉、颜料、聚合铁盐净水剂
高炉渣	硅肥、水泥、陶瓷、混凝土、微晶玻璃、微晶铸石、高炉护炉材料
电镀污泥	催化剂、净水剂、鞣革剂、制肥料
废催化剂	提纯回收贵金属
钢渣	水泥、地基桩材、农肥、土壤改良剂
汞渣	制汞

续表

类别	用途
砷渣	制取白砷
氰渣	焚烧后制砖

思考与练习

一、填空题

1. 最新修订的《中华人民共和国固体废物污染环境防治法》，自________起施行。
2. 化工固体废物的处理原则有________、________和________。
3. 根据我国现有的技术综合考虑可将废塑料的处理方式分为两种，即______和______。

二、简答题

1. 废塑料的主要来源有哪些？废塑料的种类有哪些？
2. 煤矸石有哪些作用？
3. 粉煤灰的主要来源哪里？粉煤灰综合利用的主要技术有哪些？